深入理解分布式系统

唐伟志 | 著

电子工业出版社.
Publishing House of Electronics Industry
北京·BEIJING

内 容 简 介

本书主要讲解分布式系统常用的基础知识、算法和案例，经笔者对文献海洋中晦涩艰深的原理和算法进行提炼，辅以图示和代码，并结合实际经验进行分析总结而成。通过阅读本书，读者可以快速、轻松地掌握分布式系统的基本原理，以及 Paxos 或 Raft 共识算法，并通过典型的案例学习如何设计大型分布式系统。

本书首先介绍什么是分布式系统、分布式系统带来的挑战，以及如何对分布式系统进行建模，这部分内容偏向概念性介绍。接着介绍了分布式数据的基础知识，包括数据分区技术、数据复制技术、CAP 定理、一致性模型和隔离级别，尝试厘清一些十分容易混淆的术语，比如一致性、线性一致性、最终一致性和一致性算法等。本书还介绍了分布式系统的核心算法——Paxos 和 Raft 算法，不仅补充了大量图示进行讲解，还从零实现了一个 Paxos 算法。此外，本书分析了常见的分布式事务，并讨论了分布式系统中的时间问题，整理了一些实际发生的编程陷阱。最后结合一些对工业界产生重大影响的论文或开源系统，学习前人在设计大型分布式系统时的思路、取舍和创新。

图书在版编目（CIP）数据

深入理解分布式系统 / 唐伟志著. —北京：电子工业出版社，2022.3
ISBN 978-7-121-42811-1

Ⅰ．①深… Ⅱ．①唐… Ⅲ．①分布式计算机系统 Ⅳ．①TP338.8

中国版本图书馆 CIP 数据核字（2022）第 018359 号

责任编辑：陈晓猛
印　　刷：北京天宇星印刷厂
装　　订：北京天宇星印刷厂
出版发行：电子工业出版社
　　　　　北京市海淀区万寿路 173 信箱　　　　　　　邮编：100036
开　　本：787×980　　1/16　　印张：19.75　　字数：442.4 千字
版　　次：2022 年 3 月第 1 版
印　　次：2024 年 4 月第 7 次印刷
定　　价：108.00 元

前　言

21 世纪以来，大规模分布式系统、云计算和云原生飞速发展，在短短 20 年间就成为各大企业信息技术基础架构的核心基石。企业迈向分布式的根本原因包括：移动互联网时代，各大企业每天都在和巨大的流量和爆炸性增长的数据打交道；摩尔定律的失效，使得提升单机性能会产生很高的成本，同时网络速度越来越快，意味着并行化程度只增不减；此外，许多应用都要求 7×24 小时可用，因停电或维护导致的服务不可用，变得越来越让人难以接受；最后，经济全球化也导致了企业必须构建分布在多台计算机甚至多个地理区域的系统。

相较于单体应用或单机系统，分布式应用或分布式系统具有高性能、高可用性、容错性和可扩展性等优点。可见，未来所有的基础架构都会是分布式的。然而分布式系统是一个相当复杂的领域，需要处理各种各样的异常，这些异常不仅难以排查和诊断，而且难以复现，这不是增加测试或采用 DevOps 就能解决的，有些异常是不可避免的，需要在软件架构中做取舍。因此，想要构建一个健壮的分布式系统，必须先学习相关的基础知识，消化大量信息。尽管学习分布式系统最好的方式是阅读大量的经典论文，但大部分关于分布式系统的资料，要么艰深太晦涩，要么散落在不计其数的学术论文中，对于初学分布式系统的从业者来说，门槛太高，学习曲线太陡峭；再加上相关知识点比较零散、不成体系，让人觉得云山雾罩、望而却步。本书以易懂的方式，配以大量的图示和代码，帮助读者构建分布式系统相关的知识体系，使读者不再惧怕 Paxos 或 Raft 等分布式算法。

笔者从事分布式系统工作多年，虽算不上"老兵"，但笔者对分布式系统的热爱与日俱增。在笔者曾工作过的腾讯微信事业部，基于共识算法构建了一套强大的分布式基础架构，支撑了十亿级用户数量的 App。笔者如今涉足云原生领域，Kubernetes 等开源分布式系统更是让无数"小厂"有机会抹平与一线企业基础设施的差距，轻松实现高可用、高并发和高可扩展性应用。本书内容源自笔者在工作和学习中积累的实际经验，也参考了无数前辈的研究成果。本书可以帮助开发人员设计出精美的分布式系统，理解其他研究者设计的系统和撰写的论文。对于运维人员，如今 SRE 如火如荼，而 Google 的《SRE 运维解密》提到了大量 Google 自研的分布式系统，本书可以帮助运维人员更好地理解和实践 SRE。总之，笔者希望通过本书让各个岗位的技术人员都有所收获，无论是自己动手设计系统，还是跟面试官或同事们聊起分布式系统，都能够胸有成竹。

本书写作目的

本书面向对分布式系统感兴趣的技术人员，无论初次接触分布式系统的新手、拥有工作经验的行家，还是分布式系统方面的专业人士，都可以根据自身所需阅读本书各个章节。

目前国内对分布式系统的学习非常依赖于国外课程和资源，其中的佼佼者如 MIT 的课程代号为 6.824 的经典分布式系统课程。然而，国内在分布式系统方面仍缺乏成体系的学习材料，缺乏对 Paxos 和 Raft 算法进行深入剖析同时包含实际代码实战的图书。更糟糕的是，分布式系统领域有的词语被过度复用，再加上翻译的影响，导致许多概念和术语混淆，最具代表性的便是"一致性"和"一致性算法"，读者可以就这两个概念与周围的朋友交流，应该会得到各种不同的答案。

因此，本书的写作目的还包括：

- 能解释清楚各种分布式原理、算法和系统"是什么""为什么""如何实现"，以及优缺点。同时，本书会穿插介绍许多分布式技术相关的有趣故事。
- 能够讲清楚算法背景，尝试解决什么问题，如何解决，以及如何优化算法。
- 能够尽量展示伪代码。笔者信奉"代码胜过千言"，虽然对于分布式系统来说，代码经常会比较复杂，但本书会尽量展示代码或伪代码。
- 能够对每个原理举例并画图说明，并结合实际案例和经验进行分析。
- 能够深度剖析各个案例，让读者无惧系统设计。

本书结构

本书内容涵盖常见的分布式系统基础知识，包括分布式系统定义和基本原则、分布式数据基础、分布式共识算法（以 Paxos 和 Raft 为主）、分布式事务、分布式系统中的时间问题及案例分享。

第 1 章主要介绍什么是分布式系统，为什么需要分布式系统，以及分布式系统带来的挑战，最后给出一些设计分布式系统时非常有用的数字。有基础的读者可以选择性阅读。

第 2 章主要介绍分布式系统模型，本章从两个著名的思想实验（两将军问题和拜占庭将军问题）开始，然后从网络链路、节点故障和时间三个方面对分布式系统进行分类，可作为读者日常工作中进行系统建模的引子。

第 3 章主要介绍分布式数据基础。为了满足分布式系统对高性能、可用性、容错性和可扩展性的需求，通常底层数据存储系统会对数据进行分散存储，常见的技术有数据分区和数据复制。然而，这也带来了一致性问题：上层应用如何理解分布式数据的不一致？什么样的数据是不一致的？什么是 CAP 定理？更深入地讲，我们该如何区分线性一致性、强一致性、弱一致性和最终一致性等容易混淆的词汇？什么是隔离级别？它和一致性又有什么不同？本章尝试厘清分布式系统中这些概念，帮助读者更好地理解和构建一个分布式数据存储系统。

第 4 章主要介绍分布式共识算法，即 Paxos 和 Raft 等算法。共识算法通常作为一个分布式系统的基础库被其他应用调用，各大互联网厂商如 Google、Meta、Amazon、腾讯、阿里巴巴、百度和字节跳动都实现了自己的 Paxos 或 Raft 基础库。但共识算法的难以理解可谓"臭名昭著"，笔者周围许多人都被 Paxos 晦涩的论文和数不尽的变体"劝退"。虽说 Raft 更为容易理解，但想要实现一个"工业级"的 Raft，仍需许多必不可少的优化，并不像大多数人想象的那么简单。因此，本章毋庸置疑是本书重点，笔者将带领读者深入浅出地理解共识算法，让读者不再畏惧 Paxos 和 Raft 算法。

第 5 章主要介绍常见的分布式事务实现，主要分为原子提交和并发控制两部分。原子提交算法包括两阶段提交、三阶段提交、Paxos 提交、Saga 事务等，并发控制包括两阶段锁、乐观并发控制和多版本并发控制。最后具体分析 Google 的 Percolator——一个结合了两阶段提交和快照隔离的分布式事务解决方案。虽说分布式事务解决方案层出不穷，但基本离不开本书介绍的这几种类型。

第 6 章主要介绍分布式系统中的时间和事件顺序问题。由于分布式系统没有一个统一的时钟服务，所以诞生了许多单体系统中不存在的时钟问题，本章介绍了物理时钟、时钟同步、逻辑时钟、向量时钟和分布式快照。

第 7 章介绍了一些经典分布式系统的案例，这些案例的设计精妙且经久不衰，巧妙结合了前几章许多分布式系统的技术，成为人们争相模仿的对象，影响了无数的开发者和开源软件。本章重新审视这些案例，希望给读者带来新的灵感，能够帮助读者解决工作或面试中遇到的难题。

为了照顾初次接触分布式系统的读者，也为了循序渐进地展开主题，本书前两章会从基础概念讲起，有基础的读者可以选择跳过前两章的内容。

表达约定

介于不同的参考资料或不同的上下文语境，在本书中，对以下术语可能有不同的表述方式，例如：

- **节点**：也叫进程、计算机、服务器、组件甚至副本。
- **分片**：有时会叫分区或水平分区，本书不考究其概念上的细微差别。
- **共识**（Consensus）：国内许多博客会把 Paxos 或 Raft 等算法称为"一致性"算法，这容易与一致性（Consistency）混淆，因此，本书将其统称为共识算法。

源代码与官方参考

相关链接请登录 www.broadview.com.cn/42811 中的下载资源处获取。

勘误和支持

笔者尽量保证书中的内容严谨，但限于笔者水平，无法保证内容百分之百全面与正确，本书可能出现的错误和不受欢迎的观点都是本人的原因，与笔者引用的参考资料没有任何关系。若读者在阅读过程中发现书中存在失误和不足，或者有任何建议，都可以通过本书源码仓库提交 Issue 或 PR，还可以关注我的公众号"多颗糖"直接与我交流。我会把每一位读者都当作良师益友，你们的批评和意见我都会十分重视与感激，我会在本书后续版本和勘误中及时更新。

致谢

感谢妻子杨钧婷的理解和支持，鼓励与包容我在业余时间撰写本书。感谢父母唐进和蒋家翠的养育和理解。

唐伟志

目　　录

第 1 章
认识分布式系统

1.1 什么是分布式系统

21 世纪以来，新平台和新计算模式的底层采用了一系列分布式技术，构建出了满足高可用、高性能、高可扩展性和容错性的系统，这类系统都是具有代表性的大型分布式系统。但分布式系统不一定是大规模的，常见的主从复制的 MySQL 数据库是分布式系统，一个家用的 NAS 服务器也是分布式系统，甚至和计算机连接的蓝牙键盘也是分布式系统。我们完全可以认为，目前绝大部分系统都是分布式的。因此，本章先定义什么是分布式系统。

你可以在不同的文献资料中搜索到许多不同的定义，在本书中，我们对分布式系统进行如下定义：

分布式系统是一个其组件分布在不同的、联网的计算机上，组件之间通过传递消息进行通信和协调，共同完成一个任务的系统。

分布式系统实际上就是研究如何协调这些联网的计算机来共同完成任务，如图 1-1 所示。虽然组成分布式系统的计算机是相互独立、分散在不同地点的，但整个系统对于客户端用户而言，可以看作一台计算机。

通过上面的定义，我们可以发现一个分布式系统通常有以下特点：

（1）多进程，分布式系统中有多个进程并发运行。

（2）不共享操作系统，通过网络通信传递消息来协作。

（3）不共享时钟，所以很难只通过时间来定义两个事件的顺序。

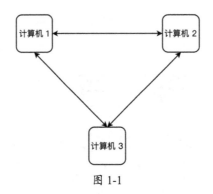

图 1-1

> **注意：** 本书使用若干术语表达与"节点"相同的含义，包括进程、计算机、服务器、组件甚至副本等，在本书中它们都是同义词。介于不同参考资料有不同的称谓，有时作者难免会使用不同的术语，希望读者能够认识到它们表达的都是一个意思——都指分布式系统中的一员。

1.2　为什么需要分布式系统

我们为什么需要分布式系统？或者说，使用分布式系统能解决哪些单机解决不了的问题？

第一个原因是高性能。由于计算机硬件存在无法突破的物理限制，随着芯片工艺逼近极限，摩尔定律已失效，于是现代 CPU 将多个 CPU "拼在一起"以获得更高的性能，这便是多核 CPU 架构。可是多核 CPU 架构依然存在物理限制，而且成本会迅速上升，很多公司难以承受大型机高昂的成本。于是，以 Google 为代表的互联网企业按照多核 CPU 架构的思路，选择将多台廉价的计算机结合起来，组成一个拥有大量的 CPU、内存和磁盘的分布式系统，这么做同样可以实现对高性能的需求。

第二个原因是可扩展性。目前很多应用程序都是数据密集（data-intensive）型的，应用程序大部分时间在存储和处理数据。随着业务扩展、用户增长或者历史数据累积，单台计算机只能扩展到有限的程度，无法满足要求。通过构建一个数据分布在多台计算机上的分布式存储系统，我们能够将集群规模扩展到单机系统根本无法想象的规模。

第三个原因是高可用性。在互联网时代，几乎所有的在线服务都需要 7×24 小时不间断运行。如果你的服务需要保证 5 个 9 的可用性，即 99.999%的时间里都正常运行，这就意味着，每年最多允许宕机 5 分钟。想想各种各样的硬件故障、人为因素或者意外情况，就可以知道单个服务想要达到这个要求几乎是不可能的。通过构建分布式系统，冗余多份数据来保证数据可用性；或者通过冗余计算实现服务切换，即在两台计算机上运行完全相同的任务，其中一台发生了故障，可以切换到另一台。这在日常开发运维工作中十分常见。

第四个原因是必要性。有时构建分布式系统甚至是必然的，例如银行系统需要支持从一个银行跨行转账到另一个银行，比如从北京的银行转账到纽约的银行，这时就需要一种方法来保证转账的一致性。可以说，有些天然的原因让我们的系统必然是分布式的。

基于上面四个原因，在移动互联网高速发展的今天，从单机系统到分布式系统是无法避免的技术潮流。在本书中，我们主要讨论前三点：高性能、可扩展性和高可用性。

1.3　分布式系统的示例

分布式系统有数不清的案例，比如电子银行系统、多人在线电子游戏、视频会议、社交网络和点对点网络等。

对于不同的任务，可能又有不同的架构，这就导致分布式系统可能有上百种架构。

这里主要列举两个具有代表性的案例，搜索引擎代表了将各种分布式系统有机结合在一起的软件工程，加密货币代表了人们基于分布式系统实现的颠覆性创新。

1.3.1　搜索引擎

互联网技术面试中有一个经典的面试题是"当你在浏览器输入一个 URL 并回车，会发生什么？"在此稍微改编一下这个面试题，改为"当你在 Google 上搜索某个关键词时，会有哪些分布式系统来处理？"

首先，当我们访问一个域名的时候，需要先去 DNS 中查找对应的 IP 地址，DNS 就是一个将域名和 IP 地址相互映射的分布式数据库，它的主要特点包括去中心化、可扩展性和健壮性，DNS 能够很好地处理负载和故障。

根据 Google 著名的高级研究员 Jeff Dean 公开演讲的资料[1]，Google 在设计其用于支撑搜索和其他应用的分布式基础设施上做出了巨大努力。这些分布式基础设施被各大公司争相效仿，其论文被实现成了各种流行的开源软件。这些分布式基础设施包括：

- 一个全球化、巨大的多数据中心。2009 年公布的数据显示，一个数据中心有超过 2 万台物理机。

- 一个分布式文件系统：GFS（Google File System）[2]。据 Google 最新资料显示，其内部的分布式文件系统已经升级到第二代。

1　Jeff Dean, "Building Software Systems at Google and Lessons Learned," Stanford Computer Science Department Distinguished Computer Scientist Lecture lecture, November, 2010.

2　Ghemawat,Sanjay,Howard Gobioff, and Shun-Tak Leung."The Google file system."Proceedings of the nineteenth ACM symposium on Operating systems principles.2003.

- 一个高性能、可扩展、用于存储大规模结构化数据的存储系统：Bigtable[1]，Bigtable 不是传统的关系型数据库，不支持 SQL 语法，而更像是 NoSQL，其优势在于扩展性和查询性能。
- 一个分布式锁服务：Chubby[2]。
- 一个并行和分布式计算的编程模式：MapReduce[3]。
- 2012 年，Google 公布了其研发的分布式数据库 Spanner[4]。

在搜索引擎中搜索一个关键词，其背后牵动了如此多的分布式系统。Google Omega 论文的作者总结了 Google 成功构建的分布式系统，如图 1-2 所示，Google 利用各种各样的分布式技术构建了一套全球高可用、高可扩展、高性能的基础架构。

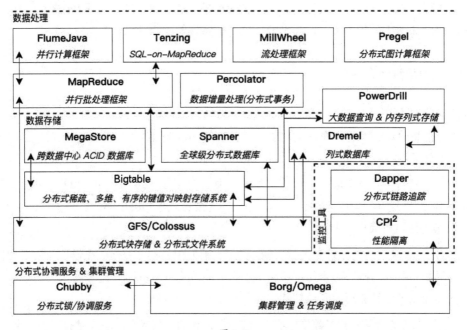

图 1-2

1 Fay Chang, Jeffrey Dean, Sanjay Ghemawat, Wilson C. Hsieh, Deborah A. Wallach Mike Burrows, Tushar Chandra, Andrew Fikes, Robert E. Gruber. "Bigtable: A Distributed Storage System for Structured Data". ACM TOCS 26.2 (June 2008), 4:1–4:26.

2 Burrows,Mike."The Chubby lock service for loosely-coupled distributed systems."Proceedings of the 7th symposium on Operating systems design and implementation.2006.

3 Dean,Jeffrey,and Sanjay Ghemawat."MapReduce:simplified data processing on large clusters."Communications of the ACM 51.1(2008):107-113.

4 Corbett, James C., et al. "Spanner: Google's globally distributed database." ACM Transactions on Computer Systems (TOCS) 31.3 (2013): 1-22.

Google 的成功经验鼓舞了开发者们在分布式领域的信心，Google 的基础架构也成为行业学习的标杆。经过十多年的发展，如今每家大型互联网公司都研发了自己的分布式系统。本书会一步步介绍图 1-2 中涉及的分布式共识算法、分布式事务、分布式协调服务、分布式文件系统、分布式存储系统、批处理和流处理等知识。

1.3.2　加密货币

2008 年 10 月 31 日，一位化名为"中本聪"的研究者在密码学邮件组中发表了比特币的奠基性论文 *Bitcoin: a peer-to-peer electronic cash system*[1]。2009 年 1 月 3 日，比特币创世区块诞生，基于区块链的分布式共识研究自此拉开序幕，Paxos、拜占庭将军和加密货币等词汇成为人们口中的谈资。从分布式系统的角度来看，比特币的根本性贡献在于首次实现和验证了一种实用的、去中心化和拜占庭容错的共识算法，从而打开了通往区块链新时代的大门。区块链技术给学术界和工业界带来了深远的影响，促使工程师和科学家重新审视和反思那些在分布式计算领域已经根深蒂固的思考方式。

随着比特币的暴涨，越来越多的人也开始关注加密货币，颇有争议的是，也有一些人认为区块链是浪费电能的虚拟货币。抛开金钱上的争论，区块链技术的价值是不容忽视的，IT 行业日益重视区块链所带来的隐私和数据保护方面的优点。

从事关人命的航天控制系统，到充满争议的加密货币，它们都是分布式共识算法的具体应用。分布式共识算法是本书学习的重中之重，我们会在第 4 章深入讨论。

1.4　分布式系统的挑战

前文都在阐述分布式系统的好处，但凡事都有两面性，分布式系统也会带来许多挑战。

分布式系统领域的传奇人物 Leslie Lamport 曾指出：

分布式系统是指一台你根本不知道其存在的计算机发生了故障，会导致你自己的计算机无法使用。(A distributed system is one in which the failure of a computer you didn't even know existed can render your own computer unusable.)[2]

我们讨论的很多内容都是基于 Leslie Lamport 的研究成果，我们会在后面多次提到他。

Leslie Lamport 给分布式系统下了这样一个定义，表明分布式系统常常伴随着一些棘手的问

1　Nakamoto, Satoshi. "Bitcoin: A peer-to-peer electronic cash system." Decentralized Business Review (2008): 21260.

2　Leslie Lamport, "distribution", distributed-system.txt, 28 May 1987.

题。刚接触分布式系统的开发者，都会根据自己在单机系统上的经验，做出一些假设来进行分布式系统的设计、构建和验证，结果就碰到许多让人不知所措的问题。

20 世纪 90 年代，L. Peter Deutsch 等人受到 Sun Microsystems 公司内部发生的问题的启发，总结出了分布式计算的谬误（The Fallacies of Distributed Computing）[1]，这些谬误如下：

（1）网络是可靠的。

（2）延迟为零。

（3）带宽是无限的。

（4）网络是安全的。

（5）拓扑结构不会改变。

（6）单一管理员。

（7）传输成本为零。

（8）网络是同构的。

其中任何一个谬误都可能导致软件产生严重的问题，在设计和开发软件时，开发者应该仔细考虑这些谬误，丢弃单体应用的思考模式。

Leslie Lamport 的话和分布式计算的谬误都表明了，分布式系统充满了挑战，构建分布式应用不会一帆风顺。我们将重点讨论与本书相关的谬误：（1）和（2）。我们将这两个谬误归为网络延迟问题，除此之外，还有两个分布式系统中很常见的问题没有包含在上面的谬误中，它们是部分失效问题和时钟问题。

下面我们重点讨论这三个问题。

1.4.1　网络延迟问题

分布式系统中的多个节点通过网络进行通信，但网络并不能保证数据什么时候到达，以及是否一定到达，有时网络甚至是不安全的。这就导致很多反直觉行为的产生，而这些行为在单机系统中并不会出现。

例如，分布式系统中的消息传递可能出现以下问题：

- 消息丢失了。
- 我们可能认为请求丢失了，但实际上消息只是延迟到达。
- 网络可能会重传消息，导致收到重复的消息。
- 消息延迟可能会让我们认为某个服务已经因故障下线，但实际上并没有。

1　L Peter Deutsch and others, "Fallacies of distributed computing", Wikipedia.

- 消息可能以不同的顺序到达，或者不同的节点上消息到达的顺序不同。

这些因素都会影响我们设计分布式系统。也许 TCP 这样封装得很好的协议让开发者很容易相信网络是可靠的，但这只是一种错觉，我们应该明白，网络是建立在硬件之上的，这些硬件也会在某些时候出现故障。

1.4.2　部分失效问题

单机系统上的程序要么正常工作，要么彻底出错。

但在分布式系统中，系统可能会有一部分节点正常工作，而另一部分节点停止运行，或者另一部分其实正常运行，但由于网络中断导致无法协同工作。系统的某些部分可能会以某种不可预知的方式宕机，这被称为部分失效（Partial Failure）。

难点在于部分失效是不确定的：如果你试图做任何涉及多个节点和网络的事情，那么它有时可能会工作，有时可能会出现不可预知的失败。正如我们将要在后续章节中看到的，你甚至不知道应用程序是否成功了，因为消息通过网络传播的时间也是不确定的。

这种不确定性和部分失效的可能性，使得分布式系统难以捉摸和调试。尤其当你的操作需要原子性时——要么在所有节点都成功，要么在所有节点都失败。在这种情况下，部分失效就会带来很大的复杂性和挑战，甚至严重影响系统的性能。

1.4.3　时钟问题

在单机系统中，每个进程都有一个共同的时间，可以通过这个时间来调度进程从而表现出同步行为。而在分布式系统中，每台机器都有自己的时钟，各个物理设备的本地时钟走时并不准确，可能比其他机器稍快或更慢。

另外，消息通过网络从一台机器传送到另一台机器也需要时间，但由于网络中的可变延迟，我们不知道消息传递到底花了多少时间。这个事实让我们很难确定在涉及多台机器时事件发生的顺序。

处理这个问题的一种常见的方式是，使用一个时间服务器来同步时间，但这仍不足以解决网络可变延迟的问题，同步后的时间也未必精准。另一种解决方法，像是 Google 构建的 TrueTime API（参见第 7 章）[1]，使应用能够生成单调递增的时间戳，但这通常需要较为昂贵的原子钟设备和精心设计的系统。更普遍的方式是 Leslie Lamport 提出的使用逻辑时钟来确定时间顺序，并引出了分布式系统中的状态机。这些内容我们会在第 6 章详细讨论。

1　Brewer,Eric."Spanner, truetime and the cap theorem."(2017).

1.5　每个程序员都应该知道的数字

Jeff Dean 曾在他关于分布式系统的分享[1]中列出了"每个程序员都应该了解的数字（Numbers Everyone Should Know）"，对计算机各类操作的耗时做了大致估计。笔者认为，无论进行何种系统的设计和开发，这些数字都非常有用。这些数字如表 1-1 所示。

表 1-1

操作	延迟
执行一个指令	1 ns
L1 缓存查询	0.5 ns
分支预测错误（Branch Mispredict）	5 ns
L2 缓存查询	7 ns
互斥锁/解锁（Mutex Lock/Unlock）	25 ns
主存访问	100 ns
使用 Zippy 算法压缩 1KB 的数据	3 000 ns
在 1Gbps 的网络上发送 2KB 的数据	20 000 ns
从内存顺序读取 1 MB 的数据	250 000 ns
同一个数据中心往返	500 000 ns
磁盘寻址	10 000 000 ns（10 ms）
从磁盘顺序读取 1 MB 的数据	20 000 000 ns（20 ms）
数据包往返美国到欧洲	150 000 000 ns（150 ms）

这些数字是在 2009 年给出的，计算机发展到今天，这些数字确实有些过时。笔者找到了 2020 年各类操作的最新数据，如表 1-2 所示。不过，这些数字的重点在于它们之间的数量级和比例，而不是具体的数字大小。

表 1-2

操作	延迟
执行一个指令	1 ns
L1 缓存查询	0.5 ns
分支预测错误（Branch Mispredict）	3 ns
L2 缓存查询	4 ns
互斥锁/解锁（Mutex Lock/Unlock）	17 ns
主存访问	100 ns
使用 Zippy 算法压缩 1KB 的数据	2 000 ns

1　Dean, Jeff. "Designs, lessons and advice from building large distributed systems." Keynote from LADIS 1 (2009).

续表

操作	延迟
从内存顺序读取 1 MB 的数据	3 000 ns
SSD 随机读	39 000 ns
从 SSD 顺序读取 1 MB 的数据	49 000 ns
同一个数据中心往返	500 000 ns
从磁盘顺序读取 1 MB 的数据	718 000 ns
磁盘寻址	2 000 000 ns（2 ms）
数据包往返美国到欧洲	150 000 000 ns（150 ms）

对比 2009 年和 2020 年的数据，可以观察到：

（1）前几列的数值没有太大变化，但 SSD 和机械硬盘的顺序读取速度有了非常大的提升。

（2）同一数据往返和数据包往返美国到欧洲的耗时没有任何变化，原因可以理解，信号在光纤中的速度是不变的。

了解这些数字有助于设计和比较不同的解决方案。例如，通过表 1-2 中的数字可以知道，从远程服务器的内存中读数据要比直接从硬盘上读取数据快。

推广到一般的应用，这也意味着使用磁盘存储往往比使用同一数据中心的数据库服务要慢，因为数据库通常已经把需要的数据缓存到了内存。

在设计存储引擎时，很多开源软件（Kafka、LevelDB 和 RocksDB）都充分利用了存储介质顺序读写远远快过随机读写的特性，只做追加写操作而避免随机写操作来达到最佳读写性能。

本书提及的算法和系统设计案例背后的原理，很多都是尽量让操作处于表 1-2 中的前几行，避免做后几行的操作。

基于这些数字，还有一个延伸问题：延迟（Latency）、带宽（Bandwidth）和吞吐量（Throughput）之间有什么区别？

用水管来举例，延迟表示通过管道需要花费的时间，带宽表示水管管道的宽度，每秒流过的水的数量就是吞吐量。

1.6 本章小结

本章给出了分布式系统的定义，列举了典型的分布式系统，同时认识了分布式系统带来的挑战。通常来说，问题和解决方案在技术上都很有意思。而对于分布式系统的这些问题，有些已经有很好的解决方案，有些就没有那么好的解决方案了——更多的情况是，我们需要在几个相互竞争的问题之间进行权衡。如何克服这些问题，如何对系统设计进行取舍，这些问题将带领我们阅读本书的其余部分，深入讨论各种技术细节。

第 2 章
分布式系统模型

前面提到，分布式系统可能有上百种架构，这取决于开发者要解决的问题、所部署的网络和所运行的硬件，等等。我们不可能逐一分析上百种架构，我们需要抽象出一些通用的系统模型，如果一个解决方案在一种模型下是正确的，那么它可以解决同一种模型的一系列问题，而不必重复设计每个系统。为了能够做到这一点，我们先通过分布式系统的几个关键属性来定义系统模型。

我们从分布式系统中的两个经典思想实验开始：两将军问题和拜占庭将军问题。

2.1 两将军问题

两将军问题（Two Generals' Problem）[1]是计算机领域中的一个思想实验，是指两支由不同的将军领导的军队，正准备进攻一座坚固的城市。军队在城市附近的两个山丘扎营，中间有一个山谷将两个山丘隔开，两个将军交流的唯一方法是派遣信使穿越山谷。然而，山谷被城市的守卫者占领，并且途经该山谷传递信息的信使有可能会被俘虏，如图 2-1 所示。

---

1 Gray,James N."Notes on data base operating systems."Operating Systems.Springer,Berlin, Heidelberg,1978. 393-481.

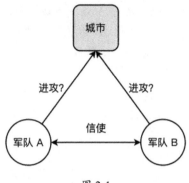

图 2-1

这座城市防守坚固，要想顺利占领它，两支军队必须同时进攻。如果同一时间仅一支军队进攻，将会战败。两支军队的行动和行动结果的关系如表 2-1 所示。

表 2-1

军队 A	军队 B	结果
不进攻	不进攻	无事发生
不进攻	进攻	军队 B 战败
进攻	不进攻	军队 A 战败
进攻	进攻	占领城市

因此，两位将军必须通过信使沟通并约定攻击时间，并且他们都必须确保另一位将军知道自己已同意了进攻计划。但由于传递确认消息的信使可能被俘虏造成消息丢失，即使双方不断确认已收到对方的上一条信息，也无法确保对方已与自己达成共识。

我们一步步分析为什么达成一致进攻的共识难以实现。首先，将军 A 向将军 B 传递消息"8 月 4 日 9 时整进攻"。然而，派遣信使后，将军 A 不知道信使是否成功穿过敌方领土，如图 2-2 所示。由于担心自己成为唯一的进攻军队，将军 A 可能会犹豫是否按计划进攻。

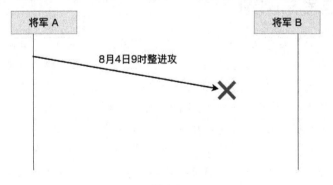

图 2-2

为了消除不确定性，将军 B 可以向将军 A 返回确认消息："我收到了您的消息，并将在 8 月 4 日 9 时整进攻"。但如图 2-3 所示，传递确认消息的信使同样可能会被敌方俘虏。由于担心将军 A 在没有收到确认消息的情况下退缩，将军 B 又会犹豫是否按计划进攻。

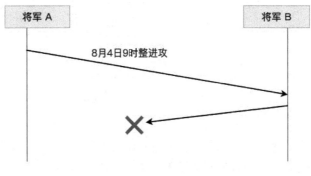

图 2-3

再次发送确认消息看上去可以解决问题——将军 A 再让新信使发送确认消息："我已收到您对 8 月 4 日 9 时攻击计划的确认"。但是，将军 A 的新信使也可能被俘虏。显然，无论进行多少轮确认，都无法使两位将军确保对方已同意进攻计划。两位将军总是会怀疑他们派遣的最后一位使者是否顺利穿过敌方领土。

两将军问题虽然已被证明无解，但计算机科学家们仍然找到了工程上的解决方案，我们熟悉的传输控制协议（TCP）的"三次握手"就是两将军问题的一个工程解。

这个思想实验还表明，在一个分布式系统中，一个节点没有办法确认另一个节点的状态，一个节点想要知道某个节点的状态的唯一方法是通过发送信息进行交流来尽量得知。这跟人与人之间的交流类似，我们没有心灵感应，所以让别人知道你的想法的唯一方式是通过语言、文字或肢体语言等来交流。

2.2 拜占庭将军问题

先简单说一下"拜占庭"这个词的由来。拜占庭是一座古希腊城市，以该城为中心发展成东罗马帝国（即拜占庭帝国），后更名为君士坦丁堡，自此成为东罗马帝国的首都，也就是现在土耳其的伊斯坦布尔。为什么这个古希腊城市会和分布式系统扯上关系呢？因为这个问题的提出者 Leslie Lamport 觉得，死锁问题得益于 Dijkstra 的"哲学家就餐故事"而得到了超出预期的关注。于是他也编了一个拜占庭将军故事，果不其然，论文发表后，这个故事广为传颂。这种"标题党"讲故事带来的讨论让 Leslie Lamport 感到很过瘾，于是他又在他研究分布式共识算法的论文中编了一个故事，可是那个故事就不怎么招人待见了，那个算法就是我们在第 4 章会学习的著名的 Paxos 算法。

拜占庭将军问题[1]和两将军问题类似。同样,多个拜占庭将军各率领一支军队,想要占领一座防守坚固的城市,将军们还是只能通过信使进行交流。为了简化问题,将各支军队的行动策略限定为进攻或者撤离两种。因为部分军队进攻、部分军队撤离可能会导致灾难性后果,所以各位将军必须通过投票来达成一致的策略,即所有军队一起进攻或者所有军队一起撤离。

这种情况是两将军问题的扩展,可以有三支或更多军队,图 2-4 所示为三支军队的情况。

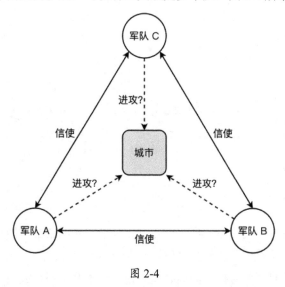

图 2-4

拜占庭将军问题的挑战在于,将军中可能出现叛徒,他们会试图故意误导和迷惑其他将军来破坏整个军事行动。如图 2-5 所示,将军 C 从将军 A 和将军 B 那里收到两个互相矛盾的信息,此时将军 C 无法确定谁是叛徒。因为可能有两种情况,第一种情况是将军 A 告诉将军 B 和将军 C 进攻,而将军 B 却告诉将军 C 撤退,这种情况是将军 B 撒谎;而第二种情况是将军 A 发送互相矛盾的命令,告诉将军 C 进攻却告诉将军 B 撤退,显然是将军 A 撒谎了。

在最坏的情况下,背叛的将领可能串通起来,选择性地发送投票信息,破坏整个军事行动。而拜占庭将军问题就是要确保所有忠实的将领在同一个计划上达成共识(无论进攻还是撤退)。我们不可能指定叛变的将领做什么,所以我们能做的最好的事情就是让忠诚的将领们达成共识。

我们将在第 4 章学习如何解决拜占庭将军问题。本章主要介绍拜占庭故障这类系统模型。上述故事映射到分布式系统里,将军便是计算机,信使就是通信系统,而拜占庭故障模型描述的就是系统中某些成员计算机不仅会发生故障和出现错误,甚至会故意篡改、破坏和控制系统的系统模型。

1 Lamport,Leslie,Robert Shostak,and Marshall Pease."The Byzantine generals problem."Concurrency:the Works of Leslie Lamport.2019.203-226.

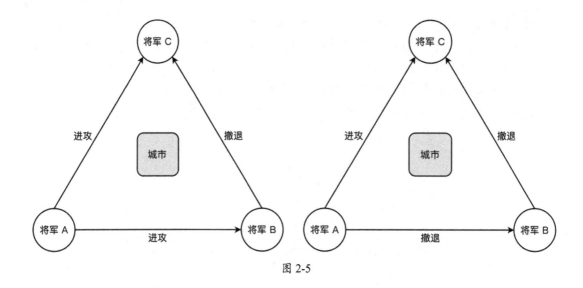

图 2-5

2.3 系统模型

这两个思想实验告诉我们,现实中的分布式系统,节点和网络都可能出现各种各样的故障。我们的系统模型就是根据不同种类的故障抽象出来的。

在设计一个分布式系统的时候,我们必须清楚系统会发生哪种故障,然后寻找对应的解。不同的系统模型有着不同的算法和架构。

我们按网络、节点故障和时间三种类型划分系统模型。

2.3.1 网络链路模型

网络是不可靠的,即使是经过精心设计的网络链路也会出错[1]。既可能是管理员插错了网卡插口,也可能是挖掘机挖断光纤。

在分布式系统中,网络出错常导致的问题称为网络分区(Network Partition),网络分区是指由于网络设备故障,导致网络分裂为多个独立的组。也就是节点仍然正常工作,但它们之间的通信连接已经中断。通常我们谈论网络分区时,默认网络中断会存在一段时间。

我们需要对网络进行抽象,忽略人为或挖掘机等细节问题。大多数分布式算法都假设网络是点对点的单播通信,消息通常在两个节点之间相互传递。尽管真实的网络允许广播或组播通

---

1 Bailis,Peter,and Kyle Kingsbury."The network is reliable:An informal survey of real-world communications failures."Queue 12.7 (2014):20-32.

信，但我们先从较为基础的单播通信开始介绍。

我们假设有一个发送者和接收者，它们通过一个双向的链路通信。一个链路有两个最基本的事件：发送事件，即将一条消息发送到链路上；接收事件，链路返回一条消息。

按照如上假设，我们将发送者和接收者通信的网络链路分为以下几种：可靠链路（Reliable Link）、公平损失链路（Fair-Loss Link）和任意链路（Arbitrary Link）。

1. 可靠链路

可靠链路（Reliable Link）也称为完美链路（Perfect Link），是最容易编程的模型。完美链路既不会丢失消息，也不会凭空捏造消息，但它可能对消息重新排序。它有如下特点：

（1）可靠传递：如果进程 p 和 q 都正常工作，则进程 p 发送到进程 q 的每个消息都会被链路传递。

（2）没有重复：每条消息最多传递一次。

（3）不会无中生有：链路不会自己生成消息。换句话说，它不会传递一个从未发送过的消息。

我们经常使用的链路类型 TCP 就是一个可靠链路，尽管 TCP 还有更多更复杂的保证，特别是在消息排序方面，但可靠链路并没有消息有序的保证。

2. 公平损失链路

公平损失链路（Fair-Loss Link）的消息可能会丢失、重复或重新排序，但消息最终总会到达。公平损失链路有如下特点：

- 公平损失：如果发送方和接收方都是正常运行的，且发送方不断重复发送消息，则消息最终会被送达。

- 有限重复：消息只会重复发送有限的次数。

- 不会无中生有：链路不会自己生成消息。这个特点和可靠链路一样。

3. 任意链路

任意链路（Arbitrary Link）是最弱的一种网络链路模型。这种网络链路允许任意的网络链路执行任何操作，可能有恶意软件修改网络数据包和流量。就像你在外面的商场或咖啡店连接不明的 Wi-Fi 一样，Wi-Fi 所有者可能是不可信的，不仅会监听你的数据，甚至修改你的数据包，听起来很可怕，但这是最接近互联网的模型。

这三种网络模型是可以互相转换的。例如，对于公平损失链路，我们可以通过不断重传丢失的消息，直到接收者收到它们，并让接收者过滤重复的消息，把一条公平损失链路变成一条可靠链路。公正损失假设意味着任何网络分区（网络中断）只会持续有限的时间，不会永远持续下去，所以我们可以保证每条消息最终都会被接收。

使用加密技术可以将任意链路变成公平损失链路，例如我们常见的 HTTPS 中的"S"就使用了 TLS 加密，可以防止黑客窃听和修改数据信息。但 TLS 加密并不能防止中间攻击人丢弃数据包，因此，我们必须假设攻击人不会阻断通信链路，这样一条任意链路才能转换为公平损失链路。

综上所述，实现可靠链路看起来也是可能的，一般来说只要我们在网络分区的时候重试一段时间，那么所有发送者的信息都有可能被接收。就像虽然 TCP 并没有彻底解决两将军问题，但我们坚信，绝大部分时候通过重传就能让接收者收到消息。在工程上有时我们无法找到完美的解，但能找到实用的解。

然而，我们还需要考虑消息的发送者在试图重传消息的时候可能会宕机，从而导致消息永久丢失，这就引出了节点故障的话题。

2.3.2　节点故障类型

2.3.1 节提到，构建一个可靠的网络链路并不像想象中那么不切实际。然而，我们还必须考虑到，节点在回复消息时可能出现故障，从而导致该消息永久丢失。这就是节点故障问题。

我们从一开始就在说节点可能出现故障，但其实故障类型有很多种，这里主要分为以下三种类型：崩溃—停止（fail-stop 或 crash-stop）、崩溃—恢复（fail-recover 或 crash-recovery）和拜占庭故障。

- 崩溃—停止指一个节点停止工作后永远不会恢复。这可能是不可恢复的硬件故障，比如一个人不小心将手机掉进马桶里，导致手机永久失灵。对于这种模型，有些情况下也许可以通过重启机器来恢复，但这种模型主要意味着算法不能依赖于节点恢复。
- 崩溃—恢复允许节点重新启动并继续执行剩余的步骤，一般通过持久化存储必要的状态信息来容忍这种故障类型。
- 拜占庭故障如同拜占庭将军问题一样，故障的节点可能不只会宕机，还可能以任意方式偏离算法，甚至恶意破坏系统。

一般情况下，公司内部的大多数分布式系统都部署在私有和安全的环境中，从构建角度来看，崩溃-停止和崩溃-恢复是更简单和方便的类型，大多数算法也是基于崩溃模型来解决问题的。不过，性命攸关的航空航天系统和天生就处于去中心化环境的加密货币都需要实现拜占庭容错。

2.3.3　按时间划分系统模型

基于时间或者是否同步（Synchronous），我们可以将系统分为同步系统模型和异步

（Asynchronous）系统模型。注意，这里的同步/异步和编程中的同步/异步有些不同，这里特指分布式系统中的定义。

同步（Synchronous）系统模型是指，一个消息的响应时间在一个有限且已知的时间范围内。异步（Asynchronous）系统模型是指，一个消息的响应时间是无限的，无法知道一条消息什么时候会到达。

假设一个系统是同步的，分布式系统中的很多问题就容易解决了，同步系统更容易描述、编程和推理，而同步的假设往往看起来是正确的，因为节点和网络大部分时间是正常的，我们总是认为会收到期望的消息。

然而，异步系统才是更接近现实的系统。我们无法确保整个系统的所有组件都正常运行，因此在两地之间发送消息便得不到有限时间内响应的保证。即便是在企业内部的同一个数据中心，也有数据包延迟超过一分钟的案例[1]。此外，操作系统可能会因为内存不足等原因挂起一个线程，一直无法继续传递消息；或者像 Java 这样的语言，垃圾回收也会暂停正在运行的线程（这通常称为 Stop The World）[2]。即使这些情况很少发生，但只是短时间内的失效，就会使基于同步系统的假设失效，为同步系统设计的应用也会随之出错。

为异步系统设计的算法是非常健壮的，因为它们不受任何临时网络中断或延迟的影响。适用于异步系统的算法同样适用于同步系统，反之却不成立。不幸的是，分布式系统中的一些问题在异步系统中无法解决，比如第 4 章会介绍的 FLP 不可能（FLP Impossibility）定理，该定理证明了在异步系统中我们难以找到一个满足要求的共识算法。因此引出了第三种模型——部分同步（Partially Synchronous）系统。

在部分同步系统模型中，我们假设系统在大部分时间都是同步的，但偶尔会因为故障转变为异步系统。这个模式更贴近很多实际的系统，但仍然需要谨慎处理。第 4 章会介绍如何使用一些方法将异步系统转换为部分同步系统。

2.4　消息传递语义

分布式系统中的各个节点之间通过互相传递消息来协作，由于网络和节点不可靠，这些消息可能会丢失，为了解决消息丢失问题，会让节点重复发送信息，这意味着消息可能会发送多次。这种重复传递消息的行为可能会产生灾难性的副作用，想一想，如果该重传的消息正好是用户银行账户的扣款信息，处理不当的话，该客户可能因为一笔交易被收取两次费用。

上述问题最常见的解决办法是使用幂等操作，幂等操作是指多次操作产生相同的结果，且

1　Mark Imbriaco. "Downtime last Saturday", GitHub, December 2012.

2　Martin Thompson. Java garbage collection distilled, June 2013.

不会有任何其他影响。

然而，幂等操作会对系统进行严格的约束，我们总是无法准确知道另一端操作的结果是成功还是失败，我们只能一直等待确认请求，保证每个操作都是幂等的代价是昂贵的。在大多数情况下，我们可以给每条消息一个唯一的标识符，通过这种方式，接收者可以避免执行已经执行过的操作。

综上，按照消息传递和处理次数，有如下几种可能的消息传递语义：

- 最多一次（At Most Once）：消息最多传递一次，消息可能丢失，但不会重复。
- 至少一次（At Least Once）：系统保证每条消息至少会发送一次，消息不会丢失，但在有故障的情况下可能导致消息重复发送。
- 精确一次（Exactly Once）：消息只会被精确传递一次，这种语义是人们实际想要的，有且仅有一次，消息不丢失不重复。

很多时候，我们关心的是消息被处理的次数，而不是消息被送达的次数。精确传递一次难以实现，因为想要建立可靠的链路，就必须重复传递某些信息。于是我们尽可能做到精确处理一次消息，然后通过忽略后续重复的消息来达到看起来是精确一次的效果。

对于一些流式处理框架或消息队列来说，实现精确一次语义是非常重要的，尤其是如何在输出端实现"精确一次"输出数据。我们将在第 7 章讨论流式处理框架 Flink 是如何实现的。

2.5　本章小结

本章我们介绍了分布式系统模型，从两将军问题和拜占庭将军问题的思想实验开始，引出了网络、节点故障和时间三类系统模型。分布式系统模型按网络通信链路可分为可靠链路、公平损失链路和任意链路；按节点故障类型可分为崩溃—停止、崩溃—恢复和拜占庭故障；按时间或同步类型可分为同步系统、部分同步系统和异步系统。

在没有特别说明的情况下，本书默认的分布式系统模型是可靠链路、崩溃—停止或崩溃—恢复和部分同步系统。

需要注意的是，系统模型是设计系统架构的基础，如果从一开始就对系统做了错误的假设，那么剩下的工作都是徒劳的。

第 3 章
分布式数据基础

我们的系统通常从一个单点系统开始，这个系统有一个不大的单节点数据库，一切简单而美好。随着业务发展，使用者越来越多，简单的系统变得复杂，数据量也越来越大，数据库开始不堪重负，于是运维人员会给数据库扩容升级，但单台物理机的硬件有着无法突破的物理上限，并且存在单点故障问题。

为了提升可用性和性能，运维人员决定增加一个数据库，两个数据库一起分担流量，例如最常见的主从数据库，一个数据库处理写请求，另一个数据库处理读请求，同时处理写请求的数据库会将数据同步给处理读请求的数据库。这样，在不修改业务逻辑的情况下，数据库处理性能和可用性提升了。

另外，如今的业务中经常有一些非关系型存储系统，用来存储缓存之类的键值对数据。这类存储系统为了改善其可扩展性，会将数据集分散存储在多个节点上。很多 NoSQL 天生就是分布式的。

就这样，我们的系统从单台数据库迈向了分布式架构。数据可用性和吞吐量的需求迫使我们引入多台数据库，主从数据库便是业务开发中常见的分布式系统。本章我们重点讨论分布式数据基础，涉及从单台机器转到分布式系统后，我们该如何分散存储数据集，该如何进行数据同步。我们都知道软件工程没有银弹[1]，引入分布式系统是万能的解药吗？什么叫作数据是一致的？什么是强一致性、弱一致性和最终一致性？你真的理解这些相似的名词有什么区别吗？

---

1 Brooks, F. P., "No silver bullet—essence and accidents of software engineering," in Information Processing 86, H. J. Kugler, ed. Amsterdam: Elsevier Science (North Holland), 1986, pp. 1069-1076.

带着这些问题，首先介绍分布式数据中常见的两个基础技术——分区和复制。

3.1 分区

分布式系统带来的主要好处之一是实现了可扩展性，使我们能够存储和处理比单台机器所能容纳的大得多的数据集。实现可扩展性的主要方式之一是对数据进行分区（Partition）[1]。分区是指将一个数据集拆分为多个较小的数据集，同时将存储和处理这些较小数据集的责任分配给分布式系统中的不同节点。数据分区后，我们就可以通过向系统中增加更多节点来增加系统可以存储和处理的数据规模。分区增加了数据的可管理性、可用性和可扩展性。

分区分为垂直分区（Vertical Partitioning）和水平分区（Horizontal Partitioning），这两种分区方式普遍认为起源于关系型数据库，在设计数据库架构时十分常见。

图 3-1 展示了垂直分区和水平分区的区别。

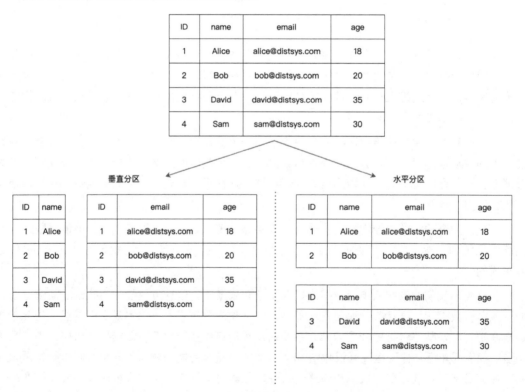

图 3-1

---

1 "Partition (database)" Wikimedia Foundation, Inc. 2021-05-25.

- 垂直分区是对表的列进行拆分，将某些列的整列数据拆分到特定的分区，并放入不同的表中。垂直分区减小了表的宽度，每个分区都包含了其中的列对应的所有行。垂直分区也被称为"行拆分（Row Splitting）"，因为表的每一行都按照其列进行拆分。例如，可以将不经常使用的列或者一个包含了大 text 类型或 BLOB 类型的列垂直分区，确保数据完整性的同时提高了访问性能。值得一提的是，列式数据库可以看作已经垂直分区的数据库。

- 水平分区是对表的行进行拆分，将不同的行放入不同的表中，所有在表中定义的列在每个分区中都能找到，所以表的特性依然得以保留。举个简单的例子：一个包含十年订单记录的表可以水平拆分为十个不同的分区，每个分区包含其中一年的记录（具体的分区方法我们会在后面详细讨论）。

> 列式数据库（Column-Oriented DBMS 或 Columnar DBMS）也叫列存数据库，是指以列为单位进行数据存储架构的数据库，主要适用于批量数据处理和即时查询。与之相对应的是行式数据库。一般来说，行式数据库更适用于联机事务处理（OLTP）这类频繁处理事务的场景，列式数据库更适用于联机分析处理（OLAP）这类在海量数据中进行复杂查询的场景。

　　垂直分区和列相关，而一个表中的列是有限的，这就导致了垂直分区不能超过一定的限度，而水平分区则可以无限拆分。另外，表中数据以行为单位不断增长，而列的变动很少，因此，水平分区更常见。

　　在分布式系统领域，水平分区常称为分片（Sharding）。需要说明的是，很多图书和文章会纠结分片和分区的具体区别，一种观点认为，分片意味着数据分布在多个节点上，而分区只是将单个存储文件拆分成多个小的文件，并没有跨物理节点存储。由于本书重点讨论的是分布式系统，因此无论是分区还是分片，本书都认为其数据分布在不同物理机器上。

　　在本书中，除非特别指出，分区、分片和水平分区表达的是同一个意思，读者不必考究其概念上的细微差别。本书不涉及垂直分区的讨论，只做简单介绍。

　　分片在不同系统中有着各种各样的称呼，MongoDB 和 Elasticsearch 中称为 shard，HBase 中称为 region，Bigtable 中称为 tablet，Cassandra 和 Riak 中称为 vnode。

3.1.1　水平分区算法

　　水平分区算法用来计算某个数据应该划分到哪个分区上，不同的分区算法有着不同的特性。本节我们将研究一些经典的分区算法，讨论每种算法的优缺点。

　　为了方便讨论，我们假设数据都是键值对（Key-Value）的组织形式，通常表示为`<Key, Value>`。键值对数据结构可以通过关键字（Key）快速找到值（Value），基本上所有编程语言都内置了基于内存的键值对结构，比如 C++ STL 中的 map、Python 的 dict，以及 Java 的 HashMap，等等。

1. 范围分区

范围分区（Range Partitioning）是指根据指定的关键字将数据集拆分为若干连续的范围，每个范围存储到一个单独的节点上。用来分区的关键字也叫分区键。前面介绍的按年拆分表数据就是一个范围分区的例子，对于 2011 年到 2020 年这十年的订单记录，以年为范围，可以划分为 10 个分区，然后将 2011 年的订单记录存储到节点 N1 上，将 2012 年的订单记录存储到节点 N2 上，以此类推。

图 3-1 中的数据可以按年龄进行范围分区，将数据划分成如图 3-2 所示的分区。

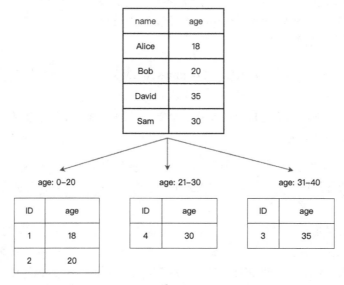

图 3-2

如何划分范围可以由管理员设定，或者由存储系统自行划分。通常会选择额外的负载均衡节点或者系统中的一个节点来接收客户端请求，然后根据范围分区算法，确定请求应该重定向（路由）到哪个节点或哪几个节点。

范围分区的主要优点有：

- 实现起来相对简单。
- 能够对用来进行范围分区的关键字执行范围查询。
- 当使用分区键进行范围查询的范围较小且位于同一个节点时，性能良好。
- 很容易通过修改范围边界增加或减少范围数据，能够简单有效地调整范围（重新分区），以平衡负载。

范围分区的主要缺点有：

- 无法使用分区键之外的其他关键字进行范围查询。

- 当查询的范围较大且位于多个节点时，性能较差。

- 可能产生数据分布不均或请求流量不均的问题，导致某些数据的热点现象，从而某些节点的负载会很高。例如，当我们将姓氏作为分区键时，某些姓氏的人非常多（比如姓李或者姓王），这会造成数据分布不均。又例如前面的按年拆分订单的例子，虽然数据分布较为均衡，但根据日常生活习惯，最近一年的订单查询流量可能比前几年的查询流量加起来还要多，这就会造成请求流量不均。总的来说，一些节点可能需要存储和处理更多的数据和请求，一般通过继续拆分范围分区来避免热点问题。

使用范围分区的分布式存储系统有 Google Bigtable[1]、Apache HBase[2] 和 PingCAP TiKV[3]。范围分区适合那些需要实现范围查询的系统。

2. 哈希分区

哈希分区（Hash Partitioning）的策略是将指定的关键字经过一个哈希函数的计算，根据计算得到的值来决定该数据集的分区，如图 3-3 所示。

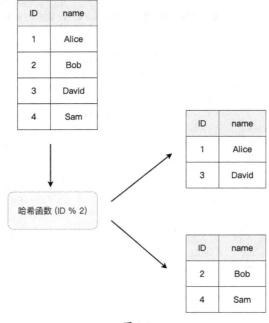

图 3-3

1　Fay Chang, Jeffrey Dean, Sanjay Ghemawat, Wilson C. Hsieh, Deborah A. Wallach Mike Burrows, Tushar Chandra, Andrew Fikes, Robert E. Gruber. "Bigtable: A Distributed Storage System for Structured Data". ACM TOCS 26.2 (June 2008), 4:1–4:26.

2　"The Apache HBase Reference Guide," Apache Software Foundation, 2021.

3　"TiKV Overview," PingCAP, 2021.

哈希分区的优点是，数据的分布几乎是随机的，所以分布相对均匀，能够在一定程度上避免热点问题。

哈希分区的缺点是：

- 在不额外存储数据的情况下，无法执行范围查询。
- 在添加或删除节点时，由于每个节点都需要一个相应的哈希值，所以增加节点需要修改哈希函数，这会导致许多现有的数据都要重新映射，引起数据大规模移动。并且在此期间，系统可能无法继续工作。

3. 一致性哈希

一致性哈希（Consistent Hashing）[1]是一种特殊的哈希分区算法，在分布式存储系统中用来缓解哈希分区增加或删除节点时引起的大规模数据移动问题。

一致性哈希算法将整个哈希值组织成一个抽象的圆环，称为哈希环（Hashing Ring）。哈希函数的输出值一般在 0 到 INT_MAX（通常为 $2^{32}-1$）之间，这些输出值可以均匀地映射到哈希环边上。举个例子，假设哈希函数 hash() 的输出值大于/等于 0 小于/等于 11，那么整个哈希环看起来如图 3-4 所示。

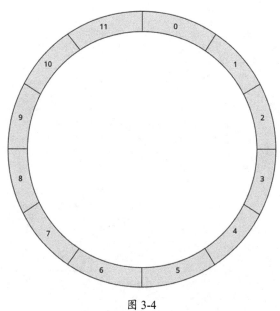

图 3-4

1　David Karger, Eric Lehman, Tom Leighton, et al."Consistent Hashing and Random Trees: Distributed Caching Protocols for Relieving Hot Spots on the World Wide Web," at 29th ACM Symposium on Theory of Computing (STOC), pages 654–663, 1997. doi:10.1145/258533.258660。

接下来将分布式系统的节点映射到圆环上。假设系统中有三个节点 N1、N2 和 N3，系统管理员可以通过机器名称或 IP 地址将节点映射到环上，假设节点分布到哈希环上，如图 3-5 所示。

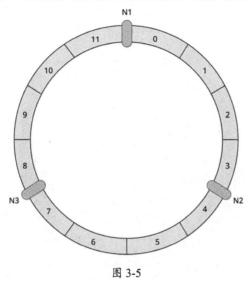

图 3-5

接着，将需要存储的数据的关键字输入哈希函数，计算出哈希值，根据哈希值将数据映射到哈希环上。假设此时要存储三个键值对数据，它们的关键字分别为 a、b 和 c，假设经过哈希函数计算后的哈希值分别为 1、5 和 9，则数据映射到环上后如图 3-6 所示。

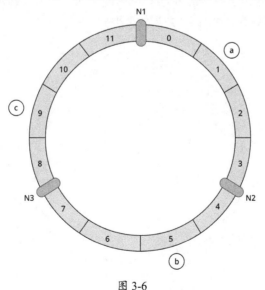

图 3-6

那么数据具体分区到哪个节点上呢？在一致性哈希算法中，数据存储在按照顺时针方向遇到的第一个节点上。例如图 3-6 中，关键字 a 顺时针方向遇到的第一个节点是 N2，所以 a 存储在节点 N2 上；同理，关键字 b 存储在节点 N3 上，关键字 c 存储在节点 N1 上。数据分布方法如图 3-7 所示。

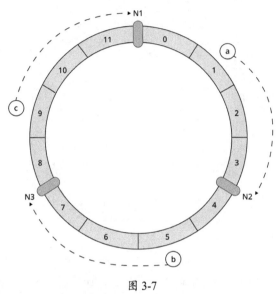

图 3-7

接下来我们继续看一下，向集群中添加一个节点会发生什么。假设集群此时要添加一个节点 N4，并添加到如图 3-8 所示的哈希环位置。那么，按照顺时针计算的方法，原本存储到节点 N2 上的关键字 a 将转移到 N4 上，其他数据保持不动。

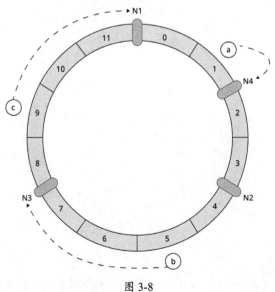

图 3-8

　　可见，相比于普通的哈希分区添加或删除节点时会导致大量映射失效，一致性哈希很好地处理了这种情况。对于添加一台服务器这种情况，受影响的仅仅是新节点在哈希环上与相邻的另一个节点之间的数据，其他数据并不会受到影响。例如图 3-8 中，只有节点 N2 上的一部分数据会迁移到节点 N4，而节点 N1 和 N3 上的数据不需要进行迁移。

　　一致性哈希对于节点的增减只需要重新分配哈希环上的一部分数据，改善了哈希分区大规模迁移的缺点。此外，一致性哈希也不需要修改哈希函数，直接将新节点指定到哈希环上的某个位置即可。相比简单的哈希分区，一致性哈希有着更好的可扩展性和可管理性。

　　但是，一致性哈希仍然有明显的缺点，当系统节点太少时，还是容易产生数据分布不均的问题。另外，一个较为严重的缺点是，当一个节点发生异常需要下线时，该节点的数据全部转移到顺时针方向的节点上，从而导致顺时针方向节点存储大量数据，大量负载会倾斜到该节点。

　　解决这个问题的方法是引入虚拟节点（Virtual Node），虚拟节点并不是真实的物理服务器，虚拟节点是实际节点在哈希环中的副本，一个物理节点不再只对应哈希环上一个点，而是对应多个节点。我们假设一个物理节点要映射到哈希环中的三个点，引入虚拟节点后的哈希环如图 3-9 所示。可以很直观地发现，虚拟节点越多，数据分布就越均匀。当节点发生异常被迫下线时，数据会分摊给其余的节点，避免某个节点独自承担存储和处理数据的压力。

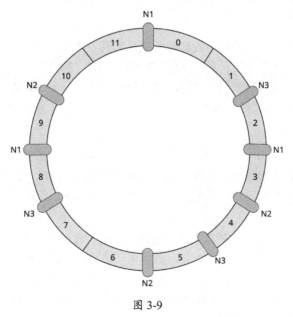

图 3-9

　　如果系统中有不同配置、不同性能的机器，那么虚拟节点也很有用。例如，系统中有一台机器的性能是其他机器的两倍，那么我们可以让这台机器映射出两倍于其他机器的节点数，让它来承担更多的负载。

不过，在不额外存储数据的情况下，一致性哈希依然无法高效地进行范围查询。任何范围查询都会发送到多个节点上。

使用一致性哈希的典型的分布式数据存储系统有 Dynamo[1]和 Apache Cassandra。其中，Dynamo 对一致性哈希还进行了深入讨论和优化，这些内容参见 7.4 节。

3.1.2　分区的挑战

虽然分区有助于让系统高效地处理较大的数据集，并且易于扩展，但也带来了一些限制。在一个垂直分区的数据集中，将不同表的数据组合起来的查询（即 join 查询）会非常低效，因为这些请求可能需要访问多个节点的数据。这种情况在水平分区的系统中可以避免，因为每一行的所有数据都位于同一个节点中。但是，对于需要查询许多行的范围查询来说，可能这些行位于不同的节点，请求也会访问多个节点。

分区的另一个挑战是实现事务，数据存储在单台机器上时实现事务的难度尚可，但在分布式系统中想要实现事务就比较困难，这一点我们将在第 5 章"分布式事务"中详细讨论。

3.2　复制

正如 3.1 节讨论的那样，分区将数据和负载分配到多个节点，提高了系统的可扩展性和性能。为了提高可用性，除了分区还需要复制（Replication）。复制是指将同一份数据冗余存储在多个节点上，节点间通过网络来同步数据，使之保持一致。一个存储了复制数据的节点称为副本（Replica）。复制可以和分区一起使用。

复制的主要好处有：

（1）增强数据的可用性和安全性。如果只把数据存放在单一的数据库服务器上，一旦该服务器永久损坏，将导致数据丢失、服务停止。数据备份已经是运维人员的共识。通过复制技术将数据冗余存储，即使系统部分节点发生故障，系统也能继续工作，有时用户甚至没有发现系统部分节点出现过问题。

（2）减少往返时间。不管你的数据库的处理有多快，数据仍然需要从客户端发起请求，通过网络传输到服务端，服务端处理完之后，数据也需要重走一遍来路，返回到客户端，这一段时间被称为往返时间（Round-Trip Time，RTT），往返时间是无法避免的。通过复制技术把数据存储到各个数据中心，可以将全国各地甚至全球不同用户的请求重定向到离用户位置更近的副本，减少往返时间，提升响应速度。

1　Giuseppe DeCandia, Deniz Hastorun, Madan Jampani, et al."Dynamo: Amazon's Highly Available Key-Value Store," at 21st ACM Symposium on Operating Systems Principles (SOSP), October 2007.

（3）增加吞吐量。一台服务器能够处理的请求数存在物理上限，这种情况下复制出同样的几台服务器，可以提供更多处理读写请求的机器，系统的处理性能能够成倍增长。

但凡事都有两面性，复制带来高可用性、高性能的同时，也给系统带来了复杂性。复制意味着系统中的每份数据会有多个副本，这些副本在每次更新时必须一起更新或相互同步数据。理想情况下，复制应该对客户端来说无感知，即营造出一种每份数据只有一个副本的假象。要实现理想的情况总是不太容易，网络延迟总是会"捣鬼"。有时为了保障系统的性能，需要放弃一些其他的属性，甚至允许在特定的条件下，返回一些过期的、反直觉的数据。

下面我们将讨论三种常用的复制类型：单主（Single-Master）复制、多主（Multi-Master）复制和无主（Leaderless）复制。

3.2.1　单主复制

单主复制也叫主从复制或主从同步，即指定系统中的一个副本为主节点（有 Leader、Master 或 Primary 等多种叫法），客户端的写请求必须发送到主节点；其余的副本称为从节点（对应 Follower、Slave 或 Backup），从节点只能处理读请求，并从主节点同步最新的数据。

主节点收到写请求时，除了将数据写入本地存储，还要负责将这次数据变更同步给所有从节点，以确保所有的副本保持数据一致。数据变更同步具体是同步操作日志还是转发请求，不同的系统有着不同的实现。

根据系统以何种方式同步数据，又可以将单主复制分为三类，分别为同步复制、异步复制和半同步复制。

同步复制（Synchronous Replication）如图 3-10 所示。同步复制中的主节点执行完一个写请求（或一个事务）后，必须等待所有的从节点都执行完毕，并收到确认信息后，才可以回复客户端写入成功。

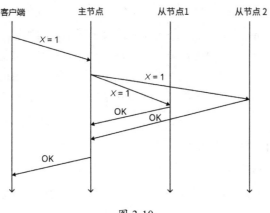

图 3-10

同步复制保证了所有节点都写入完成后才返回给客户端，后续无论客户端从哪个副本读，都能读到刚才写入的数据。此外，同步复制还提升了数据可用性，即使主节点在写入完成后立即宕机，这次写入的数据也不会丢失。

显而易见的是，因为主节点必须等待直到所有副本写入完成，写请求的性能必然会受到影响。如果碰巧某个时刻从节点 I/O 负载过高导致处理请求很慢，那么将严重影响整个写请求。

异步复制（Asynchronous Replication）中主节点执行完写请求后，会立即将结果返回给客户端，无须等待其他副本是否写入完成。整个流程如图 3-11 所示。

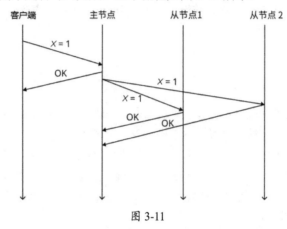

图 3-11

由于主节点不需要再等待从节点写入完成，异步复制不会影响写请求的性能。但异步复制会潜在影响副本数据的一致性和持久性。例如，如果客户端收到写请求完成的响应后，立即去某个从节点读取数据，而此时写入操作还未同步到该副本，那么客户端会发现自己读不到刚才明明写入成功的数据——这种情况也许会导致客户端产生奇怪的行为。除此之外，如果主节点在本地写入完成后立即宕机，那么写操作可能并没有同步到从节点上，如果此时强行将从节点提升为主节点，那么新的主节点上的数据并不完整，一个明明已经完成的写操作可能会丢失。

半同步复制（Semisynchronous Replication）是介于同步复制和异步复制之间的一种复制机制，如图 3-12 所示。主节点只需要等待至少一个从节点同步写操作并返回完成信息即可，不需要等待所有的节点都完成。这等价于，有一个从节点是同步复制，其余的从节点则是异步复制，保证至少有两个节点拥有最新的数据副本，该从节点能随时接替主节点的工作。

三种不同的同步方式适用于不同的业务场景，可以根据不同的需求进行选择。

总的来说，单主复制的主要优点有：

- 简单易懂，易于实现。
- 仅在主节点执行并发写操作，能够保证操作的顺序，避免了还要考虑如何处理各个节点数据冲突这类复杂的情况，这个特性使得单主复制更容易支持事务类操作，分布式事务是非常消耗性能的，这会在第 5 章进行讨论。

- 对于大量读请求工作负载的系统，单主复制是可扩展的，可以通过增加多个从节点来提升读的性能。

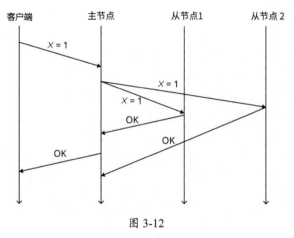

图 3-12

单主复制的主要缺点有：

- 面对大量写请求工作负载时系统很难进行扩展，因为系统只有一个主节点，写请求的性能瓶颈由单个节点（主节点）决定。
- 当主节点宕机时，从节点提升为主节点不是即时的，可能会造成一些停机时间，甚至产生错误。

对于第 2 个缺点需要展开分析。一般来说，分布式系统执行故障切换有两种方法：手动切换和自动切换。对于手动切换的情况，一般由运维人员根据数据完整性来选择新的主节点，这是最安全的方法，但由于需要人工介入，可能导致较长的停机时间。另一种方法是自动切换，即从节点通过心跳超时检测到主节点已经宕机，然后尝试成为整个集群的主节点。这种方式更快，不需要人工介入，能够自动容错，但也相对危险。倘若两个从节点同时检测到主节点失效，或者网络分区导致从节点认为主节点失效，但其实主节点仍然正常工作，这两种情况都会导致集群产生两个主节点。这种情况称为"脑裂（Split Brain）"，两个主节点都在处理写请求，可能造成数据损坏之类的灾难性后果。

自动切换最重要的问题是如何使系统中只有一个主节点，同时在主节点出现故障时自动、正确地选举出新主节点？该问题被称为领导者选举问题，关于领导者选举的方法将在第 4 章分布式共识中详细介绍。

处理从节点的故障恢复就简单许多，如果从节点由于网络分区长时间无法与主节点同步，导致数据滞后，则可以通过日志偏移量与主节点继续同步数据。如果从节点故障不可恢复，则可以换上新的从节点重新复制主节点的数据。

目前广泛使用的数据库 PostgreSQL 和 MySQL 都支持单主复制，也都支持同步、异步或半同步复制。单主复制可以说是最常见、最为广泛使用的一种复制方式。

3.2.2　多主复制

正如我们在单主复制中所看到的，单主复制易于实现，适合大量读工作负载的系统。但单主复制只有一个主节点，在写性能、可扩展性方面有着一定的局限性。对于写请求负载要求严格的系统，一个自然的想法是增加多个主节点来分担写请求的负载。这种由多个节点充当主节点的数据复制方式称为多主复制。多主复制流程如图 3-13 所示。

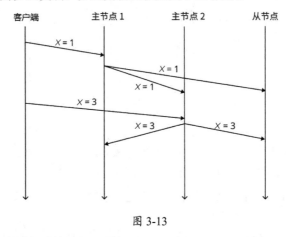

图 3-13

多主复制和单主复制的显著区别是，由于多主复制不止一个节点处理写请求，且网络存在延迟，这就意味着节点可能会对某些请求的正确顺序产生分歧，导致多个节点上的数据不一致，这种现象简称为数据冲突。例如图 3-14 中的情况，由于写操作 X=1 同步延迟，导致最后主节点 1 和从节点上的 X 的值为 3，而主节点 2 上的 X 的值为 1。这当然会引起很大的麻烦，因此系统必须要解决数据冲突。

其实数据冲突在单主复制中也会出现，只不过单主复制的数据冲突通常直接以主节点的数据作为最终数据，不需要很复杂的逻辑。关于数据冲突有一个十分有趣的评价，分布式存储系统 Riak 的开发者曾发文调侃[1]："如果你的分布式系统没有清楚地处理数据冲突，那么任何正确的行为都是良好的运气，而不是良好的设计。"

为了使系统在这种情况下仍然能够正常运行，必须解决数据冲突。最好的解决方法是避免冲突产生，例如，特定账号总是交给特定的主节点来处理，可以通过一个哈希函数来将特定账户的所有请求路由到相同的主节点上，这样可以避免同一份数据在多个节点上更新，在一定程

1　John Daily: "Clocks Are Bad, or, Welcome to the Wonderful World of Distributed Systems," basho.com, November 12, 2013.

度上避免冲突的产生。

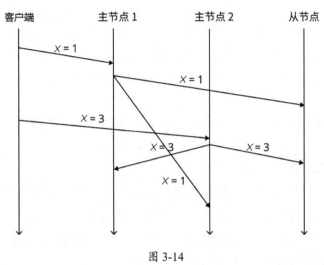

图 3-14

有时冲突无法避免，根据系统特性，解决冲突的办法有多种，一些常见的冲突解决方法有：

（1）**由客户端解决冲突**。这种方法的具体解决方案是，在客户端下次读取系统中冲突数据的时候，将冲突的数据全部返回给客户端，客户端选择合适的数据并返回给存储系统，存储系统以此数据作为最终确认的数据，覆盖所有冲突的数据。一个典型的例子是购物车应用，购物车应用解决冲突的逻辑是保留购物车中所有冲突的商品，并全部返回给用户。用户看到购物车里出现了被删除的物品或重复的物品，会重新选择购物车里的商品数量，然后将此数据重新写入存储系统，以此解决冲突。

（2）**最后写入胜利（LWW，Last Write Wins）**。最后写入胜利是让系统中的每个节点为每个写入请求标记上唯一时间戳或唯一自增 ID，当冲突发生时，系统选择具有最新时间戳或最新 ID 版本的数据，并丢弃其他写入的数据。但正如之前我们已经讨论过的，由于分布式系统很难有一个统一的全局时间概念，这种技术可能导致一些意想不到的行为，可能会造成数据丢失[1]。

（3）**因果关系跟踪**。系统使用一种算法来跟踪不同请求之间的因果关系，并以此判断请求的先后顺序。举个例子，当写请求 A 和写请求 B 之间发生冲突时，系统尝试确认一个请求是另一个请求的原因。更具体的，假设写请求 A 是一个发帖操作，写请求 B 是一个对应的回帖操作，由于先有发帖操作才会产生回帖操作，那么写请求 B 必然是在写请求 A 之后发生的。这种关系也称为"发生于……之前"关系，我们会在第 6 章详细讨论。因果关系跟踪的局限性是仍然有一些不存在因果关系的并发写请求，对此系统无法做出决定。

1　Riley Berton: "Is Bi-Directional Replication (BDR) in Postgres Transactional?," sdf.org, January 4, 2016.

另外，还有一种被称为无冲突复制数据类型（Conflict-Free Replicated Data Type，CRDT）[1] 的数据结构，能够根据一定规则自动解决冲突，副本之间不需要额外的协调和冲突处理。无冲突复制数据类型总是可以自己解决出现的不一致性问题。Riak[2] 和 Cosmos DB 中都有实现无冲突复制数据类型。无冲突复制数据类型常用于在线聊天系统和协作式文本编辑系统。据悉，苹果公司自带的应用程序备忘录中就实现了无冲突复制数据类型，用于同步和协调多个设备之间编辑的文本[3]。

遗憾的是，冲突处理没有一种能够覆盖所有场景的方法，有时可能需要多种方案组合起来解决冲突。

综上所述，多主复制的优点有：

（1）增加主节点的容错性。一个主节点发生故障时，另一个主节点仍然能够工作。

（2）可以在多个节点上执行写请求，分担写负载的压力。

（3）应用程序可以将写请求路由到不同的主节点，通常来说会路由到地理位置最近的节点，以减少往返时间，提升写请求的响应速度。

多主复制最主要的缺点是它的复杂性，由于可以在多个节点上执行写操作，可能经常产生数据冲突。随着节点数量的增加，有时无法很好地解决产生的数据冲突，需要人工干预。极端情况下可能造成数据损坏。

由于多主复制带来的复杂性远超它的好处，因此很少会在单个数据中心使用多主复制来构建分布式系统。多主复制一般用于多个数据中心的存储系统，避免写请求跨越数据中心。例如一个全球服务，在全球多地有多个数据中心，此时可以将请求路由到地理位置更近的数据中心中的主节点，以加快访问速度。

3.2.3　无主复制

到目前为止，我们看到的单主复制和多主复制的基本流程都是：客户端只向其中一个或多个主节点发送写请求，然后系统负责将该写请求复制到其他副本，主节点决定写请求的顺序，从节点以同样的顺序执行写操作。

1　Shapiro, Marc; Preguiça, Nuno; Baquero, Carlos; Zawirski, Marek (2011), Conflict-Free Replicated Data Types (PDF), Lecture Notes in Computer Science, 6976, Grenoble, France: Springer Berlin Heidelberg, pp. 386–400, doi:10.1007/978-3-642-24550-3_29, ISBN 978-3-642-24549-7

2　"Introducing Riak 2.0: Data Types, Strong Consistency, Full-Text Search, and Much More". Basho Technologies, Inc. 29 October 2013.

3　"IOS Objective-C headers as derived from runtime introspection: NST/IOS-Runtime-Headers". 2019-07-25.

另一种复制技术完全没有主节点，称为无主复制，尽管无主复制技术在几十年前就出现了，但直到亚马逊发布了 Dynamo 架构[1]的论文，并在其中使用了无主复制，才让该技术重新引起广泛关注。鉴于 Dynamo 的大获成功，无主复制变得流行起来，成为大家的学习对象，并启发了其他许多 NoSQL 数据库实现，比如 Apache Cassandra、Project Voldemort 和 Riak。无主复制有时也叫 Dynamo 架构（Dynamo-Style）。

有趣的是，亚马逊云计算服务（AWS）提供一个名为 Amazon DynamoDB 的服务，但 Dynamo 架构是基于无主复制的，而 Amazon DynamoDB 使用单主同步复制架构。

无主复制初看起来一团糟，想象一下系统中的每个节点可能都在执行不同的写操作，整个系统会是什么样的？这种方法似乎非常不可靠，只会带来一片混乱。

事实上，这些分布式系统领域的专家非常聪明，他们提出了一些巧妙的方法来应对这些混乱的情况。

无主复制的基本思想是，客户端不仅向一个节点发送写请求，而是将请求发送到多个节点，在某些情况下甚至会发送给所有节点，如图 3-15 所示。

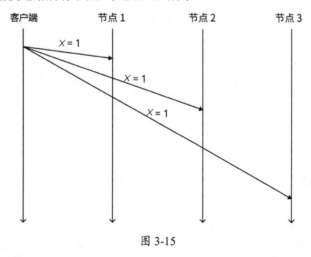

图 3-15

客户端将写请求并发地发送给几个节点后，一旦得到其中一些节点的确认响应（我们即将讨论具体需要多少个节点的确认信息），就认为这次写成功了，然后继续发送下一个请求。

无主复制有着不同的协调请求方式，一种是客户端直接将写操作发送到多个副本，而另一种是在节点中选出一个协调节点，客户端将请求发送到协调节点，再由协调节点代表客户端将写操

1　Giuseppe DeCandia, Deniz Hastorun, Madan Jampani, et al."Dynamo: Amazon's Highly Available Key-Value Store," at 21st ACM Symposium on Operating Systems Principles (SOSP), October 2007.

作转发到多个副本,经过多个副本确认后再由协调节点响应客户端。与基于领导者的复制不同,无主复制不强制写操作的顺序。

无主复制的优势是,我们可以更轻松地容忍节点故障,回想前面说到的基于领导者的复制,必须由领导者来确认写请求,一旦领导者由于网络或机器故障等原因没有响应,整个系统将无法正常工作。无主复制直接去掉了领导者,只要能够满足写入数量的节点可用,系统仍然被认为是正常运行的。

"天下没有免费的午餐",写入多个节点最容易出现的问题是:冲突更多了。如图 3-16 所示,如果写请求在节点 1 和节点 3 上成功,但在节点 2 上失败了,那么此时分布式存储系统中有两个节点上存储了新的值,但有一个节点存储了旧的值。

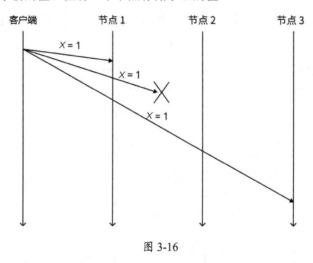

图 3-16

如果此时读取数据,则客户端既可能读到旧的数据,也可能读到新的数据,系统肯定不能这样工作。

为了解决这个问题,和写请求一样,客户端不止会从一个节点读取数据,读请求也会同时发送给多个节点,然后获取节点上的数据和数据的版本号,客户端可以根据所有响应中的版本号决定应该使用哪个值,应该丢弃哪个值。

虽然这种情况下客户端可以识别出旧的数据,但我们仍然需要修复旧的数据,不能放任旧的数据一直在那。因此需要以某种方式将其与其他节点的数据保持一致,毕竟,复制技术的目的是让多个节点存储相同的数据。

Dynamo 架构中同时使用了以下两种数据修复方法:

(1)读修复(Read Repair)。读修复其实就是多主复制中提到的让客户端负责更新数据。前面提到,当客户端从多个节点读取到数据后,它可以检测到其中有的节点的数据是旧的,此时客户端会发送一个带有最新的值的写请求到旧数据所在的节点，以此更新节点的数据。

（2）反熵过程（Anti-Entropy Process）。反熵过程会新建一个后台进程来修复数据，该进程找出错误的数据，并从存储最新的数据的节点中将数据复制到错误的节点。和基于领导者的复制不同，反熵过程不保证写操作的顺序，只保证最后结果一样。

进行反熵过程修复时，我们肯定不希望一个个比较数据是否一致，这需要传输很多数据进行对比。Dynamo 使用 Merkle Tree 来验证数据是否产生了不一致，减少了传输的数据量。Merkle Tree 也叫哈希树（Hash Tree），它把数据按关键字分为几个范围，每个范围计算出一个哈希值并作为树的叶子节点，然后自底向上一层层合并到根节点。Merkle Tree 的特点是，树的每个分支都可以独立进行对比，不要求完全传输整棵树；同时，如果两棵树的根节点相同，那么叶子节点的值也相同，就不需要再检查了；如果根节点不同，则说明某些副本的数据不同，此时继续往子节点中查找（只传输这部分子节点的数据），直到叶子节点找到不同的关键字所在的范围。

通过从 Merkle Tree 的根节点开始比较哈希值，就能快速找到哪些范围的哈希值发生了变化，快速定位不一致的数据，并且只传输较少的数据进行比较。

请注意，并非所有无主复制系统都需要实现读修复和反熵过程。例如 Voldemort 就没有实现反熵过程。对于没有反熵过程的系统，如果一些数据很久没有被读到，就不会执行读修复，那么某些副本上可能会缺少这些数据。

基于 Quorum 的数据冗余机制

Quorum（法定人数）机制[1]是分布式系统中用来保证数据冗余和最终一致性的一种算法。在无主复制中，Quorum 机制用于多副本数据的一致性维护，即前面提到的客户端要向一些节点发送读写请求，Quorum 机制就用于确定到底要多少个节点才足够，以及如果我们增加或减少读写请求的节点数量，系统会发生怎样的变化。

我们从最简单的情况开始，在一个 3 节点组成的分布式系统中，假设客户端只需要一个节点写入成功就认为这次写请求成功了，同样读请求也只需要从一个节点中读取。由于这些节点之间没有互相同步数据，因此客户端每次向唯一写成功的节点以外的节点发送读请求时，都会读到过期的数据。

显然一个节点是不够的，我们需要增加读和写请求的节点数量，来保证我们读到的节点中至少有一个存储了最新写入的数据。

现在我们要求写请求至少要在两个节点写入成功，同时从任意两个节点中读取数据，这样我们就可以保证读取的两个返回值中至少有一个是最新写入的数据，因为三选二总会读到有最

1　Gifford, David K. "Weighted voting for replicated data." Proceedings of the seventh ACM symposium on Operating systems principles. 1979.

新数据的节点，我们可以根据时间戳或数据版本判断出哪个是最新的数据。

推广到更普遍的情况，基于 Quorum 的数据冗余机制保证了在一个由 N 个节点组成的系统中，我们要求至少 W 个节点写入成功，并且需要同时从 R 个节点中读取数据，只要 $W+R>N$ 且 $W>N/2$，则读取的 R 个返回值中至少包含一个最新的值。

这里简单证明一下上面的公式。N 个节点中至少 W 个节点写成功，那么没有写成功的节点最多为 $N-W$ 个；而由于 $W+R>N$，因此可以得出 $R>N-W$，即 R 大于没有写成功的节点数量。所以，从 R 个节点中读取的数据必然包含写成功的节点的数据。

$W>N/2$ 这条规则主要用于保证数据的串行化修改，两个不同的写请求不能同时成功修改一份数据。

在 N 个节点组成的系统中，同时写入和读取的最大节点数均为 N，所以最多可以设定 $W=N$ 且 $R=N$，即 $W+R=2N$。这种情况下要等待所有的节点都写入成功，并且从所有节点读取，此时不会产生任何混乱的数据。但这种情况下，一次写请求或读请求的延迟由 W 或 R 个副本中最慢的一个决定，读写请求可能会等待相当长的时间。因此，为了降低延迟，W 和 R 的值通常设置得比 N 小。

基于 Quorum 机制的最小读写副本数可以作为系统在读写性能方面的可调节参数，将 W 和 R 作为可配置参数后，管理员可以根据系统的工作负载来配置具体的参数值。W 值越大 R 值越小，系统的读操作性能就越好。反之写操作的性能越好。

例如，如果一个应用程序的写请求较少，但读请求非常频繁，那么可以设置 $W=N$ 与 $R=1$，这意味着写请求需要每个节点确认成功，同时可以只从系统中任意一个节点读取，确信每个节点都有最新的值。当然，这种参数配置会让应用程序的写入速度变慢，可用性降低，因为一个节点故障就会阻塞整个写操作的完成。

3.3 CAP 定理

前面我们分析了分布式数据存储类系统如何提升可扩展性、可用性和高性能，现在稍作总结。无论是分区、复制还是两者的结合，通常我们设计分布式系统或者设计任何系统架构，主要是为了解决一个或一些特定的需求，而需求是驱动软件开发最基本的动力。根据业务的需求，架构师会设计出具有各种架构特性的系统，你可能也听过数不尽的架构特性词汇：可用性、可靠性、可扩展性、容错性、高吞吐量等。这些特性听起来都很好，我们能不能在系统中实现每个特性呢？架构特性这么多，我们应该设计具有哪些特性的分布式系统呢？

CAP 定理就是一个分布式系统特性的高度抽象，它总结了各个特性之间的冲突。分区和复制等技术既会带来好处，也会带来问题，CAP 定理对这类数据系统的特性做了一个重要的总结。

CAP 定理也叫布鲁尔定理（Brewer's Theorem），是 2000 年由加州大学伯克利分校（University of California, Berkeley）的计算机科学家埃里克·布鲁尔（Eric Brewer）在分布式计算原理研讨会（PODC）上提出的一个猜想[1]。虽然当时就命名为"CAP 定理"，但还未被证实。

两年后，麻省理工学院的 Seth Gilbert 和 Nancy Lynch 教授证明了布鲁尔的猜想[2]，CAP 定理正式诞生。

CAP 定理指出在一个异步网络环境中，对于一个分布式读写存储（Read-Write Storage）系统来说，只能满足以下三项中的两项，而不可能满足全部三项：

- 一致性（Consistency）。
- 可用性（Availability）。
- 分区容错性（Partition Tolerance）。

一致性可以这么理解，客户端访问所有节点，返回的都是同一份最新的数据。可用性是指，每次请求都能获取非错误的响应，但不保证获取的数据是最新数据。分区容错性是指，节点之间由于网络分区而导致消息丢失的情况下，系统仍能继续正常运行。需要强调的是，这里的一致性是指线性一致性，至于什么是线性一致性，我们会在 3.7 节中详细解释。这里读者只需要理解为，对于单个对象，读操作会返回最近一次写操作的结果，这也叫线性一致性读。

为了便于理解，举一个具体的例子。考虑一个非常简单的分布式系统，它由两台服务器 Node1 和 Node2 组成，这两台服务器都存储了同一份数据的两个副本，我们可以简单认为这个数据是一个键值对，初始的记录为 $V=0$。服务器 Node1 和 Node2 之间能够互相通信，并且都能与客户端通信。这个例子如图 3-17 所示。

现在客户端向 Node1 发送写请求 $V=1$。如果 Node1 收到写请求后，只将自己的 V 值更新为 1，然后直接向客户端返回写入成功的响应，这时 Node2 的 V 值还是等于 0，此时客户端如果向 Node2 发起了读 V 的请求，读到的将是旧的值 0。那么，此时这两个节点是不满足一致性的。

如果 Node1 先把 $V=1$ 复制给 Node2，再返回客户端，那么此时两个节点的数据就是一致的。这样，无论客户端从哪个节点读取 V 值，都能读到最新的值 1。此时系统满足一致性（在 3.7 节中我们会给出一致性的严格定义）。

---

1 Eric Brewer, "Towards Robust Distributed Systems".

2 Seth Gilbert and Nancy Lynch, "Brewer's conjecture and the feasibility of consistent, available, partition-tolerant web services", ACM SIGACT News, Volume 33 Issue 2 (2002), pg. 51–59. doi:10.1145/564585.564601.

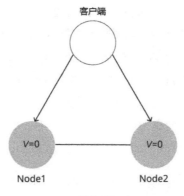

图 3-17

接下来的可用性和分区容错性就比较好理解了。可用性就是说，客户端向其中一个节点发起一个请求，且该节点正常运行无故障，那么这个节点最终必须响应客户端的请求。

分区容错性是指，当节点间出现网络分区的时候，系统仍然可以正常提供服务。

为什么 CAP 定理说一个系统不能同时满足一致性、可用性和分区容错性？这里给出简要的证明[1]。

我们使用反证法证明。假设存在一个同时满足这三个属性的系统，我们第一件要做的事情就是让系统发生网络分区，就像图 3-18 中的情况一样，服务器 Node1 和 Node2 之间的网络发生故障导致断开连接。

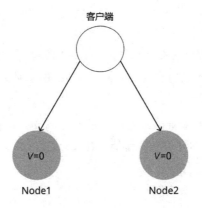

图 3-18

客户端向 Node1 发起写请求，将 V 的值更新为 1，因为系统是可用的，所以 Node1 必须响应客户端的请求，但是由于网络分区，Node1 无法将其数据复制到 Node2，如图 3-19 所示。

1　Michael Whittaker, "An Illustrated Proof of the CAP Theorem." 2014-08-16.

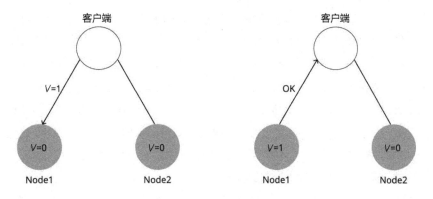

图 3-19

接着，客户端向服务器 Node2 发起读 V 的请求，再一次因为系统是可用的，所以 Node2 必须响应客户端的请求。还是因为网络分区，Node2 无法从 Node1 更新 V 的值，所以 Node2 返回给客户端的是旧的值 0，和客户端刚才写入的 V 的值不同，如图 3-20 所示。

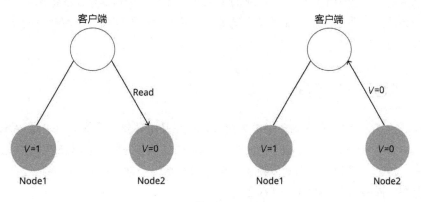

图 3-20

这显然违背了一致性，因此证明不存在这样的系统。

CAP 定理的重要意义在于，它帮助软件工程师在设计分布式系统时，施加基本的限制，不必浪费时间去构建一个完美的系统。软件工程师应该意识到这些特性需要进行取舍，进而选择适合的特性来开发分布式系统。

对于一个分布式系统来说，节点之间是通过网络通信的，只要有网络，必然出现消息延迟或丢失，网络分区故障是必然发生的，所以分区容忍性是一个基本的要求。CAP 定理就是用来探讨在这种情况下，在系统设计上必须做出的取舍。因此，开发者通常将他们的分布式系统分为 2 类，即 CP 或 AP，这取决于在保证分区容错性（P）的情况下选择一致性（C）还是可用性（A）。

虽然 CAP 定理在如今颇受争议且遭受一些批评[1]，但笔者认为 CAP 定理仍然是一个很好的思想框架，能够辅助架构师进行思考，帮助架构师在多种多样的方案中设计出符合自身需求的系统。事实上，过去几年许多分布式系统仍然使用 CAP 定理来描述自身系统类型。

2012 年，Eric Brewer 在一篇名为"CAP 理论十二年回顾：'规则'变了（CAP twelve years later: How the 'rules' have changed）"[2]的文章中回顾了 CAP 定理容易产生的一些误解。

首先，文章指出，"三选二"公式存在误导性，其实由于网络分区很少发生，那么在系统不存在网络分区的时候，没有什么理由牺牲一致性或可用性，这两个特性都可以满足。只有在网络分区期间，才需要在一致性和可用性之间做出选择。

其次，系统在正常运行的过程中，虽然没有网络分区发生，但网络延迟还是会存在。而 CAP 定理的经典解释是忽略网络延迟的，但在实际中延迟和分区紧密相关。系统在出现网络延迟的时候，如果选择放弃处理请求，则相当于降低了可用性；如果选择继续处理请求，由于延迟存在，则会降低系统的一致性。系统需要在网络延迟时做出权衡。

这种权衡的一个例子是我们之前描述的单主复制方案，在延迟存在的情况下，是选择同步复制倾向于系统的一致性，还是选择异步复制让系统可用性更高呢？本章提及的很多内容都伴随着这样的思考和取舍。

3.3.1　PACELC 定理

PACELC 定理是 CAP 定理的一个扩展定理，最早是由耶鲁大学的 Daniel J. Abadi 在 2010 年的一篇博客中提出的[3]，后来他在 2012 年的一篇论文中正式提出了该定理[4]。PACELC 定理的主要论点是，CAP 定理忽略分布式系统中的延迟影响是一个重大疏忽，因为延迟在系统运行过程中时刻存在，而网络分区不会一直存在。

PACELC 定理指出，在分布式系统存在网络分区（P）的情况下，必须在可用性（A）和一致性（C）之间做出选择；否则（Else, E）系统在没有网络分区且正常运行的情况下，必须在延迟（L）和一致性（C）之间做出选择。整个流程如图 3-21 所示。

1　Kleppmann, Martin (2015-09-18). "A Critique of the CAP Theorem". arXiv:1509.05393.

2　Eric Brewer, "CAP twelve years later: How the 'rules' have changed", Computer, Volume 45, Issue 2 (2012), pg. 23–29. doi:10.1109/MC.2012.37.

3　Abadi, Daniel J. (2010-04-23). "DBMS Musings: Problems with CAP, and Yahoo's little known NoSQL system". Retrieved 2016-09-11.

4　Abadi, Daniel J. "Consistency Tradeoffs in Modern Distributed Database System Design" (PDF). Yale University.

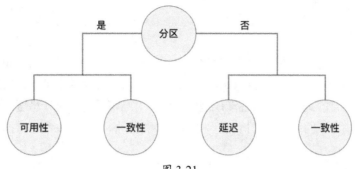

图 3-21

所谓在延迟和一致性之间做选择，与 3.2 节末尾讨论的情况类似，例如，如果分布式系统中某个节点的延迟超过 100ms，那么就认为节点失效，不等待这个节点返回了。

该定理的第一部分其实就是 CAP 定理中的两个类别 AP 和 CP，在 PACELC 定理中反过来写作 PA 和 PC；第二部分定义了两个新的类别 EL 和 EC。这些子类别又可以组合起来形成多种类型，例如，AP/EL 类别的系统在网络分区时将优先考虑可用性，而在系统正常运行时将优先考虑延迟。大多数系统往往属于 PA/EL 或 PC/EC 类型，但仍有一些系统不能严格地归入其中一类。几个广为人知的分布式存储系统可以按照表 3-1 进行分类[1]。

表 3-1

DDBS	PA	PC	EL	EC
MySQL Cluster		✓		✓
BigTable/HBase		✓		✓
DynamoDB	✓		✓	
Cassandra	✓		✓	
MongoDB	✓			✓
MegaStore		✓		✓
VoltDB/H-Store		✓		✓
Riak	✓		✓	

1　"Consistency Tradeoffs in Modern Distributed Database System Design" slide summary by Arinto Murdopo, Apr. 17, 2012.

3.3.2 BASE

CAP 定理的提出者 Eric Brewer 和同事在 1990 年代末期提出 BASE（Basically Available, Soft State, Eventually Consistent），也是对 CAP 定理的扩展。BASE 即基本可用、软状态和最终一致性的首字母缩写，目的是抓住当时逐渐成型的一些针对高可用性的设计思路，其中的软状态和最终一致性主要指存在网络分区的情况，为了高可用性，舍弃强一致性，选择一致性更弱的最终一致性。

所谓最终一致性是指，当客户端更新某个数据时，可能因为网络分区或延迟，导致数据没有即时同步到所有副本，系统中存在新旧数据。此时系统仍然允许继续读写数据，但在最终某个时刻，系统保证这个更新操作一定会同步到所有副本。

虽然网络分区听起来很严重，但其实大部分情况只会持续一小段时间，可能几秒或几分钟，所以最终一致性是一种能够接受的方案，适用于允许一些延迟的场景，例如帖子的点赞数等。

不过 Eric Brewer 表示，BASE 好记有余而精确不足，BASE 确实也没有像 CAP 定理那样被广泛使用。

3.4 一致性模型

无论读者是否从事分布式系统开发工作，"一致性"这个词一定不陌生。3.3 节的 CAP 定理、PACELC 定理和 BASE 都提到了一致性，可见关于分布式数据系统的讨论离不开"一致性"。

不过，如果读者看过网络上的一些文章或视频，或者跟身边的朋友聊一聊一致性，那么对于什么是一致性这个问题，会发现每个人给出的答案都不太一样。有人会说是 CAP 定理里面的一致性；有人会提到数据库事务 ACID 中的一致性；更有甚者会说 Paxos 或 Raft 算法是一种分布式一致性算法。通过阅读本书，笔者希望读者能清楚地知道三者是完全不一样的概念，这三个"一致性"会在本书不同的章节讨论，笔者会再三强调三者的区别。

首先，需要指出一个错误观点，即把 Paxos 或 Raft 称作分布式一致性算法，笔者认为完全是中文翻译导致的错误，它们的英文单词并不一样，为了区分，本书统一把 Paxos 或 Raft 称为分布式共识算法，我们会在第 4 章分布式共识中详细讨论这个问题，因此 Paxos 或 Raft 等算法不在本节一致性的讨论范畴。

ACID 中的一致性（Consistency）和一致性模型（Consistency Model）中的一致性都是同一个英文单词，但是 ACID 的一致性属于数据库领域的概念，主要是指数据的一致性没有被破坏，这种一致性要求不仅指常见的数据库完整性约束（例如主键、外键、触发器、check 等约束），有时还需要由用户（应用程序）来保证，例如用户可以指定数据库字段 A 和 B 必须满足 A+B=100。

这类一致性不属于本书一致性的讨论范畴。需要指出的是，经常会有人将隔离性也纳入一致性讨论，虽然两者有一些相似[1]，但隔离性和一致性关注的重点并不相同，我们会在下一节隔离级别中详细展开。

本节要谈论的一致性模型和复制有着密切关系。通过复制一节我们知道，复制既带来了高可用性和高性能等好处，但也带来了多个副本如何保持数据一致这个问题，尤其是写操作何时，以何种方式更新到所有副本决定了分布式系统付出怎样的性能代价。按照传统冯·诺依曼体系结构的计算模型来看，读操作应当返回最近的写操作所写入的结果，这是从我们刚开始接触计算机就认为的很自然的逻辑，但关键问题在于"最近"的含义是比较模糊的，到底何时、何种情况才能读到最近的写操作的结果？针对这种情况，我们需要一种模型，能够帮助开发者预测系统中读写操作的结果。

一致性模型就是指，在并发编程中，系统和开发者之间的一种约定，如果开发者遵循某些规则，那么开发者执行读操作或写操作的结果是可预测的。

首先，这句话最重要的是"可预测"，可预测保证了程序逻辑的确定性，如果对一个系统执行读写操作却无法返回可预测的结果，那么这样的系统是很难使用的。其次，这里的系统是一个很宽泛的概念，虽然一致性模型常用于分布式系统（如分布式文件系统、分布式存储、分布式数据库等），但也可以指单台计算机的内存或单个寄存器。因为当多线程对内存中的变量进行并发读写操作时，同样是并发编程，也存在同样的可预测问题。同理，定义中的开发者既可以是分布式系统的使用者，也可以是客户端，或者具体的进程。最后，一致性模型本质上定义了写操作的顺序和可见性，即并发写操作执行的顺序是怎样的，写操作的结果何时能够被别的进程看见。

实际上数据一致性问题并非分布式系统独有，早在关于多处理器和并行计算的研究中已经提出许多一致性模型，包括我们需要重点掌握的线性一致性也是这一时期提出的。但有的定义已不能很好地适用于分布式系统，本章的目的就是以分布式系统的视角研究数据一致性问题。

在 CAP 定理一节中笔者曾提到过，CAP 定理中的一致性指的是线性一致性，线性一致性正是一种一致性模型。除了线性一致性，想必读者还听过强一致性、弱一致性、最终一致性……这些都属于一致性模型，根据统计[2]，目前一共有超过 50 种一致性模型！

本节不可能一一介绍 50 多种一致性模型，实际上，常见的一致性模型只有几种，所以本节重点介绍这些常见的、彼此之间有一定关联的一致性模型，帮助读者理解各种一致性具体的区

1　Bailis,Peter,et al."Highly available transactions: Virtues and limitations." Proceedings of the VLDB Endowment 7.3 (2013):181-192.

2　Viotti, Paolo, and Marko Vukolić. "Consistency in non-transactional distributed storage systems." ACM Computing Surveys (CSUR) 49.1 (2016): 1-34.

别。本节将按照著名的分布式一致性验证框架 Jepsen 对一致性模型的分类，并讨论这些一致性模型的分类及其之间的关系，如图 3-22 所示。

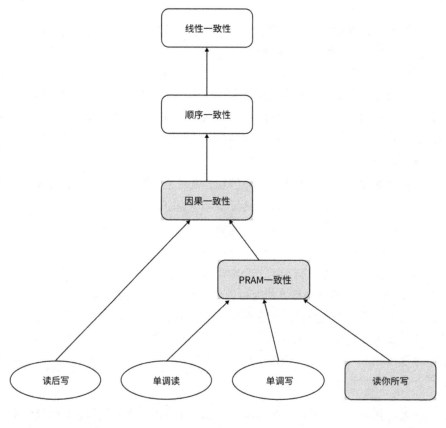

图 3-22

图 3-22 中的一致性模型根据可用性可以分为三类，白底矩形中的模型的可用性为不可用（Unavailable），灰底矩形中的模型的可用性为基本可用（Sticky Available），椭圆中的模型的可用性为高可用（Total Available）。具体来说：

- Unavailable 表示，满足这类一致性模型的系统发生网络分区时，为了保证数据一致性和正确性，系统会不可用。用 CAP 定理来解释，就是典型的 CP 类系统。这类一致性模型包括线性一致性和顺序一致性。

- Sticky Available 表示，满足这类一致性模型的系统可以容忍一部分节点发生故障，还未出现故障的节点仍然可用，但前提是客户端不能将请求发送到不可用的副本节点。这类一致性模型包括因果一致性、PRAM 一致性和读你所写一致性。

- Total Available 表示，满足这类一致性模型的系统可用性是最高的，即使网络发生严重分区，在没有发生故障的节点上，仍然保证可用。这类一致性模型包括读后写一致性、单调读一致性和单调写一致性。

图 3-22 中箭头表示包含关系，例如满足线性一致性必然也满足顺序一致性，以此类推。

图 3-22 中一致性模型中的一致性强度从上到下越来越弱，即最上方的线性一致性（Linearizable Consistency）是最强的一致性模型。

需要声明的是，由于各种一致性模型的定义来自于多位作者，这里的客户端或进程都是一个意思，它们都指发起并发操作的角色。

3.4.1 线性一致性

线性一致性（Linearizable Consistency）是最强的一致性模型，通常用 Linearizability（可线性化）直接代替 Linearizable Consistency，中文翻译把它们都译作"线性一致性"。线性一致性也被称为强一致性（Strong Consistency）、严格一致性（Strict Consistency）、原子一致性（Atomic Consistency）[1]、立即一致性（Immediate Consistency）或外部一致性（External Consistency）[2]。CAP 定理中的一致性指的就是线性一致性。

关于线性一致性的解释层出不穷。线性一致性最开始是由 Maurice P. Herlihy 与 Jeannette M. Wing 共同提出的关于并发对象行为正确性的一个模型[3]，原始论文中的并发对象主要是讨论单台计算机上的共享变量。论文中给出了线性一致性的形式化定义，但不是很容易理解，没有直观的图形对定义进行解释。这里笔者将简化论文中的定义和例子，以更易懂的方式解释什么是线性一致性。

虽然线性一致性经常出现在分布式系统的讨论中，但其实线性一致性是一个并发编程领域的概念，其涉及领域更为广泛，不只用于分布式系统。

所以，笔者将给出线性一致性的两个定义，一个称为非严格定义，主要是对分布式系统中线性一致性模型行为的定义。另一个称为严格定义，主要参考论文形式化定义和例子，对更普遍的并发对象行为正确性模型的定义。严格定义同样适用于分布式系统。

---

1 Leslie Lamport: "On interprocess communication," Distributed Computing, volume 1, number 2, pages 77–101, June 1986. doi:10.1007/BF01786228.

2 David K. Gifford: "Information Storage in a Decentralized Computer System," Xerox Palo Alto Research Centers, CSL-81-8, June 1981.

3 Herlihy,Maurice P.,and Jeannette M.Wing."Linearizability: A correctness condition for concurrent objects."ACM Transactions on Programming Languages and Systems (TOPLAS) 12.3 (1990):463-492.

线性一致性的非严格定义很简单，即线性一致性意味着分布式系统的所有操作看起来都是原子的，整个分布式系统看起来好像只有一个节点。这里的关键是"原子操作"和"看起来好像只有一个节点"，笔者将逐一解释。

一个典型的不满足线性一致性的例子如图 3-23 所示。

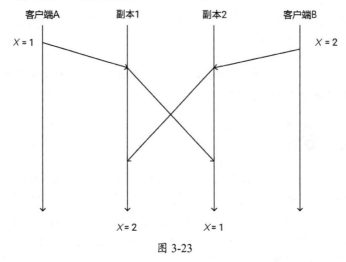

图 3-23

两个客户端 A 和 B 同时执行写操作，客户端 A 执行 $X=1$，客户端 B 执行 $X=2$，但由于副本之间同步数据存在延迟，最终导致两个副本的 X 值不相同。这种情况往往是不可接受的，我们希望副本保持数据一致。

根据非严格定义，线性一致性的系统要像单一节点一样工作，并且所有操作是原子的。那么，我们将图 3-23 转变成线性一致性系统，即两个副本变成只有一个副本，上述情况变成了如图 3-24 所示的情况。

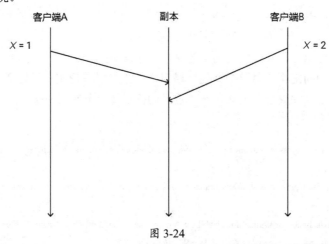

图 3-24

图 3-24 中系统行为从一个不可预测的行为转变成了可预测的行为，我们很容易知道系统最后会返回的 X 的值。可是为什么要强调"原子操作"呢？注意观察，图 3-24 中客户端的写请求发送到副本上后，我们认为副本执行的写操作是立即生效的，这时可以推断出副本上的 X 的值先等于 1 然后等于 2。但实际上没有操作是能够瞬时完成的，即便是 CPU 访问内存也需要一定的时间。如果不强调操作是原子的，即使只有一个节点，并发操作也有可能返回非预期的结果。

回想在单台计算机进行并发编程时，我们仍然需要一些同步原语才能实现线性一致性。原因是，当我们在现代多核 CPU 上运行多线程程序时，由于 CPU 访问缓存速度比内存快得多，所以每个 CPU 核都有自己的缓存，这其实也构成了一个多副本的情况。假如一个线程先对某个变量执行写操作，随后不久另一个线程对该变量执行读操作，在没有任何锁之类的同步原语的情况下，后执行的读操作并不一定能读到先于它的写操作写入的值。这在编写多线程程序时是很常见的现象。

综上所述，线性一致性必须强调操作是原子的。开头提到，线性一致性也叫作原子一致性，它们的联系就在这里。在单台计算机上为了实现一致性，硬件会提供一些底层原语（内存屏障等），操作系统也会根据底层原语封装一些常用的同步原语，最后大多数编程语言都实现了同步原语和原子变量，方便开发者在并发编程时实现线性一致性。

为了更好理解线性一致性，我们还是要探索其严格定义。不过，在给出线性一致性的严格定义之前，我们先解释论文中线性一致性模型相关的基本概念和术语。

首先，发生在系统上的所有事件可以建模为一个并发程序的执行历史，简称为历史（History），常用 H 来表示。我们假设系统只有读操作或写操作，一个操作可以分为调用（Invocation）和响应（Response）两个事件。即，调用表示读操作或写操作的开始，响应可以理解为操作结束并返回如 OK 的状态值。调用一定发生在响应之前，每个调用之后紧跟着相应的响应。执行历史就是由一系列的调用和响应事件组成的。

举个最简单的例子，一个写操作如图 3-25 所示。

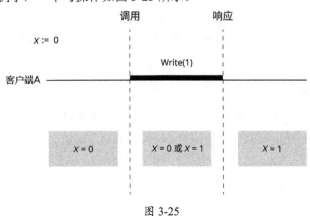

图 3-25

图 3-25 中只有一个客户端 A，只有一个 Write(1)写操作并用一个线段来表示，即将 X 这个变量的值更新为 1。线段最左端表示调用事件，线段最右端表示响应事件，线段的长度表示 Write(1)写操作实际持续的时间。

对于这个写操作的结果可以很容易预测，调用事件发生之前 X 的值为 0，响应事件结束之后 X 的值为 1，而处于调用事件和响应事件之间的这段时间，无法确认写操作到底发生在哪个具体的时间，所以客户端读到 X=0 或 X=1 都认为是合法的。

我们考虑一个无并发的多次读写操作，对于一个客户端来说，请求总是一个个顺序执行的，调用事件和响应事件是一个接着一个的，如图 3-26 所示。

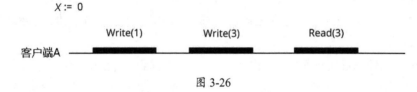

图 3-26

推断这种情况下执行历史的合法性非常容易，因为没有并发，所以我们只需要检查按顺序执行每个操作后的结果是否正确即可。图 3-26 中 Write(3)后是 Read(3)，即读到的 X 值为 3，说明系统工作符合预期。

考虑更复杂的情况，如果有多个客户端同时执行操作，那么执行历史就可以建模为如图 3-27 所示的这种情况。图 3-27 中有两个客户端 A 和 B，两者分别执行读写操作。这就是我们重点关注的并发情况下的执行历史。

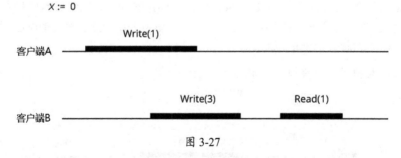

图 3-27

了解了这些基本概念后，我们给出线性一致性的严格定义。

线性一致性的严格定义是，**给定一个执行历史，执行历史根据并发操作可以扩展为多个顺序历史（Sequential History），只要从中找到一个合法的顺序历史，那么该执行历史就是线性一致性的。**

即，只要我们能够把执行历史转为顺序历史，然后判断顺序历史是否合法，就能知道这个执行历史是否满足线性一致性。

这里的关键是，如何将执行历史转变成顺序历史？线性一致性有一个转变的规则。

首先，并发操作之间一共存在如图3-28所示的三种情况。可以将这三种情况分为两种关系：顺序关系和并发关系。

- 一个操作明显在另一个操作之前发送，这两个操作是顺序关系。
- 两个操作之间有重叠，这两个操作是并发关系。
- 一个操作包含另一个操作，这两个操作也是并发关系。

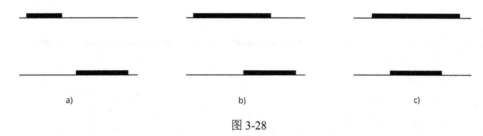

a)   b)   c)

图 3-28

线性一致性有一个非常重要的约束，就是在将执行历史转变成顺序历史的过程中，如果两个操作是顺序关系，那么它们的先后关系必须保持相同；如果两个操作是并发关系，则它们可以按任何顺序排列。

现在，我们按照这个规则将图 3-27 中的执行历史排列为顺序历史。图 3-27 中，Write(1) 和 Read(1)的关系显然是顺序关系，所以重排后 Write(1) 必须保持在 Read(1)前面；Write(3) 和 Read(1)同理；而 Write(1)和 Write(3)是并发关系，所以这两个操作可以任意排序，将 Write(1) 排在 Write(3)前面或后面都是允许的。

综上所述，重新排序后可以得到两个不同的顺序历史，如图 3-29 所示，我们用顺序历史 S1 和 S2 来表示。

图 3-29

可以推断出，顺序历史 S1 是不合法的，因为 Write(3)之后 Read(1)不应该返回 1 而应该返回 3；S2 显然是合法的。所以 S2 是符合条件的顺序历史。

根据线性一致性的定义可以得出，图 3-27 中的执行历史是满足线性一致性的。

总的来说，线性一致性主要有两个约束条件，第一，顺序记录中的任何一次读必须读到最近一次写入的数据；第二，顺序记录要跟全局时钟下的顺序一致。这个第二点是线性一致性非常重要的保证，因此我们不能重排顺序关系的操作，而且还要知道操作之间的先后关系。

最后，笔者从线性一致性初始论文中找出两个执行历史，留给读者练习，以便加深对线性一致性的理解。请问图 3-30 中的两个执行历史 H1 和 H2 是否满足线性一致性？

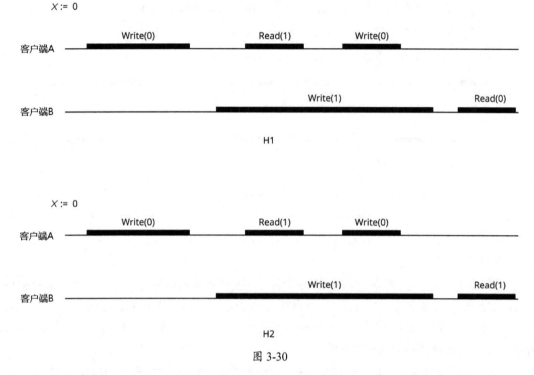

图 3-30

答案：H1 满足线性一致性，H2 不满足线性一致性。

3.4.2 实现线性一致性

在一个单线程的进程中，变量的行为是很容易预测的，但对于一个多线程共享变量，行为是无法预测的。假设一个被多个线程调用的函数如下：

```
// int i = 0; i 是一个全局变量
int inc_counter() {
    int j = i++;
    return j;
}
```

当两个线程并发执行该函数时，虽然 i++ 共执行了两次，但最后读到 i 的值并不一定是 2，所以我们无法预知程序输出的结果。

因此，我们通常会为变量加上锁，简单修改程序如下：

```
// int i = 0; i 是一个全局变量
int inc_counter(){
    lock(&lock);
    i++;
    int j = i;
    unlock(&lock);
    return j;
}
```

这就是我们最常见的并发编程的线性一致性实现。除了读写操作，当下大部分操作系统都提供了原子比较–交换（CAS）操作，原子写操作不考虑当前寄存器的值，但比较–交换操作是先判断寄存器 x 的当前值，如果寄存器 x 的当前值等于 v，则原子地将 x 设置为 $v1$，如果寄存器 x 的当前值不等于 v，则保持寄存器的值不变。该操作有效避免了 ABA 问题。

分布式系统还可以通过共识算法实现线性一致性（注意，并不是说实现了共识算法就等于实现了线性一致性），包括如何选择领导者，如何处理重复的请求，如何确保请求在每个副本上的顺序是一致的[1]，例如 Google 分布式数据库 Spanner 就通过共识算法及一些额外的优化实现了线性一致性。共识算法是分布式系统中非常重要的内容，将在第 4 章详细讨论如何通过 Raft 算法实现线性一致性。

3.4.3　线性一致性的代价

线性一致性是最强的一致性模型，线性一致性的系统虽好，但实现起来代价也是最高的，并发编程中的同步原语和原子变量都会增加系统开销。

这是一种经典的权衡，你想要系统更正确还是更快速？这种权衡体现在系统的方方面面，我们不止一次会遇到这个选择题。

不仅如此，分布式系统中的线性一致性最困难的是需要一个全局时钟，这样才能知道每个节点事件发生的时间和全局顺序，但分布式系统中准确的全局时钟是非常难以实现的，在第 6 章中我们会认识到这一点。

1　Diego Ongaro and John K. Ousterhout: "In Search of an Understandable Consensus Algorithm (Extended Version)," at USENIX Annual Technical Conference (ATC), June 2014.

默认情况下，现代 CPU 在访问内存时不保证线性一致性[1]，这是因为同步指令开销大、速度慢，并且涉及跨节点 CPU 缓存失效问题。

3.4.4　顺序一致性

顺序一致性（Sequential Consistency）[2]是一种比线性一致性弱一些的一致性模型，由 Leslie Lamport 提出，顺序一致性其实要早于线性一致性提出。

顺序一致性同样允许对并发操作历史进行重新排列，但它的约束比线性一致性要弱，顺序一致性只要求同一个客户端（或进程）的操作在排序后保持先后顺序不变，但不同客户端（或进程）之间的先后顺序是可以任意改变的。

还是用和线性一致性一样的模型来展示具体的例子，如图 3-31 所示。

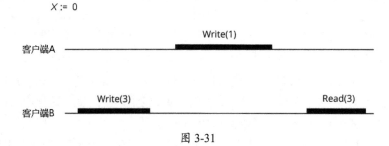

图 3-31

按照线性一致性的要求，图 3-31 中的情况只能得到一种顺序历史，且该顺序历史显然是无法满足线性一致性的。但顺序一致性可以允许不同客户端之间的操作改变先后顺序，所以图 3-31 中的执行历史可以重排为如图 3-32 所示的顺序历史 S3。

图 3-32

很明显，图 3-32 中的顺序历史是合法的，所以该系统满足顺序一致性。由此可见，顺序一致性是比线性一致性要弱一些的一致性模型，满足顺序一致性的模型不一定满足线性一致性的要求。

顺序一致性和线性一致性的主要区别在于没有全局时间的限制，顺序一致性不要求不同客

1　Sewell,Peter,et al."x86-TSO:a rigorous and usable programmer's model for x86 multiprocessors."Communications of the ACM 53.7 (2010): 89-97.

2　Lamport,Leslie."How to make a multiprocessor computer that correctly executes multiprocess progranm."IEEE transactions on computers 28.09 (1979):690-691.

户端之间的操作的顺序一致，只关注局部的顺序。

有时顺序一致性往往更实用。例如，在一个社交网络应用中，一个人通常不关心他看到的所有朋友的帖子的顺序，但对于具体的某个朋友，仍然以正确的顺序显示该朋友发的帖子会更符合逻辑。

与线性一致性一样，现代 CPU 在默认情况下也不保证顺序一致性，因为顺序一致性严格限制了程序的执行顺序。现代编译器和 CPU 通常都会优化指令的执行顺序，以提升程序性能，实际执行的指令顺序和程序写的指令顺序可能是不一致的。

3.4.5　因果一致性

因果一致性（Causal Consistency）是一种比顺序一致性更弱一些的一致性模型，它与顺序一致性一样不依赖于全局操作的顺序。因果一致性要求，必须以相同的顺序看到因果相关的操作，而没有因果关系的并发操作可以被不同的进程以不同的顺序观察到。

最典型的因果关系就是社交网络中的发帖和评论关系，根据因果关系，必须先有发帖才能有对于该帖子的评论，所以发帖操作必然在评论操作之前。

根据微信技术团队分享的资料[1]，微信朋友圈评论就使用了因果一致性。微信的数据分布在上海、深圳、香港和加拿大数据中心。一个用户发表了一条朋友圈，上海的朋友和香港的朋友都来评论，这时如何保持正确性和一致性呢？微信采用如下方案来检测因果一致性：

（1）每条评论都有一个唯一且单调递增的数字 ID，评论 ID 需要全局唯一。微信团队也分享了他们的序列号生成器架构设计[2]。

（2）每条新评论的 ID 都必须比本地已经见过的全局最大的 ID 大，确保因果关系。

（3）广播本地看到的所有评论和新评论到其他数据中心；相同 ID 的评论合并排重。

例如，香港的朋友发表 ID 为 2 的评论，接着系统广播上海朋友的评论到其他数据中心，上海朋友的多条评论 ID 为[1, 4, 7]。此时如果香港的朋友再发表评论，那么 ID 就要为 8，以维持因果顺序。评论 ID 合并后为[1, 2, 4, 7,8]。这里其实使用了逻辑时钟（见第 6 章）[3]来维持因果顺序。

因果一致性的关键是体现了"发生于……之前（Happens-Before）"关系，我们在第 6 章会更深入地讨论如何进一步判断系统的因果关系，以及因果关系在逻辑时钟下的使用，这里暂且不展开讨论。

1　陈明，"微信朋友圈技术之道"，Archsummit, 2015.

2　曾钦松，"微信序列号生成器架构设计及演变"，InfoQ，2016-08-31.

3　Lamport, Leslie. "Time, clocks, and the ordering of events in a distributed system." Concurrency: the Works of Leslie Lamport. 2019. 179-196.

3.4.6 最终一致性

还有一些应用，它们的操作没有因果关系，允许使用更宽松的一致性模型。例如，只要系统最终能够达到一个稳定的状态，在某个阶段，系统各节点处理客户端的操作顺序可以不同，读操作也不需要返回最新的写操作的结果。在最终的状态下，只要不再执行写操作，读操作将返回相同的、最新的结果，这就是最终一致性（Eventual Consistency）模型。

最终一致性是最弱的一致性模型之一，所谓最终，并没有指定系统必须达到稳定状态的硬性时间，这听起来很不可靠，但是在实践中，这个模型工作得很好，当下许多追求高性能的分布式存储系统都是使用最终一致性模型的，例如 Dynamo。

由于最终一致性是一个比较笼统的说法，所以并没有具体地归为某一类，也没有在一致性模型（见图 3-22）中画出。

3.4.7 以客户端为中心的一致性模型

Tanenbaum 等人[1]将我们前面讨论的四种一致性模型归为一类，称为以数据为中心的一致性模型（Data-Centric Consistency Models）。以数据为中心的一致性模型旨在为数据存储系统提供一个系统级别的全局一致性视图，我们讨论这类一致性模型的角度都是当并发的客户端（或进程）同时更新数据时，考虑系统每个副本的数据是否一致，以及系统提供的一致性。

还有另一类以客户端为中心的一致性模型，这类一致性模型从客户端的角度来观察分布式系统，不再从系统的角度考虑每个副本的数据是否一致，而是考虑客户端的读写请求的结果，从而推断出系统的一致性。

用一句话来对比就是，以数据为中心的一致性模型常常考虑多个客户端时的系统状态，而以客户端为中心的一致性模型聚焦于单个客户端观察到的系统状态。

单调读（Monotonic Read）一致性模型是一种简单的以客户端为中心的一致性模型，单调读一致性必须满足：如果客户端读到关键字 x 的值为 v，那么该客户端对于 x 的任何后续的读操作必须返回 v 或比 v 更新的值，即保证客户端不会读到旧的值。

单调写（Monotonic Write）一致性必须满足：同一个客户端（或进程）的写操作在所有副本上都以同样的顺序执行，即保证客户端的写操作是串行的。例如，客户端先执行写操作 $x=0$ 再执行写操作 $x=1$，如果另一个客户端不停地读 x 的值，那么会读到 x 的值先为 0 再为 1，不会先读到 1 再读到 0。

读你所写（Read Your Write）一致性也称为读己之写（Read My Write）一致性，该一致性

---

1 Tanenbaum, Andrew; Maarten Van Steen (2007). "Distributed systems". Pearson Prentice Hall.

要求：当写操作完成后，在同一副本或其他副本上的读操作必须能够读到写入的值。注意，读你所写一致性必须是单个客户端（进程）。

一个违反读你所写的例子如图 3-33 所示。图 3-33 中，客户端 A 执行写操作 $X=1$，并且副本返回了成功。但是当客户端 A 从另一个副本读取数据时，由于数据同步延迟，读到了旧的数据 0，这就违反了读你所写一致性。

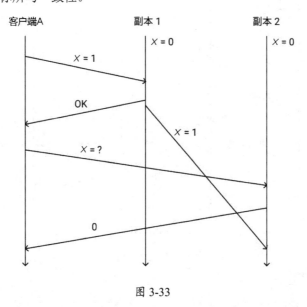

图 3-33

PRAM（Pipelined RAM）一致性[1]也称为 FIFO 一致性，直译为"流水线随机访问存储器一致性"，它由单调读、单调写和读你所写三个一致性模型组成。PRAM 一致性要求：同一个客户端的多个写操作，将被所有的副本按照同样的执行顺序观察到，但不同客户端发出的写操作可以以不同的执行顺序被观察到。

一个经典的、违反 PRAM 一致性的例子如图 3-34 所示。

图 3-34 中，对于客户端 A 的操作，在副本 1 上的顺序是先存款 20 元再取款 10 元，可是在副本 2 上的顺序却是先取款 10 元再存款 20 元，假如此时客户端 B 去读取副本 2 上的余额，在某个时间可能会查到余额为-10，这显然是违反常理的。

最后一种以客户端为中心的一致性模型是读后写（Write Follow Read）一致性模型，读后写一致性要求：同一个客户端对于数据项 x，如果先读到了写操作 w1 的结果 v，那么之后的写操作 w2 保证基于 v 或比 v 更新的值。读后写一致性其实还约束了写操作的顺序，写操作 w1 一

1　Lipton,Richard J.,and Jonathan S.Sandberg.PRAM:A scalable shared memory. Princeton University, Department of Computer Science,1988.

定发生在 w2 之前。举个例子，一个用户先阅读到某篇文章，再对该文章发表评论，那么该用户发表评论的操作一定在文章被发表的操作之后。读后写一致性看起来跟因果一致性非常相似，只不过以单个客户端为视角。读后写一致性也叫会话因果（Session Causality）一致性。

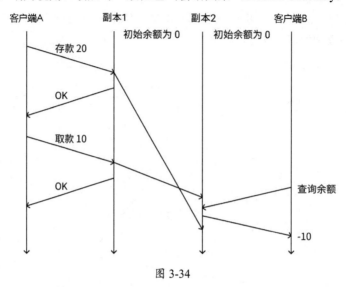

图 3-34

3.5　隔离级别

由多个操作组成并同时运行的事务常常会有意料之外的行为发生，这取决于它们是如何交错执行的。隔离级别（Isolation Level）定义了并行系统中事务的结果何时、以何种方式对其他并发事务可见。隔离性（Isoloation）属于事务 ACID 四个属性之一。

最初的 ANSI SQL-92 标准定义了 4 种隔离级别，随着技术的演进，出现了越来越多的隔离级别，本节我们主要研究以下几种比较常见的隔离级别：

- 串行化（Serializability）。
- 可重复读（Repeatable Read）。
- 快照隔离（Snapshot Isolation）。
- 读已提交（Read Committed）。
- 读未提交（Read Uncommitted）。

如前所述，隔离性是一种容易跟一致性混淆的概念，尤其是隔离级别跟一致性模型有着类似的层级结构，如图 3-35 所示。

和图 3-22 中的一致性模型一样，图 3-35 中的隔离级别根据可用性可以分为两类，矩形中的模型的可用性为不可用（Unavailable），椭圆中的模型的可用性为高可用（Total Available）。
图 3-35 中的箭头也表示包含关系。

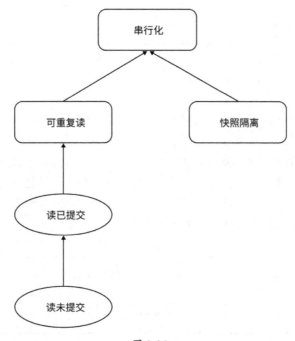

图 3-35

与 3.4 节介绍的一致性模型不同，有些隔离级别并没有给出具体的规范来定义什么是可行的，相反，隔离级别定义了什么是不可行的，即在已知的异常中防止哪些异常情况发生。当然，越强的隔离级别能防止越多的异常，但性能往往也会越低。所以在研究各个隔离级别之前，我们先来看看并发事务可能发生的异常情况。

为了方便不熟悉事务的读者理解，先简单回顾一下事务的基本用法。通常使用 `BEGIN` 或 `START TRANSACTION` 开始一个事务，然后执行一系列的操作，最后执行 `COMMIT` 语句提交事务，所有的操作一并提交，事务成功完成。或者执行 `ROLLBACK` 语句结束（回滚）事务，放弃从事务开始的一切变更。

脏写（Dirty Write）是指一个事务覆盖了另一个仍在运行中、尚未提交的事务写入的值。例如，事务 A 包含两个写操作[x=1, y=1]，事务 B 也包含两个写操作[x=2, y=2]，事务一致性约束是 x 必须等于 y。如果两个事务串行执行，那么 x 和 y 的值总是相同的。但在并发执行的情况下，执行顺序可能是[x=1, x=2, y=2, B 提交, y=1, A 提交]，如表 3-2 所示，最终会得到 $x=2$ 和 $y=1$。脏写最重要的问题是它会破坏数据的完整性约束，使系统无法正确回滚事务。因此大多数情况下都需要防止脏写。

表 3-2

事务 A	事务 B
x=1	
	x=2
	y =2
	commit
y=1	
commit	

脏读（Dirty Read）是指一个事务读到了另一个尚未提交的事务写入的值。如表 3-3 所示，事务 B 读到了事务 A 写入的 x 值为 1，可是之后事务 A 却回滚了该操作。另一个经典的例子是银行转账，事务 A 从账户 1 转账到账户 2，如果事务 B 能在事务运行的过程中读到账户 1 和账户 2 的余额，就会发现账户 1 扣掉了钱但账户 2 还没收到钱——看起来就好像账户 1 里的钱丢了一样。脏读的问题是，事务可能会根据读到的值做出决定，但是相关的事务可能会在随后回滚，这样做出的决定和系统中存储的值将是矛盾的。

表 3-3

事务 A	事务 B
x=1	
	Read(x)
rollback	

不可重复读（Non-Repeatable Read）指在一个事务中查询一个值两次，但两次查询返回的值不同，不可重复读也叫模糊读（Fuzzy Read）。不可重复读和脏读的差别是，脏读是由于其他事务回滚导致的，而不可重复读读到的是其他事务已经提交的数据。如表 3-4 所示，事务 B 两次读到的 x 的值不相同。不可重复读可能导致的问题是，如果第一次读取的值用于一些条件判断，而第二次读的值用来更新某个数据，那么会得到意料之外的结果。

表 3-4

事务 A	事务 B
	Read(x)
x=1	
commit	
	Read(x)
	commit

幻读（Phantom Read）是指当一个事务进行条件查询时，另一个事务在中间插入或删除了匹配该条件的数据，这时事务再去读，就会发生幻读。简而言之，幻读就是读到的数据项变多或变少了。一个幻读的例子如表 3-5 所示。

表 3-5

事务 A	事务 B
	查询用户总数为 10 （SELE count(*) FROM users）
插入一条新用户数据 （INSERT INTO users VALUES ('Bob')）	
commit	
	查询用户总数为 11 （SELECT count(*) FROM users）
	commit

　　更新丢失（Lost Update）是指当两个事务读取同一个值，然后都试图将其更新为新的不同的值时，就会发生更新丢失。更新丢失最终的结果是，两个更新只有一个更新生效，但执行更新的另一个事务并没有被告知其更新没有生效。如表 3-6 所示，事务 B 发现自己更新成功，但数据库里 x 的值却不等于 2。更新丢失的危害是，考虑一个物流仓库的场景，当有两批同一种物品同时到达时，这两批物品由不同的仓库管理员处理，这样就有两个事务同时读取当前的物品数量，然后将当前物品数量加上新物品的数量，最后存到数据库中。假设数据库中本来有 100件物品，如果事务 A 增加 5 件物品，而事务 B 增加 10 件物品，事务 B 又是最后写入的，那么最后库存的数值是 110 件物品，而实际上应该是 115 件物品。但有些情况下更新丢失是可以接受的，上述例子可以通过检查员检查到数量不准确，并通知管理员进行纠正。

表 3-6

事务 A	事务 B
$x=1$	
	$x=2$
	commit
commit	

　　读偏斜（Read Skew）是指读到了数据一致性约束被破坏的数据，这里的一致性约束通常是业务逻辑层面上的（注意：这里指 ACID 层面的一致性）。如表 3-7 所示，假如数据的约束是 $X+Y=100$，并发事务 B 一开始读到了 X 的值为 50，同时事务 A 将 X 和 Y 的值分别修改为 30 和 70，接着事务 B 读到 Y 的值为 70。在事务 B 看来，$X+Y=50+70$，这显然违反了数据约束，这破坏了事务的一致性。

表 3-7

事务 A	X	Y	事务 B
	50	50	Read(X)
Write(X, 30)	30	50	

事务 A	X	Y	事务 B
Write(Y. 70)	30	70	
commit	30	70	Read(Y)
	30	70	commit

写偏斜（Write Skew）是指两个并发事务都读到了相同的数据集，但随后各自修改了不相干的数据集，导致数据的一致性约束被破坏。如表 3-8 所示，假如数据的约束是 $X+Y<100$，并发事务 A 和事务 B 一开始都读到了相同的数据 $X=10$ 且 $Y=20$，满足约束，然后事务 A 将 X 的值修改为 70，在事务 A 看来没有违反数据约束，即 $70+20<100$；事务 B 将 Y 的值修改为 50，在事务 B 看来也没有违反数据的约束，即 $10+50<100$。可是最后 $X+Y=70+50>100$，显然违反了数据约束。

表 3-8

事务 A	X	Y	事务 B
Read(X)	10	20	Read(X)
Read(Y)	10	20	Read(Y)
$x=70$	70	20	
commit	70	50	$Y=50$
	70	50	commit

以上就是我们介绍的全部异常情况。由于不同应用程序会以不同的方式操作数据，所以我们在进行系统设计时，必须考虑哪些异常是可以允许的，哪些是要避免的。

下面我们介绍不同的隔离级别分别解决哪些问题。

串行化（Serializability）是最严格的隔离级别，它可以防止以上提到的所有异常情况。串行化基于锁实现，它要求在操作的数据上，读操作要加读锁，写操作要加写锁，并且直到事务结束后才能释放。

不过加锁操作的代价是昂贵的，所以实现串行化必然以性能为代价。串行化通过降低系统的并发性来保证数据正确性。其他没这么严格的隔离级别则通过增加并发性来获得更好的性能，但代价是降低数据的正确性——这依然是我们强调的架构设计的取舍，倾向于系统"处理得更好"还是"处理得更快"。

表 3-9 中的表格具体地展示了各个隔离级别和它们所能防止的异常情况。这些隔离级别大多来自早期的关系型数据库系统的标准，制定标准时这类关系型数据库还不是分布式的，但其实这些隔离级别同样适用于分布式数据存储系统。

表 3-9

	脏写	脏读	不可重复读	幻读	更新丢失	读偏斜	写偏斜
读未提交	No	Yes	Yes	Yes	Yes	Yes	Yes
读已提交	No	No	Yes	Yes	Yes	Yes	Yes
快照隔离	No	No	No	Yes	No	No	Yes
可重复读	No	No	No	Yes	No	No	No
串行化	No	No	No	No	No	No	No

3.6　一致性和隔离级别的对比

一致性和隔离级别对任何数据系统（无论是不是分布式的）来说都是非常重要的两个概念，下面对一致性和隔离级别进行一个总结性的对比。

一致性模型和隔离级别的相同点是，它们本质上都是用来描述系统能够容忍哪些行为，不能容忍哪些异常行为，更严格的一致性模型或隔离级别意味着更少的异常行为，但以降低系统性能和可用性为代价。

一致性模型和隔离级别的一个主要区别是，一致性模型适用于单个操作对象，比如单个数据项或单个变量的读写，该数据可能存在多个副本；而隔离级别通常涉及多个操作对象，比如在并发事务中修改多个数据。

对于最严格一致性模型和隔离级别——线性一致性和串行化，还有一个重要的区别是，线性一致性提供了实时保证，而串行化则没有。这意味着线性一致性保证操作在客户端调用和客户端收到响应之间的某个时刻生效，而串行化只保证多个并发事务的效果，以及它们以串行的顺序运行，至于串行的顺序是否与实时的顺序一样，它并没有保证。

事实上，一个数据存储系统可以同时保证线性一致性和串行化，这类系统称为严格串行化（Strict Serializable）。这个模型保证了多个事务执行的结果等同于它们的串行执行结果，同时执行顺序与实时排序一致——就像单机单线程程序那样。

结合一致性和隔离级别，最终我们得到了衡量一个并发系统的模型。如图 3-36 所示，这张图实际上源自 Jepsen 官网。

Jepsen 是一款用于系统测试的开源软件库，致力于提高分布式数据库、队列、共识系统等的安全性，还可以用于评估分布式系统的正确性，对系统进行一致性验证。Jepsen 已经成功验证了很多分布式系统，包括 mysql-cluster、ZooKeeper、Elasticsearch 等。

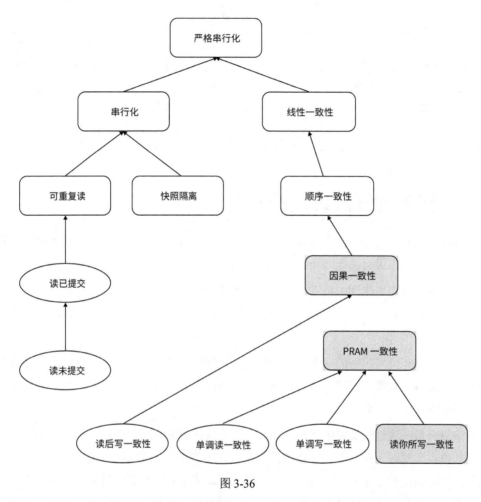

图 3-36

严格串行化是比普通的串行化更有用的模型，因为在单一主机系统中实现严格串行化是较为容易的，所以，有些关系型数据库宣称自己提供串行化，而实际上它们提供的是严格串行化。但在分布式系统中实现严格串行化的成本会更高，在第 7 章案例分析中我们会着重讨论 Google 的分布式数据库 Spanner[1]如何实现严格串行化。

3.7　本章小结

本章重点研究分布式数据相关的各种方法和模型，通过分区提高可扩展性，通过复制提高

1　Corbett, James C., et al. "Spanner: Google's globally distributed database." ACM Transactions on Computer Systems (TOCS) 31.3 (2013): 1-22.

可用性和性能。本章还提到了 CAP 定理等分布式数据系统相关的设计思想，以及各种不同的一致性模型和隔离级别。

但是，设计一个分布式存储系统是如此之难：

（1）出发点是提高性能，当单机数据量太大时，需要在多台服务器上对数据进行分区。

（2）由于有多台服务器，系统可能出现更多的故障。如果有数千台服务器，那么也许每天都有机器故障，所以我们需要系统能够自动容错。

（3）为了提高容错性，需要复制数据到多台服务器上，一般一个数据项在整个集群会有 2 到 3 个数据副本。

（4）数据的复制会导致数据不一致。

（5）为了提高一致性往往会导致更低的性能，这与我们的初衷恰恰相反！

这还是我们提到的架构取舍问题，没有完美的系统，我们需要系统处理得更好还是更快？正因为这种取舍的存在，才诞生了如此多的概念和模型。笔者希望这些概念可以帮助读者以更精确的方式定义不同类型的系统。同时在设计一个系统时，可以更容易推理出系统需要满足什么样的属性，以及这些一致性模型和隔离级别中哪些足以提供所需的保证。

不幸的是，本章介绍的术语和模型，在整个行业中有着非常不一致的表达和理解，有些术语作者本身定义时就比较模糊，从而造成许多误解（例如 ACID 中的一致性）；有一些系统错误使用各种混乱的"一致性"和隔离级别，还有一些数据存储系统甚至没有在文档中准确说明该系统能提供什么样的一致性保证，而这本应该是最重要的内容。对于这种情况，Jepsen 的分析文章是很好的学习材料[1]，文章中分析了一些主流的分布式存储系统，能够帮助我们实践这些概念，以及找到哪些系统错误使用了术语。例如，Jepsen 的分析报告就曾指出，etcd 3.4.3 版本的文档存在对一致性错误的表述[2]，文档将顺序一致性称为强一致性，很明显，顺序一致性并不是强一致性。不过笔者发现，etcd 在后续版本的文档中纠正了这个错误。

理解本章介绍的模型和术语是学习分布式系统很好的第一步，不仅可以在设计系统时更仔细地思考，降低错误发生的可能性。还可以在使用其他系统时，通过系统文档了解该系统能提供怎样的保证，甚至能够从文档的字里行间发现错误的术语。

笔者希望本章能够帮助读者理解分布式系统中一些混乱的概念，也希望读者今后使用准确的术语进行表达。如果读者发现本书中的相关定义仍有错误或不严谨的地方，欢迎来信告诉笔者。

1　"Analyses - JEPSEN ". Jepsen, LLC. 2020-12-23.

2　Kyle Kingsbury, "etcd 3.4.3". Jepsen, LLC. 2020-01-30.

第 4 章
分布式共识

4.1 分布式共识简介

　　早在 20 世纪 70 年代初，科学家们就意识到计算机迟早会用于现代化航空航天领域，当时由美国国家航空航天局（NASA）开展专项研究，以弄清楚如何设计和实现用于飞机和航天器的、高可靠和容错的计算机应用。由于这是一个性命攸关的任务，所以 1973 年美国国家航空航天局要求斯坦福研究院利用所有关于容错计算（Fault-Tolerant Computing）的知识，研发一个可以安全执行飞行控制的实验计算机。该项目所面临的一大难题就是，如何让多个不可靠的处理器对某个指令达成共识以做出一致的决定。这里的"不可靠"是指计算机上最糟糕的"任意失效"问题，即不只包括常见的硬件设备故障和网络分区，还包括有些计算机设备可能故意发出扰乱系统的指令（例如，被黑客恶意攻击）。Leisle Lamport 就在此时被招进斯坦福研究院参与该项目的研究。最终，斯坦福研究院一众科学家通过状态机的方法，实现了满足当时最严格的可靠性要求的 SIFT（Software Implemented Fault Tolerance，软件实现容错）[1]系统。SIFT 系统最引人注目的地方就是提出了著名的拜占庭将军问题及其解决方案[2]。SIFT 系统具有丰富、冗余的硬件和高可靠性、弹性的软件，在 NASA 研究中心稳定运行了很多年。斯坦福研究院的工作成果奠定了分布式共识的基础，开启了一个叫作分布式计算或分布式系统的新兴领域。从那时

1　Wensley, John H., et al. "SIFT: Design and analysis of a fault-tolerant computer for aircraft control." Proceedings of the IEEE 66.10 (1978): 1240-1255.

2　Lamport, Leslie, Robert Shostak, and Marshall Pease. "The Byzantine generals problem." Concurrency: the Works of Leslie Lamport. 2019. 203-226.

起，分布式共识算法有了长足发展，并被部署在越来越多的应用环境中。

在过去十几年间，Google、Facebook、Amazon、腾讯、阿里巴巴和字节跳动等国内外知名互联网公司已经将分布式共识算法作为其基础设施的一部分，分布式共识算法出现在越来越多的生产环境的系统中。

自 2009 年起，比特币等加密货币开始出现，随着其价格的升高和有关环保的争论，加密货币俨然成为人们茶余饭后的谈资。单纯从技术角度来说，加密货币在分布式共识方面实现了新的突破，它首次证明了，在一个去中心化的环境中，分布式共识是可行的，并且每个人、每台联网的计算机都可以参与进来。

本章将回顾分布式共识的发展历程，理解什么是分布式共识，以及它的作用，研究如何实现分布式共识算法，并由浅入深地学习、理解、实现和对比两个广泛使用的分布式共识算法：Paxos 和 Raft。由于分布式共识算法的重要性和复杂性，其细节讨论颇多，优化方法层出不穷，笔者旨在条分缕析这两个分布式领域中极为重要的算法，以节省读者心力。

4.1.1　什么是分布式共识

"共识（Consensus）"不等于"一致性（Consistency）"！

首先要阐明的是，受翻译的影响，很多讨论 Paxos 算法或 Raft 算法的中文资料都使用了"分布式一致性协议"或者"分布式一致性算法"这样的字眼，虽然在汉语中"达成共识"和"达成一致"是同一个意思，但在计算机领域"共识"和"一致性"并不是同一个概念，二者存在一些细微的差别：共识侧重于研究分布式系统中的节点达成共识的过程和算法，一致性则侧重于研究副本最终的稳定状态。另外，一致性一般不会考虑拜占庭容错问题。关于"一致性"在第 3 章已经进行了详细的讨论，而本章讨论的问题属于"共识"范畴。

为了规范和清晰表达，本书区分使用"共识"和"一致性"。

注：在早些的文献中，共识也叫作协商（Agreement）。

那么到底是什么共识呢？举个生活中的例子，小明和小王出去聚会，小明问："小王，我们喝点什么吧？"小王："喝咖啡怎么样？"小明："好啊，那就来杯咖啡。"

在上面的场景中，小王提议喝一杯咖啡，小明表示接受小王的提议，两人就"喝杯咖啡"这个问题达成共识，并根据这个结果采取行动。这就是生活中常见的共识。

在分布式系统中，共识就是在一个可能出现任意故障的分布式系统中的多个节点（进程）对某个值达成共识。共识问题的有趣之处在于其充满了关于故障的讨论。

共识问题可以用数学语言来准确描述：一个分布式系统包含 n 个进程，记为 $\{0, 1, 2, \cdots, n\text{-}1\}$，每个进程都有一个初始值，进程之间互相通信，设计一种共识算法使得尽管出现故障，但进程之间仍能协商出某个不可撤销的最终决定值，且每次执行都满足以下三个性质[1]：

- 终止性（Termination）：所有正确的进程最终都会认同某一个值。

- 协定性（Agreement）：所有正确的进程认同的值都是同一个值。

- 完整性（Integrity），也叫作有效性（Validity）：如果正确的进程都提议同一个值 v，那么任何正确进程的最终决定值一定是 v。

根据应用程序的不同，完整性的定义可以有一些变化，例如，一种较弱的完整性是最终决议的值等于一部分正确进程提议的值，而不必是所有进程提议的值[2]。完整性也隐含了最终被认同的值必定是某个节点提出过的，而不是凭空出现的值。

4.1.2　为什么要达成共识

在开始讨论共识算法之前，我们先思考一个问题，分布式系统为什么要达成共识呢？

通过第 1 章，我们已经了解了分布式系统的几个主要难题，包括网络不可靠问题、时钟不一致问题和节点故障问题。

在分布式系统领域，状态机复制（State Machine Replication，SMR）是解决上述难题的一种常规方法[3]。状态机复制也叫作复制状态机（Replicated State Machines）或多副本状态机。所谓状态机，包括一组状态、一组输入、一组输出、一个转换函数、一个输出函数和一个独特的"初始"状态[4]。一个状态机从"初始"状态开始，每个输入都被传入转换函数和输出函数，以生成一个新的状态和输出。在收到新的输入前，状态机的状态保持不变。

状态机用伪代码描述如下：

```
# 初始状态
state = init
log = []
while true:
  # 客户端输入
```

1　Ghosh, Sukumar. Distributed systems: an algorithmic approach. Chapman and Hall/CRC, 2006.

2　Coulouris,George,Jean Dollimore,and Tim Kindberg."Distributed Systems: Concepts and Design Edition 3."System 2.11:15.

3　Schneider,Fred B."Implementing fault-tolerant services using the state machine approach:A tutorial."ACM Computing Surveys (CSUR) 22.4 (1990):299-319.

4　Lamport, Leslie. "The implementation of reliable distributed multiprocess systems." Computer Networks (1976) 2.2 (1978): 95-114.

```
on receiving cmd from a client:
  log.append(cmd)
  # 生成新的状态和输出
  state, output = apply(cmd, state)
  send output to the client
```

状态机必须具备确定性：多个相同状态机的副本，从同样的"初始"状态开始，经历相同的输入序列后，会达到相同的状态，并输出相同的结果。

举个例子，我们可以将状态机的副本理解为从同一个位置出发的两个人，只要他们按照相同的方向行驶相同的距离，他们将抵达相同的地点，如图 4-1 所示。

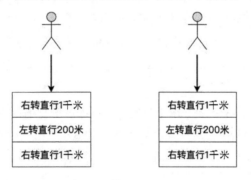

图 4-1

从第 3 章"复制"一节中我们学习到，可以通过复制多个副本来提供高可用和高性能的服务，可是多副本又会带来一致性问题。状态机的确定性是实现容错和一致性的理想特性，试想，多个复制的状态机对于相同的输入，每个状态机的副本会产生一致的输出，并且达到一致的状态。同时，只要节点数量够多，系统就能够识别出哪些节点的状态机输出是有差异的。例如由三个节点组成的分布式系统，假如有一个状态机的输出和另外两个不同，系统就认为这个状态机输出了错误的结果。更重要的是，系统并不需要直接停掉故障节点，只需要隔离故障节点，并通过通信来修复有故障的状态机即可。这样的 3 节点系统可以容忍一个节点负载过高的问题，在单节点同步复制一节中说过，从节点负载过高会影响写请求的完成，但三个节点的分布式系统只要另外两个正常，即便一个节点负载过高，系统也能正常继续工作，写请求延迟不会受到影响，这一优点我们会在详细讨论 Paxos 或 Raft 时见到。

实现状态机复制常常需要一个多副本日志（Replicated Log）系统，这个原理受到与日志相关的经验启发[1]：如果日志的内容和顺序都相同，多个进程从同一状态开始，并且从相同的位置以相同的顺序读取日志内容，那么这些进程将生成相同的输出，并且结束在相同的状态。

1　Kreps, Jay. "The log: What every software engineer should know about real-time data's unifying abstraction." Linkedin. 2013.

共识算法常用来实现多副本日志，共识算法使得每个副本对日志的值和顺序达成共识，每个节点都存储相同的日志副本，这样整个系统中的每个节点都能有一致的状态和输出。最终，这些节点看起来就像一个单独的、高可用的状态机。

在 Raft 算法的论文里提到，我们使用状态机复制就能克服上述分布式系统难题：

- 在网络延迟、分区、丢包、重复和重排序的情况下，确保不会返回错误的结果。

- 状态机不依赖于时钟。

- 高可用性。一般来说，只要集群中超过半数的节点正常运行，能够互相通信并且可以同客户端通信，那么这个集群就完全可用。例如，某些共识算法保证了由 5 个节点组成的分布式系统可以容忍其中的 2 个节点故障，有时甚至不需要系统管理员修复它，稍后故障节点会从持久化存储中恢复其状态，并重新加入集群。

不仅如此，达成共识还可以解决分布式系统中的以下经典问题：

- 互斥（Mutual Exclusion）：分布式系统中哪个进程先进入临界区访问资源？如何实现分布式锁？

- 选主（Leader Election）：对于单主复制的数据库，想要正确处理故障切换，需要所有节点就哪个节点是领导者达成共识。如果某个节点由于网络故障而无法与其他节点通信，则可能导致系统中产生两个领导者，它们都会处理写请求，数据就可能产生分歧，从而导致数据不一致或丢失。

- 原子提交（Atomic Commit）：对于跨多节点或跨多分区事务的数据库，一个事务可能在某些节点上失败，但在其他节点上成功。如果我们想要维护这种事务的原子性，则必须让所有节点对事务的结果都达成共识：要么全部提交，要么全部中止/回滚。我们在第 5 章会详细讨论如何通过共识算法实现原子提交。

总而言之，在共识的帮助下，分布式系统不仅可以像单一节点一样工作，还可以具备高可用性、自动容错和高性能。借助共识算法来实现状态机复制，能够解决分布式系统中的大部分问题，所以共识问题是分布式系统最基本、最重要的问题。

接下来我们将详细讨论如何基于不同的系统模型来实现共识算法。

4.2 异步系统中的共识

在第 2 章讨论分布式系统模型时提到，分布式系统可以分为同步系统、异步系统和部分同步系统，并且异步系统更接近现实情况，异步与同步相比是一种更通用的系统模型。一个适用于异步系统的共识算法，也能被用于同步系统，但是反过来并不成立。

因此，我们先看一下能否使异步系统达成共识。

4.2.1 FLP 不可能定理

1985 年，Michael J. Fischer, Nancy Lynch 和 Mike Paterson（FLP）共同发表的论文证明了：在一个完全异步系统中，即使只有一个节点出现了故障，也不存在一个算法使系统达成共识[1]。该理论被称为 FLP 不可能（FLP Impossibility）或 FLP 不可能定理。FLP 不可能定理是分布式系统领域的经典结论之一，该论文获得了 2001 年 PODC（Principles of Distributed Computing，分布式计算原理）最具影响力论文奖。

> 2002 年 PODC 最具影响力论文奖由另一位伟大的计算机科学家 Dijkstra 获得。遗憾的是，获奖后不久 Dijkstra 就不幸离世，为了纪念他在分布式领域的贡献，该奖从 2003 年起更名为 Dijkstra 奖（The Edsger W. Dijkstra Prize）。

简单来说，在一个异步系统中，进程可以在任意时间返回响应，我们没有办法分辨一个进程是速度很慢还是已经崩溃。基于此，我们无法在有限时间内达成共识，这不满足终止性。详细的证明包含许多数学知识，已经超出本书范围，在这里不作细述。

此时，人们意识到一个分布式共识算法需要具备的两个属性：安全性（Safety）和活性（Liveness）。安全性意味着所有正确的进程都认同同一个值，活性意味着分布式系统最终会认同某一个值。我们可以认为安全性和活性是从终止性、协定性和完整性中提炼出来的更常用的属性。

人们对 FLP 不可能定理和 CAP 定理一样充满了误解。如果我们用 CAP 定理的方式来解读 FLP 不可能定理，那么可以这样理解 FLP 不可能定理：对于一个完全异步的系统，我们不可能同时拥有安全性、活性和容错性。也许我们能实现一个满足安全性和活性的算法，但这个算法无法容忍故障；或者找到满足一个容错性和安全性的算法，但无法在有限时间内达成共识。

虽然 FLP 不可能定理听着让人望而生畏，但实际上它并不是要说："放弃吧，让我们去研究点儿别的问题。"反而，FLP 不可能定理给后来的科学家们提供了重要的研究思路——不再尝试寻找完全异步系统中具备安全性、活性和容错性的解法，要么牺牲共识算法的一个属性，要么放宽对异步网络的假设。

也就是说，FLP 不可能定理并不是说，共识算法在一般情况下是不可能实现的，相反，这种不可能的结果来自算法流程中最坏的结果：

- 一个完全异步的系统。
- 系统发生了故障。
- 不可能有一个具备安全性、活性和容错性的共识算法。

---

1 Fischer,Michael J.,Nancy A.Lynch,and Michael S.Paterson."Impossibility of distributed consensus with one faulty process."Journal of the ACM (JACM) 32.2 (1985):374-382.

针对这些最坏的情况，可以找到一些方法，尽可能绕过 FLP 不可能定理，从而满足大部分情况下都能达成共识，找到共识问题工程上的解。《分布式系统：概念与设计》中提到，一般有三种办法来绕过 FLP 不可能定理：

- 故障屏蔽（Fault Masking）。
- 使用故障检测器（Failure Detectors）。
- 使用随机性算法（Non-Determinism）。

4.2.2　故障屏蔽

既然在异步系统中无法达成共识，那么我们可以想办法将异步系统转换为同步系统，故障屏蔽就是第一种转换方法。故障屏蔽假设故障的进程最终会恢复，并找到一种重新加入分布式系统的方式。如果没有收到来自某个进程的消息，就一直等待，直到收到预期的消息。

常见的一种方法是，如果一个进程崩溃，那么它会被重启（自动重启或由系统管理员重启），进程在持久化存储中保留了足够多的信息，以便在崩溃和重启时能够利用这些数据继续工作。换句话说，故障的进程也能够像正确的进程一样工作，只是它有时候需要很长时间来执行一个恢复处理。例如，在两阶段提交协议（见第 5 章）中使用了持久化存储，让进程能够从故障中重新恢复状态。

故障屏蔽被应用在各种系统设计中。

4.2.3　使用故障检测器

将异步系统转换为同步系统的第二种方法是使用故障检测器。进程可以通过某种故障检测器来确认没有响应的进程是否已经发生故障。一种最常见的故障检测器是超时故障检测器，即如果进程在一定时间内没有响应，那么即便该进程并没有发生故障，我们依然认为该进程已经失效。

但是，这种方法要求故障检测器是精确的。如果故障检测器不精确，那么系统可能经常放弃一个正常的进程。例如超时故障检测器，如果超时时间设定得很长，那么进程就需要等待（并且不能执行任何工作）较长的时间才能得出节点发生故障的结论。如果这种方法处理不好，甚至有可能导致网络分区。

因此，Tushar Deepak Chandra、Vassos Hadzilacos 和 Sam Toueg 提出了一个故障检测器必须拥有的两个属性[1]：

1　Chandra,Tushar Deepak,Vassos Hadzilacos,and Sam Toueg."The weakest failure detector for solving consensus."Journal of the ACM (JACM) 43.4 (1996):685-722.

- 完全性（Completeness）：每一个故障的进程都会被每一个正确的进程怀疑。

- 精确性（Accuracy）：正确的进程不会被别的进程怀疑。

但是实现"完美"的故障检测器比较困难，因此，该论文还证明了，即使使用"不完美的"故障检测器，只要通信可靠，失效的进程不超过 $N/2$，那么依然可以用来解决共识问题。我们不需要实现一个完全满足完全性和精确性的故障检测器，只需要一个最终弱故障检测器（Eventually Weakly Failure Detector）即可，该检测器具有如下性质：

- 最终弱完全性（Eventually Weakly Complete）：每一个故障的进程最终都会被一些正确的进程检测到。

- 最终弱精确性（Eventually Weakly Accurate）：经过一段时间后，一个正确的进程不会被其他正确的进程怀疑。

超时故障检测器能够根据观察到的进程的响应时间调节它的超时时间。如果一个进程或者检测器到进程之间的连接很慢，那么适当增加超时时间，错误怀疑一个进程的情况将变得很少。从实用角度来看，这样的弱故障检测器与理想的最终弱故障检测器十分接近。一个最终弱故障检测器如图 4-2 所示。进程正确运行时，网络延迟也会导致故障检测器错误怀疑进程发生了故障，但最终故障检测器能够检测到进程真的发生了故障。

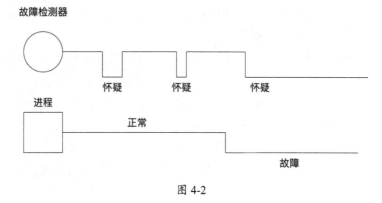

图 4-2

4.2.4 使用随机性算法

最后一种绕过 FLP 不可能定理的方法是引入一个随机算法，随机算法的输出不仅取决于外部输入，还取决于执行过程中的随机概率。因此，给定两个完全相同的输入，该算法可能输出两个不同的值。随机性算法使得"敌人"不能有效地阻碍系统达成共识，即实现拜占庭容错。

和传统选出领导节点再协作的模式不同，像区块链这类应用的共识是基于哪个节点最快计算出难题来达成的。区块链中的每一个新区块都由本轮最快计算出数学难题的节点添加，整个分布式网络持续不断地建设这条有时间戳的区块链，而承载了最多计算量的区块链正是达成了共识的主链（即累积计算难度最大）。

常见的，比特币使用了 PoW（Proof of Work）来维持共识，一些加密货币（如 DASH、NEO）使用 PoS（Proof of Stake）来达成共识，还有一些（如 Ripple）使用分布式账本（Ledger）。

实际上，这些随机性算法都无法严格满足安全性。攻击者可以囤积巨量算力，从而控制或影响网络中大量的正常节点。例如，控制 50% 以上网络算力即可对 PoW 发起女巫攻击（Sybil Attack）[1]，即以大多数算力击退网络上的其他节点，阻止其他节点进入网络。只不过前提是攻击者需要付出一大笔资金来囤积算力，在实际情况下这种风险性很低，按照比特币的价格去计算，如果有这么强的算力，那么还不如直接挖矿赚取更多的收益。

4.3　同步系统中的共识

4.2 节提到了故障屏蔽和故障检测器的方法，目的都是让系统比较"同步"即部分同步，只要在达成共识之前让系统并没有那么"异步"，那么即便是拜占庭故障模型，也是可以达成共识的。

在同步系统中实现共识算法是有理论支撑的。1983 年 Danny Dolev 和 H. Raymond Strong 在发表的论文中提出了 Dolev-Strong 算法[2]，并证明了：在同步系统中，有不超过 f 个进程发生故障（其他节点始终是正常的），且错误进程数量 f 小于总进程数 N，那么经过 $f+1$ 轮消息传递后即可达成共识。具体证明过程不再赘述。

基于此，大多数适用于企业生产环境的共识算法，都依赖于部分同步系统的假设。

本章重点讨论同步系统中的共识。按照分布式系统模型，共识算法分为非拜占庭容错的共识算法和拜占庭容错的共识算法。能容忍拜占庭故障的共识算法自然也能容忍非拜占庭故障，只不过所付出的代价会更高。许多企业级的分布式系统都运行在企业自己的数据中心，或是有保障的云服务上，这些应用在绝大多数时候都不需要考虑拜占庭容错。

我们将重点讨论非拜占庭容错的 Paxos 算法和 Raft 算法，以及拜占庭容错的 PBFT 算法。

4.4　Paxos

前面我们详细阐述了什么是共识问题及共识算法的作用，目的就是引出本章最重要的两个算法之一的 Paxos 算法。Google 分布式锁服务 Chubby 的作者 Mike Burrows 曾说过："只有一种共识协议，那就是 Paxos（There is only one consensus protocol, and that's Paxos）。" Paxos 是最基

1　Neary,Lynn."Real 'Sybil' Admits Multiple Personalities Were Fake."National Public Radio.NPR 20(2011).

2　Dolev D, Strong H R. "Authenticated algorithms for Byzantine agreement." SIAM Journal on Computing, 1983, 12(4): 656-666.

础的共识算法。

实际上，Paxos 算法包含了一系列的共识算法，它有着许许多多的变种，它们都被归为 Paxos 族共识算法。

Paxos 算法是 Leslie Lamport 于 1989 年提出的共识算法[1]。第 2 章介绍拜占庭将军问题时曾提到，Lamport 是一个喜欢"讲故事"的计算机科学家，由于拜占庭将军问题通过讲故事而广为流传，受此启发，Lamport 决定如法炮制，在引出 Paxos 共识算法时"写起了小说"。Lamport 讲了一个发生在名叫 Paxos 的希腊岛屿上的故事，这个岛屿不存在一个中心化机构，但需要按照民主议会投票制定法律。为了进一步提升影响力，Lamport 模仿了电影《夺宝奇兵》中的考古学家印第安纳·琼斯的形象，戴着帽子拿着酒壶开了几场讲座。

不幸的是，这次 cosplay 式的讲座非常失败，参加讲座的人除了印第安纳·琼斯的形象什么也没记住。那些阅读论文的人都被故事分散了注意力，没有人理解和记住了其中所包含的算法。不甘心的 Lamport 将论文发给了 Nancy Lynch 等人（Lynch 就是 FLP 不可能定理中的 L）观看，几个月后，Lamport 发邮件问他们："你们能不能实现一个分布式数据库，能够容忍任意数量的进程（甚至是所有的进程）失效而不失去一致性，并且在一半以上的进程再次正常工作后使系统恢复正常？"令 Lamport 再次失望的是，他们中没有人注意到这个问题与 Paxos 算法之间的联系。

1990 年，Lamport 决定发表这篇论文，但是依然遭遇了滑铁卢。这篇论文的三个审稿者都认为该论文尽管并不重要但还有些意思，只是应该把其中所有与 Paxos 相关的故事背景都删除。Lamport 对这些缺乏幽默感的审稿者感到生气，他不打算对论文做任何修改，所以该论文的发表只能暂时搁置。

多年后，几个在 SRC（Systems Research Center，Lamport 也曾在此工作过）工作的人需要为他们正在构建的分布式系统寻找一个合适算法，他们得知 Lamport 发明了一个未发表的共识协议，于是向 Lamport 寻求建议，Lamport 就将论文发给他们。这次 Lamport 终于遇到了知音，SRC 的两位研究员 Chandu Thekkath 和 Ed Lee 正在寻找某种提交协议，来确保分布式系统中的全局操作在部分节点失效的情况下依然能够正确完成。他们找到了三阶段提交算法（见第 5 章），可是觉得难以理解和实现，便放弃尝试三阶段提交算法。当他们读完 Lamport 的论文之后没有产生任何异议，甚至非常喜欢 Lamport 的幽默感，并且赞叹 Paxos 算法具备了他们所需的一切属性。Lamport 作为他们的咨询师，帮助他们首次实现了 Paxos 算法。一年后，他们为 Frangipani[2] 文件系统开发一个分布式锁服务时，他们再一次实现了 Paxos 算法。

有了这次成功的经验以后，Lamport 觉得也许论文重新发表的时间到了。于是，Lamport

---

1 Lamport, Leslie. "The part-time parliament." Concurrency: the Works of Leslie Lamport. 2019. 277-317.

2 C. Thekkath, T. Mann, E. Lee. "Frangipani: A scalable distributed file system." 16th SOSP, Dec 1997.

找到期刊编辑帮忙修改论文，最终这篇论文在 1998 年问世。

可是很多人还是抱怨这篇论文根本看不懂，人们只记住了那个奇怪的故事，困扰于其中的伪希腊语名词，没有人理解什么是 Paxos 算法。Lamport 走到哪儿都要被人抱怨一通。在 2001 年的"分布式计算原理"会议上，Lamport 终于厌倦了大家抱怨 Paxos 算法多么难以理解，他在会议上亲自口头解释了这个算法，回家后把这一解释记录了下来，经修改后于 2001 年重新发表了一篇关于 Paxos 的简短论文——*Paxos Made Simple*[1]。Lamport 表示论文里没有任何比 $n_1 > n_2$ 更复杂的公式。有趣的是，Lamport 就像是在故意嘲讽人们的抱怨一样，在这篇论文的摘要部分只写了一句话："Paxos 算法，如果以简单的英文呈现，则是非常简单的（The Paxos algorithm, when presented in plain English, is very simple.）。"

然而，可能是表述顺序的原因，这篇论文留给读者的第一印象依旧是晦涩难懂，这造成了人们写了一系列资料来解释这篇论文，以及在工程上如何实现它。笔者希望后面能够清楚地讲解整个算法。

4.4.1　基本概念

在开始讲解具体的算法之前，我们先介绍 Paxos 算法的一些基本概念。将 Paxos 岛上的虚拟故事对应到分布式系统上，议员就是各个节点，制定的法律就是系统的各个状态。每个节点（议员）都可能提出提案（Proposal），Paxos 用提案来推动整个算法，使系统决议出同一个提案。提案包括提案编号（Proposal Number）和提案值（Proposal Value）。

注：有的实现将提案编号表示为 Ballot。

各个节点需要通过消息传递不断提出提案，最终整个系统接受同一个提案，进入一个一致的状态，即对某个提案达成共识。Paxos 算法认为，如果集群中超过半数的节点同意接受该提案，那么对该提案的共识达成，称该提案被批准（Chosen），也叫被选定。注意，在基本的 Paxos 算法中，一旦某个提案被批准，提议者都必须将该值作为后续提案值。

Paxos 算法将分布式系统中的节点分为以下几种角色，具体编码实现时，一个服务器可以同时运行多个进程，扮演一个或多个角色，这不会影响协议的正确性。Paxos 算法的角色分为：

- 客户端：客户端向分布式系统发送一个请求，并等待响应。例如，对于一个分布式数据库，客户端请求执行写操作。

- 提议者（Proposer）：提议者收到客户端的请求，提出相关的提案，试图让接受者接受该提案，并在发生冲突时进行协调，推动算法运行。

1　Lamport, Leslie. "Paxos made simple." ACM Sigact News 32.4 (2001): 18-25.

- 接受者（Acceptor）：也叫投票者（Voters），即投票接受或拒绝提议者的提案，若超过半数的接受者接受提案，则该提案被批准。
- 学习者（Learner）：学习者只能"学习"被批准的提案，不参与决议提案。一旦客户端的请求得到接受者的同意，学习者就可以学习到提案值，执行其中的请求操作并向客户端发送响应。为了提高系统的可用性，可以添加多个学习者。

4.4.2　问题描述

提高可用性和实现高性能的一种常见的架构是主从复制，即用一个主节点来写，然后复制到各个从节点。这种解决方法的问题在于，一旦主节点发生故障，如果手动执行故障切换，则整个服务将不可用；如果自动执行故障切换，则可能出现多个主节点从而导致数据不一致。

为了克服单点写入问题，于是有了基于 Quorum 的数据冗余机制，其思路就是不需要主节点，但需要写入一半以上的节点，并且满足 $R + W > N$（见第 3 章）。但采用这种方式时，如果 $W = N$，则无法容错；如果 $W < N$，则需要很多方法进行数据修复，只能获得一个最终一致性的系统。

如果我们要实现一个不需要后台进程修复数据，同时能够容忍故障的系统，那么每个节点该如何决定是否接受某次写请求的值呢？

首先，我们不能只有一个接受者，否则该接受者一旦宕机，则整个系统就无法继续工作。

对于有多个接受者的系统，如果我们采用最直接的算法——假如每个节点只接受第一次收到的值，那么会出现如图 4-3 所示的情况，节点接受了不同的写请求，并且没有出现多数派，也就是没有一个提案被超过半数的节点接受，没有提案被批准，算法便无法终止，这就违反了4.2 节提到的共识算法必须满足的活性。

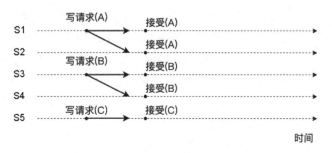

图 4-3

为了解决无法达成多数派条件的问题，我们放宽限制，允许一个节点接受多个不同的值，即收到的每一个提案都接受，这时候新的问题出现了，如图 4-4 所示，集群中不止一个提案被批准，这就违反了安全性。

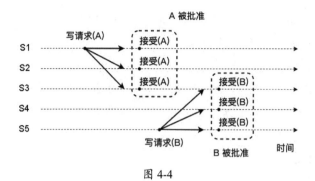

图 4-4

基础的 Paxos 算法强调：一旦一个值被批准了，未来的提案就必须提议相同的提案值。

也就是说，我们讨论的基础 Paxos 只会批准一个提案值。基于此，就需要设计一个两阶段（2-phase）协议，将已经批准的值告知后续的请求，让后续的提案也使用相同的值。

如图 4-5 所示这种情况，S3 直接拒绝写请求 B 的值，因为 S3 已经批准了写请求 A 的值，就不会再接受别的值。这样的两阶段协议就可以保证集群只批准一个值，即达成共识。

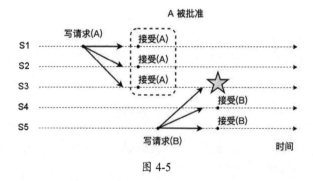

图 4-5

不过在使用这种方式时，我们需要知道提案的先后顺序，在单机系统中通常通过时间戳来比较提案的先后顺序，但在分布式系统中直接使用时间戳之类的物理时间可能并不准确（见第 6 章），会存在各种各样的问题。因此，我们不能使用物理时间来判断提案的先后顺序。退而求其次，Paxos 算法通过给每个提案附加一个唯一的编号，即提案编号，如<n, server_id>，其中 n 被称为轮次（Round Number），和服务器 id 一起组成全局唯一的提案编号。轮次 n 是单调递增的，这样就能通过 n 的大小来判断提案的先后顺序。同时为了容错性，让进程在宕机恢复后仍然知道当前的提案编号，必须在本地持久化存储提案信息。

4.4.3　Paxos 算法实现流程

最基本的 Paxos 算法也叫作 Basic Paxos。Basic Paxos 算法使系统达成共识并决议出单一的值。需要再次强调的是，Basic Paxos 只决议出一个共识的值，之后都继续使用这个提案值。我们会一步步从 Basic Paxos 算法迈向有着更好的工程实践的算法。

　　Basic Paxos 算法主要包括两个阶段，第一阶段（又分为 a 和 b 两部分）和第二阶段（也分为 a 和 b 两部分）分别对应两轮 RPC 消息传递，每个阶段的 a 和 b 部分分别对应 RPC 的请求阶段和响应阶段。

> 远程过程调用（Remote Procedure Call，RPC）是一个计算机通信协议，常用于分布式计算。该协议运行一台计算机的程序调用另一个地址空间（通常为另一台计算机）的程序，就像调用本地程序一样，无须额外地关注网络等细节。RPC 是一种客户端/服务器（Client/Server，CS）模式，通过发送请求和接收响应进行信息交互。

1. 第一阶段

　　第一阶段的发送 RPC 请求的阶段被称为 phase 1a，也叫 Prepare 阶段。该阶段提议者收到来自客户端的请求后，选择一个最新的提案编号 n，向超过半数的接受者广播 Prepare 消息，请求接受者对提案编号进行投票。伪代码如下：

```
send Prepare(++n)
```

　　值得注意的是，这里的请求 RPC 不包含提案值，只需要发送提案编号。

　　第一阶段的响应 RPC 请求的阶段被称为 phase 1b，也叫 Promise 阶段。接受者收到 Prepare 请求消息后进行判断：

- 如果 Prepare 消息中的提案编号 n 大于之前接受的所有提案编号，则返回 Promise 消息进行响应，并承诺不会再接受任何编号小于 n 的提案。特别地，如果接受者之前接受了某个提案，那么 Promise() 响应还应将前一次提案的编号和对应的值一起发送给提议者。
- 否则（即提案编号 n 小于等于接受者之前接受的最大编号）忽略该请求，但常常会回复一个拒绝响应。

　　为了实现故障恢复，接受者需要持久化存储已接受的最大提案编号（记为 max_n）、已接受的提案编号（accepted_N）和已接受的提案值（accepted_VALUE）。

　　以上接受者的处理流程的伪代码为：

```
if (n > max_n)
    max_n = n      // 保存见过的最大提案编号
    if (proposal_accepted == true) // 是否已经有提案被接受
        respond: PROMISE(n, accepted_N, accepted_VALUE)
```

```
    else
        respond: PROMISE(n)
else
    do not respond (or respond with a "fail" message)
```

2. 第二阶段

第二阶段的发送 RPC 请求的阶段被称为 phase 2a，也叫 Accept 阶段或 Propose 阶段。当提议者收到超过半数的接受者的 Promise()响应后，提议者向多数派的接受者发起 Accept(n, value)请求，这次要带上提案编号和提案值。

关于提案的值的选择，需要说明的是，如果之前接受者的 Promise()响应有返回已接受的值 accepted_VALUE，那么使用提案编号最大的已接受值作为提案值。如果没有返回任何 accepted_VALUE，那么提议者可以自由决定提案值。这才符合我们之前说的，Basic Paxos 只决议出单一的提案值，并且之后都使用该值继续运行算法。

伪代码如下：

```
// 是否收到多数派接受者的响应
did I receive PROMISE responses from a majority of acceptors?
if yes
    do any responses contain accepted values (from other proposals)?
    if yes
        val = accepted_VALUE    // 从 PROMISE 消息收到提案值
    if no
        val = VALUE    // 可以自由决定提案值
    send Accept(ID, val) to at least a majority of acceptors
```

注意，提议者不一定是将 Accept()请求发送给有应答的多数派接收者，提议者可以再选另一个多数派接受者广播 Accept()请求，因为两个多数派接受者之间必然存在交集，所以不会影响算法的正确性。接受者在处理 Accept()请求时，也要更新承诺的提案编号 max_n 的值，否则会导致集群接受不同的提案。

第二阶段的响应 RPC 请求的阶段被称为 phase 2b，也叫 Accepted 阶段。接受者收到 Accept()请求后，在这期间如果接受者没有另外承诺提案编号比 n 更大的提案，则接受该提案，更新承诺的提案编号，保存已接受的提案。

伪代码如下：

```
if (n >= max_n) // 提案编号 n 是否依旧是接受者见过的最大的提案编号
    proposal_accepted = true    // 接受该提案
```

```
max_n = n                          // 更新承诺的提案编号
accepted_N = n                     // 保存提案编号
accepted_VALUE = VALUE             // 保存提案值
respond: Accepted(N, VALUE) to the proposer and all learners
else
    do not respond (or respond with a "fail" message)
```

可见，接受提案和批准提案是不同的，接受提案是接受者单独决定的，而批准提案需要满足超过半数接受者接受提案。

4.4.4　案例

上一节我们用伪代码描述了 Paxos 算法的两个阶段，下面我们通过具体的例子，看一下 Paxos 算法是如何具体工作的。

1. 情况 1：提案已被批准

图 4-6 展示了一个包含 5 个节点的分布式系统，假设其中 S1 和 S5 是提议者，每个节点都扮演接受者。这里的提案编号使用 n.server_id 的格式来表示，例如提案编号 3.1 表示 S1 发起的轮次 n 等于 3 的提案，具体比较时使用轮次 n 的值即可。

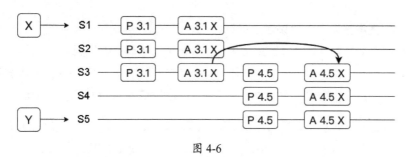

图 4-6

情况 1 展示的是提案已被批准后，后续的提案会继续使用上一次的提案值，具体流程为：

（1）S1 收到客户端值为 X 的写请求，于是 S1 向 S1、S2 和 S3 发起 Prepare(3.1)请求，请求接受者对提案编号为 3.1 的提案进行投票。接受者接受该提案，回复 PROMISE()响应，并且由于暂时没有接受其他提案，所以不回复任何其他提案信息。

（2）由于 S1、S2 和 S3 没有接受过任何提案，S1 继续向 S1、S2 和 S3 发送 Accept(3.1, X)请求，三个节点都接受该提案，满足超过半数节点接受提案的条件，提案被成功批准。

（3）之后，S5 收到客户端值为 Y 的写请求，并向 S3、S4 和 S5 发送 Prepare(4.5)请求。

由于提案编号 4 大于 3，并且提案已经被批准了，接受者 S3 会回复包含提案值 X 的 PROMISE() 响应。

（4）S5 会根据 S3 的响应，将提案值 Y 替换成 X，继续向 S3、S4 和 S5 发送 Accept(4.5, X) 请求，之后提案再次被批准，但提案值依旧是 X。

2. 情况 2：提案被接受，提议者可见

情况 2 如图 4-7 所示，和情况 1 类似，区别在于此时提案 3.1 还未被批准，只是被 S3 接受，但 S3 仍然会回复包含已经接受的提案值 X 的 PROMISE() 响应，所以 S5 仍然会将提案值替换成 X，最终所有接受者对 X 达成共识，虽然提案编号有所不同。

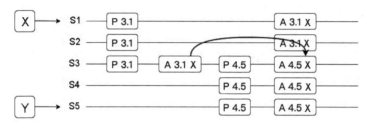

图 4-7

情况 2 还说明了，只要有一个接受者在 Promise() 响应中返回了提案值，就要用它来替换提案值。

3. 情况 3：提案被接受，提议者不可见

情况 3 如图 4-8 所示，和情况 2 稍有不同，此处变成 S1 接受了提案，但是 S3 还未接受提案，因此在 S3、S4 和 S5 的 Promise() 响应中没有任何提案信息。所以 S5 没有收到任何上一阶段的提案值，可以自行决定提案值为 Y，并在第二阶段发送 Accept(4.5, Y) 请求。

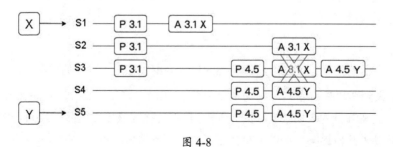

图 4-8

由于此时 S3 承诺的提案编号 n 变为了 4 且 4 大于 3，所以 S3 不再接受 S1 后续的 Accept(3.1, X) 请求。虽然有两个节点接受了提案值为 X 的提案，但并不满足多数派的要求，最终提案值为 Y 的提案被批准。

4.4.5　活锁

　　FLP 不可能定理对 Paxos 算法依然生效。Basic Paxos 存在活锁问题，如图 4-9 所示。提议者在 phase 1a 发出 Prepare 请求消息，还没来得及发送 phase 2a 的 Accept 请求消息，紧接着第二个提议者在 phase 1a 又发出提案编号更大的 Prepare 请求。如果这样运行，接受者会始终停留在决定提案编号的大小这一过程中，那么大家谁也成功不了。

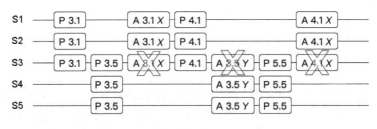

图 4-9

　　解决活锁问题最简单的方式就是引入随机超时，某个提议者发现提案没有被成功接受，则等待一个随机超时时间，让出机会，减少一直互相抢占的可能性。

4.5　实验：使用 Go 语言实现 Paxos 共识算法

　　前面介绍的 Basic Paxos 算法包含伪代码，虽然能帮助读者理解 Basic Paxos 算法，但依然有些隔靴搔痒。Paxos 是出了名的难理解，笔者认为最好的理解方式就是自己实现一遍算法。本节用 Go 语言实现 4.4 节中的伪代码，帮助读者更直观地感受 Paxos 算法是如何达成共识的。

　　我们不是要实现一个运行在生产环境中的算法，我们需要对算法做一些简化，否则会陷入许多细节和健壮性的讨论，让代码变得非常长。我们要实现的 Paxos 算法有多简单呢？我们不持久化存储任何变量，也不使用互斥锁来保证数据并发的正确性，旨在使用最简化的代码实现 Basic Paxos 算法的流程。我们会用到 Go 语言自带的 RPC 包来实现通信（但整个程序仍运行在同一台计算机中），同时使用 Go 语言的单元测试来验证算法是否正确。

　　需要说明的是，我们实现的算法完全按照 Lamport 的论文 *Paxos Made Simple* 中描述的流程，不做任何优化。

4.5.1　定义相关结构体

　　第一步，我们先定义提议者、接受者和学习者的结构体。

　　我们在文件 proposer.go 中定义提议者的结构体如下：

```go
type Proposer struct {
    // 服务器 id
    id int
    // 当前提议者已知的最大轮次
    round int
    // 提案编号=（轮次，服务器 id）
    number int
    // 接受者 id 列表
    acceptors []int
}
```

这些结构体成员都是算法所必需的变量，其中 id 代表服务器 id，用来唯一标识服务器；成员变量 round 代表轮次，是一个单调自增的整型值，和服务器 id 一起组成提案编号 number；成员变量 acceptors 主要用来存储接受者 RPC 服务的端口，提议者会发送两阶段的请求给接受者。

在文件 acceptor.go 中定义接收者的结构体如下：

```go
type Acceptor struct {
    lis    net.Listener
    // 服务器 id
    id int
    // 接受者承诺的提案编号，如果为 0，则表示接受者没有收到过任何 Prepare 消息
    minProposal int
    // 接受者已接受的提案编号，如果为 0，则表示没有接受任何提案
    acceptedNumber int
    // 接受者已接受的提案值，如果没有接受任何提案，则为 nil
    acceptedValue interface{}

    // 学习者 id 列表
    learners []int
}
```

简单来说，我们需要接受者记录三个信息：成员变量 minProposal 代表接受者第一阶段承诺的提案编号；成员变量 acceptedNumber 代表接受者已接受的提案编号；成员变量 acceptedValue 代表接受者已接受的提案值。特别地，第一个成员变量 lis 用来启动 RPC 服务并启听端口，最后一个成员变量 learners 是 RPC 相关的变量，用来存储学习者 RPC 的端口。接受者会向学习者发送请求。

在文件 learner.go 中定义学习者的结构体如下：

```
type Learner struct {
    lis net.Listener
    // 学习者id
    id        int
    // 记录接受者已接受的提案：[接受者 id]请求消息
    acceptedMsg map[int]MsgArgs
}
```

学习者不参与算法决议，只需要被动地接受接受者传来的已接受提案，我们使用一个键值对映射来存储接受者 id 和接受者发送的消息，并根据此键值对映射来学习被批准的提案。

我们分别在三个不同的文件中定义了提议者、接受者和学习者，对应的逻辑也会在对应的文件中实现。

下面定义 RPC 消息结构体。

4.5.2　定义消息结构体

消息结构体定义了提议者和接受者之间、接受者和学习者之间的通信协议，即一共要定义 Paxos 算法两个阶段的四个消息，这些消息需要以下内容：

- phase 1a 的消息为提议者发送的**提案编号**。
- 如果接受者有已接受的提案，那么 phase 1b 阶段的消息要返回**提案编号**和**提案值**，否则返回空的成功消息。
- phase 2a 的消息是提议者发送的**提案编号**和**提案值**。
- phase 2b 的消息包括接受者是否成功接受的响应，对应地将已接受的**提案编号**和**提案值**转发给学习者。

总结一下，请求消息结构体和响应消息结构体都只需要包含提案编号和提案值，就能够满足两个阶段的所有消息需求。我们在请求消息中增加两个变量保存发送者和接受者 id，在响应消息中增加一个变量表示请求是否成功。最后的消息结构体定义在 message.go 文件中，具体的代码如下：

```
import (
    "net"
    "net/rpc"
    "syscall"
)
```

```go
type MsgArgs struct {
    // 提案编号
    Number int
    // 提案值
    Value  interface{}
    // 发送者id
    From   int
    // 接受者id
    To     int
}

type MsgReply struct {
    Ok     bool
    Number int
    Value  interface{}
}

func call(srv string, name string, args interface{}, reply interface{}) bool {
    c, err := rpc.Dial("tcp", srv)
    if err != nil {
        return false
    }
    defer c.Close()

    err = c.Call(name, args, reply)
    if err == nil {
        return true
    }
    return false
}
```

除了消息结构体，我们还在文件的最后定义了一个 call()函数，通过该函数来发送 RPC 消息，接收对方的响应。使用 RPC 后我们的网络通信非常简单，不关心如何编码解码、如何通信，就像调用本地函数一样调用远程服务的方法。

4.5.3　算法实现流程

前面我们按照角色将文件分为 proposer.go、acceptor.go 和 learner.go，现在我们开始在各个文件中实现算法逻辑。

首先介绍接受者的文件 acceptor.go。接受者有两个接口，分别处理 Paxos 算法两个阶段的请求，按照算法流程的名称将其命名为 Prepare()方法和 Accept()方法。代码实现如下：

```go
func (a *Acceptor) Prepare(args *MsgArgs, reply *MsgReply) error {
    if args.Number > a.minProposal {
        a.minProposal = args.Number
        reply.Number = a.acceptedNumber
        reply.Value = a.acceptedValue
        reply.Ok = true
    } else {
        reply.Ok = false
    }
    return nil
}


func (a *Acceptor) Accept(args *MsgArgs, reply *MsgReply) error {
    if args.Number >= a.minProposal {
        a.minProposal = args.Number
        a.acceptedNumber = args.Number
        a.acceptedValue = args.Value
        reply.Ok = true
        // 后台转发接受的提案给学习者
        for _, lid := range a.learners {
            go func(learner int) {
                addr := fmt.Sprintf("127.0.0.1:%d", learner)
                args.From = a.id
                args.To = learner
                resp := new(MsgReply)
                ok := call(addr, "Learner.Learn", args, resp)
                if !ok {
                    return
                }
            }(lid)
```

```
        }
    } else {
        reply.Ok = false
    }
    return nil
}
```

具体来说，Prepare()方法处理第一阶段的请求，如果提议者发送来的提案编号 args.number 大于接受者见过的最大提案编号 acceptor.minProposal，则承诺不会接受编号小于 args.number 的提案，同时更新已承诺的提案编号。否则忽略本次消息，直接返回 false。如果接受者之前有接受别的提案，则响应消息还应包含已接受的提案编号 a.acceptedNumber 和提案值 a.acceptedValue。

第二阶段的 Accept()方法处理第二阶段的请求，在这期间如果接受者没有另外承诺比 a.minProposal 更大的编号的提案，则接受该提案，并将已接受的提案转发给全部学习者。反之，则拒绝接受提案。

由于接受者是在服务端运行的，我们要将接受者启动并绑定到某个端口，监听端口上的请求。所以，除了上述算法流程，还要实现与 RPC 服务相关的逻辑。另外，我们提供了一个初始化函数，用来初始化接受者，并启动服务。这部分逻辑同样在 acceptor.go 文件中实现，代码如下：

```
func newAcceptor(id int, learners []int) *Acceptor {
    acceptor := &Acceptor{
        id: id,
        learners: learners,
    }
    acceptor.server()
    return acceptor
}

func (a *Acceptor) server()  {
    rpcs := rpc.NewServer()
    rpcs.Register(a)
    addr := fmt.Sprintf(":%d", a.id)
    l, e := net.Listen("tcp", addr)
    if e != nil {
        log.Fatal("listen error:", e)
    }
    a.lis = l
```

```go
go func() {
    for {
        conn, err := a.lis.Accept()
        if err != nil {
            continue
        }
        go rpcs.ServeConn(conn)
    }
}()
}


// 关闭连接
func (a *Acceptor) close() {
    a.lis.Close()
}
```

接受者的代码就实现完毕了。下面实现提议者的代码。

提议者发起两阶段请求。第一阶段，我们将提案编号加一，然后将最新的提案编号发送给多数派接受者。如果收到超过半数的接受者确认的消息，则进入第二阶段。同时，如果接受者返回了已接受的提案，则提议者只能使用该提案值发起提案；如果接受者没有返回提案值，则提议者可以使用任意提案值。第二阶段将提案编号和提案值一起发送给接收者，如果收到超过半数的接受者确认的消息，则批准该提案，共识达成，返回已批准的提案。如果没有达成共识，则返回空值。

我们将这两个阶段一起在函数 propose()中实现，该函数接收客户端请求的值，尝试以此作为提案值运行 Paxos 算法，并返回最终批准的值。完整代码如下：

```go
func (p *Proposer) propose(v interface{}) interface{} {
    p.round++
    p.number = p.proposalNumber()

    // 第一阶段(phase 1)
    prepareCount := 0
    maxNumber := 0
    for _, aid := range p.acceptors {
        args := MsgArgs{
            Number: p.number,
            From:   p.id,
```

```
            To:     aid,
        }
    reply := new(MsgReply)
    err := call(fmt.Sprintf("127.0.0.1:%d", aid), "Acceptor.Prepare", args, reply)
    if !err {
        continue
    }

    if reply.Ok {
        prepareCount++
        if reply.Number > maxNumber {
            maxNumber = reply.Number
            v = reply.Value
        }
    }

    if prepareCount == p.majority() {
        break
    }
}

// 第二阶段(phase 2)
acceptCount := 0
if prepareCount >= p.majority() {
    for _, aid := range p.acceptors {
        args := MsgArgs{
            Number: p.number,
            Value: v,
            From: p.id,
            To: aid,
        }
        reply := new(MsgReply)
        ok := call(fmt.Sprintf("127.0.0.1:%d", aid), "Acceptor.Accept", args, reply)
        if !ok {
            continue
        }

        if reply.Ok {
```

```
                acceptCount++
            }
        }
    }

    if acceptCount >= p.majority() {
        // 选择的提案值
        return v
    }
    return nil
}

func (p *Proposer) majority() int {
    return len(p.acceptors) / 2 + 1
}

// 提案编号=(轮次,服务器 id)
func (p *Proposer) proposalNumber() int {
    return p.round << 16 | p.id
}
```

值得注意的是，很多教程和实验都会将两阶段的消息发给所有的接受者，其实发送给所有接受者或超过半数的接受者都是可以的。这里和论文保持一致，只发送给超过半数的接受者。另外，第一阶段和第二阶段接收请求的多数派可以是不同的两个多数派，因为两个多数派必然存在一部分交集，依然满足 Paxos 算法。

将以上代码分别在对应的提议者文件 proposer.go 和接受者文件 acceptor.go 文件中实现，就完成了基本的 Paxos 算法流程。我们还缺最后一个阶段，就是将批准的值告诉学习者。

4.5.4　学习提案

在 Paxos 中有两个十分容易混淆的概念：已批准（Chosen）提案和已接受（Accepted）提案。在 Paxos 算法中，接受提案的值是单个接受者的行为，根据是否为最新的提案编号来判断是否接受提案；批准提案需要超过半数的接收者接受该提案。

上述逻辑都是提议者和接受者在交互，那么学习者怎么知道一个提案被批准了呢？在论文 2.3 节 "Learning a Chosen Value" 中提到，最简单的方案是接受者接受一个提案后，将接受的提案广播给学习者，这一步我们在接受者代码逻辑中已经实现。一旦学习者收到超过半数的接受者发来的同一个已接受提案，就知道这个提案被批准了。

实现上述流程的代码如下：

```go
func (l *Learner) Learn(args *MsgArgs, reply *MsgReply) error {
    a := l.acceptedMsg[args.From]
    if a.Number < args.Number {
        l.acceptedMsg[args.From] = *args
        reply.Ok = true
    } else {
        reply.Ok = false
    }
    return nil
}


func (l *Learner) chosen() interface{} {
    acceptCounts := make(map[int]int)
    acceptMsg := make(map[int]MsgArgs)

    for _, accepted := range l.acceptedMsg {
        if accepted.Number != 0 {
            acceptCounts[accepted.Number]++
            acceptMsg[accepted.Number] = accepted
        }
    }

    for n, count := range acceptCounts {
        if count >= l.majority() {
            return acceptMsg[n].Value
        }
    }
    return nil
}

func (l *Learner) majority() int {
    return len(l.acceptedMsg)/2 + 1
}
```

上面定义了 Learn() 方法，直接将提案编号更大的提案存储到成员变量 acceptedMsg 中，以发送来的接受者 id 为关键字，以整个消息为值。我们还定义了一个 chosen()方法，该方法根据 acceptedMsg 中存储的提案信息，判断一个提案是否被超过半数的接受者接受，如果是，就返回该被批准的提案值；如果不是，就返回一个空值 nil。

因为接受者也要监听某个端口，所以跟接受者一样，我们也要实现启动 RPC 服务的逻辑，代码如下：

```go
func newLearner(id int, acceptorIds []int) *Learner {
    learner := &Learner{
        id: id,
        acceptedMsg: make(map[int]MsgArgs),
    }
    for _, aid := range acceptorIds {
        learner.acceptedMsg[aid] = MsgArgs{
            Number: 0,
            Value:  nil,
        }
    }
    learner.server(id)
    return learner
}


func (l *Learner) server(id int) {
    rpcs := rpc.NewServer()
    rpcs.Register(l)
    addr := fmt.Sprintf(":%d", id)
    lis, e := net.Listen("tcp", addr)
    if e != nil {
        log.Fatal("listen error:", e)
    }
    l.lis = lis
    go func() {
        for {
            conn, err := l.lis.Accept()
            if err != nil {
                continue
            }
            go rpcs.ServeConn(conn)
```

```
        }
    }()
}

// 关闭连接
func (l *Learner) close() {
    l.lis.Close()
}
```

关于 RPC 的具体逻辑不再赘述。

Leslie Lamport 在论文中提到，这种学习提案的方案有一个缺点，即每个接受者都将消息转发给每个学习者，需要发送的消息数量等于接受者数量×学习者数量，消息数量较多。对此，一般有几种优化方法，第一种方法是选出一个权威的学习者，接受者只将已接受的消息发送给它，由权威的学习者判断被批准的提案，然后将该提案转发给剩下的学习者，这种方法的消息数量等于接受者数量加上学习者数量，但缺点也很明显，一旦权威的学习者宕机，则又要选举一个新的权威学习者，增加了算法的复杂度。第二种方法是将消息转发给一部分学习者，相当于增加了权威学习者的容错性，又不至于消息数量很多。

其实，可以直接由提议者将批准后的消息转发给所有学习者，这样消息数量就是学习者的数量，但在该论文中没有提及这种做法，所以我们还是按照基本的方法实现，至于其他学习提案的优化算法，感兴趣的读者可以自行修改代码来实现。

4.5.5 实现单元测试

本次实验使用 Go 单元测试来检验正确性，我们主要测试单个提议者和多个提议者的场景。测试代码通过运行 Paxos 算法，检查被批准的提案值是否符合预期，同时检查学习者学习到的提案是不是已批准的提案。

在开始编写测试逻辑之前，我们先定义两个通用的函数，start()函数用来初始化和启动接受者与学习者的 RPC 服务，cleanup()函数用来关闭 RPC 服务并释放端口。初始化逻辑的代码如下：

```
import (
    "testing"
)

// 启动接受者和学习者的 RPC 服务
```

```go
func start(acceptorIds []int, learnerIds []int) ([]*Acceptor, []*Learner) {
    acceptors := make([]*Acceptor, 0)
    for _, aid := range acceptorIds {
        a := newAcceptor(aid, learnerIds)
        acceptors = append(acceptors, a)
    }

    learners := make([]*Learner, 0)
    for _, lid := range learnerIds {
        l := newLearner(lid, acceptorIds)
        learners = append(learners, l)
    }

    return acceptors, learners
}

func cleanup(acceptors []*Acceptor, learners []*Learner) {
    for _, a := range acceptors {
        a.close()
    }

    for _, l := range learners {
        l.close()
    }
}
```

此后，我们就可以编写测试逻辑了。我们启动三个接受者和一个学习者，然后分别用一个提议者和两个提议者来提出提案，并测试最后批准的提案是否符合要求。

```go
func TestSingleProposer(t *testing.T) {
    // 1001、1002、1003 是接受者 id
    acceptorIds := []int{1001, 1002, 1003}
    // 2001 是学习者 id
    learnerIds := []int{2001}
    acceptors, learns := start(acceptorIds, learnerIds)

    defer cleanup(acceptors, learns)
```

```go
    // 1是提议者 id
    p := &Proposer{
        id:        1,
        acceptors: acceptorIds,
    }

    value := p.propose("hello world")
    if value != "hello world" {
        t.Errorf("value = %s, excepted %s", value, "hello world")
    }

    learnValue := learns[0].chosen()
    if learnValue != value {
        t.Errorf("learnValue = %s, excepted %s", learnValue, "hello world")
    }
}

func TestTwoProposers(t *testing.T) {
    // 1001、1002、1003是接受者 id
    acceptorIds := []int{1001, 1002, 1003}
    // 2001 是学习者 id
    learnerIds := []int{2001}
    acceptors, learns := start(acceptorIds, learnerIds)

    defer cleanup(acceptors, learns)

    // 1、2是提议者 id
    p1 := &Proposer{
        id:        1,
        acceptors: acceptorIds,
    }
    v1 := p1.propose("hello world")

    p2 := &Proposer{
        id:        2,
        acceptors: acceptorIds,
    }
    v2 := p2.propose("hello book")
```

```
if v1 != v2 {
    t.Errorf("value1 = %s, value2 = %s", v1, v2)
}

learnValue := learns[0].chosen()
if learnValue != v1 {
    t.Errorf("learnValue = %s, excepted %s", learnValue, v1)
}
}
```

编写完上述代码后，我们可以使用 go test 来运行单元测试。如无意外，最后 Paxos 实例达成共识并成功批准提案，学习者也成功学习到已批准的提案。

至此，我们实现了一个 Basic Paxos 算法，建议读者亲自动手编写代码并运行单元测试，以此加深对 Basic Paxos 算法的理解。

4.6　Multi-Paxos

本章开头就提到，共识算法通过一个复制的日志来实现状态机复制。Paxos 算法就是用来实现状态机复制的。可是 Basic Paxos 算法只选出一个提案，而每条日志记录中的内容通常都是不一样的。因此我们可以设想，对每一条日志记录单独运行一次 Paxos 算法来决议出其中的值，重复运行 Paxos 算法即可创建一个日志的多份副本，从而实现状态机复制。

注：本书把每条日志称为一个日志条目（Log Entry）、一条日志记录（Record）或一条日志，它们表达的都是同一个意思，只是初始文献称呼有些差异。

一个 Paxos 实例（Instance）用来决议出一个值，多个 Paxos 实例是可以并行运行的。

如果每一条日志都通过一个 Paxos 实例来达成共识，那么每次都要至少两轮通信，这会产生大量的网络开销。所以需要对 Basic Paxos 做一些优化，以提升性能。这种经过一系列优化后的 Paxos 被称为 Multi-Paxos。Multi-Paxos 的目标就是高效地实现状态机日志复制。

有趣的是，很难说是哪份文献首先提出了 Multi-Paxos 这个名称，但现在都不约而同地接受了这个叫法。即 Basic Paxos 决议出一个提案值，而 Multi-Paxos 决议出多个提案值。

下面我们一步步从 Basic Paxos 算法扩展出 Multi-Paxos 算法。

4.6.1 确定日志索引

日志中包含多个日志条目（或记录），如果要通过 Paxos 不断确认一条条日志的值，那么需要知道当次 Paxos 实例在写日志的第几位。因此，Multi-Paxos 做的第一个调整就是要添加一个关于日志索引的 index 参数到 Basic Paxos 的第一阶段和第二阶段，用来表示某一轮 Paxos 正在决策哪一个日志条目。

增加了日志索引 index 参数后的流程大致如下，当提议者收到客户端带有提案值的请求时：

（1）找到第一个没有被批准的日志条目的索引，记为 index。

（2）运行 Basic Paxos 算法，对 index 位置的日志用客户端请求的提案值进行提案。

（3）第一阶段接受者返回的响应是否包含已接受的值 acceptedValue？如果已有接受的值，则用 acceptedValue 作为本轮 Paxos 提案值运行，然后回到步骤 1 继续寻找下一个未批准的日志条目的索引；否则继续运行 Paxos 算法，继续尝试批准客户端的提案值。

举个例子，如图 4-10 所示，对于状态机来说，提案值是一条命令。服务器上的每个日志条目可能存在三种状态：

- 已经保存并已知被批准的日志条目。例如，服务器 S1 中方框加粗的第 1、2、6 条记录（后面会介绍服务器如何知道这些记录已经被批准）。

- 已经保存但不知道有没有被批准的日志条目。例如，服务器 S1 中第 3 条值为 cmp 的日志条目。从上帝视角观察三台服务器上的日志可知，值为 cmp 的日志其实已经在两台服务器上满足了多数派条件，只是服务器 S1 还不知道，所以还不算被批准的日志。

- 空的记录。例如，服务器 S1 中的第 4 和第 5 条日志，S1 在这个位置没有接受过提案，但可能其他服务器在这个位置接受过：比如服务器 S2 的第 4 条日志接受了 sub，服务器 S3 的第 5 条日志接受了 cmp。

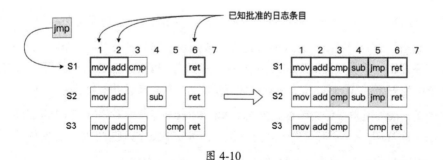

图 4-10

我们知道三个节点的系统可以容忍一个节点出现故障，为了更好地进行容错分析，我们假设此时服务器 S3 已宕机或由于网络分区与集群隔离。当提议者 S1 收到客户端最新的请求命令

jmp 时，执行以下流程：

（1）服务器 S1 找到第一个还没有被批准的日志记录。图 4-10 中服务器 S1 找到第 3 个日志条目，也就是提案值为 cmp 命令的日志，此日志只是被接受了，还未被批准。

（2）S1 上的提议者会尝试让 jmp 作为第 3 条日志的命令，运行 Paxos 算法。

（3）因为 S1 已经接受了 cmp，所以 S1 上的接受者会在 phase 1b 消息中返回已接收的 cmp 命令。那么 S1 上的提议者就暂时不能将 jmp 作为提案值，而是接着将 cmp 作为提案值跑完这轮 Paxos。服务器 S2 也将接受 cmp 命令，此时 S1 的 cmp 满足多数派条件（S3 虽然宕机了，但不影响系统正常决策），变为被批准状态。然后服务器 S1 上的提议者继续找下一个没有被批准的日志的位置——也就是第 4 位，此处日志是空的，还没有任何命令。

（4）S2 的第 4 个日志条目接受了 sub 命令，所以 S2 会在 phase 1b 的消息中返回已接受了提案值 sub 命令。与第 3 步一样，S1 上的提议者先不能提议 jmp 命令，等第 4 条日志接受并批准 sub 命令后，接着往下找没有被批准的日志——第 5 条日志。

（5）服务器 S1 和 S2 日志上的第 5 位都为空，虽然 S3 上的日志的第 5 位存在已接受的命令，但此时 S1 和 S2 无法与之取得联系，S1 和 S2 上的接受者没有返回已接受的提案值。所以第 5 个位置就确定为 jmp 命令的位置，成功运行 Paxos 后 jmp 命令被接受和批准。S1 向客户端返回成功的消息。

值得注意的是，这个系统可以并行处理多个客户端请求，比如服务器 S1 知道第 3、4、5、7 这几个位置的日志都是未批准的，可以直接尝试把收到的 4 个命令并行写到这四个位置。但是状态机执行日志中的命令时，必须按照日志顺序逐一串行输入，如果第 3 条命令没有被批准，那么即便第 4 条已经被批准了，状态机也不能跳过第 3 条命令执行第 4 条命令，因为没有被批准的命令随时可能会变。

不过通过上面的流程我们很容易发现一个问题，有时候提议者需要重试很多次才能成功批准一条命令。可想而知，如果所有的提议者一起并行工作，因提议者断断续续地提交提案导致大量的冲突，从而需要更多轮 RPC 才能达成共识的可能性就更大。另外，我们还是没有解决每个提案在最优情况下仍然需要两轮 RPC 通信的问题。

针对提案冲突和消息轮次过多这两个问题，Multi-Paxos 通过以下两个方式优化：

（1）领导者（Leader）选举。从多个提议者中选择一个领导者，任意时刻只有领导者一个节点来提交提案，这样可以避免提案冲突。另外，如果领导者发生故障，则可以从提议者中重新选择一个领导者，所以不存在单点故障问题。

（2）减少第一阶段的请求。有了领导者之后，由于提案都是从领导者这里提出的，实际上可以从发起端保证提案编号是单调递增的，因此只需要对整个日志发送一次第一阶段的请求，后续就可以直接通过第二阶段来发送提案值，使得日志被批准。

下面我们详细介绍这两个优化的具体实现。

4.6.2　领导者选举

领导者选举是分布式系统中一个非常有用的算法，不仅仅可以服务于共识算法。

虽然有很多办法可以选举出领导者，但是 Lamport 提出了一种简单的方式：让服务器 id 最大的节点成为领导者。前面提到提案编号由轮次 n 和 server_id 组成，这种选举算法就是通过消息传递让 server_id 最大的服务器当选领导者的。

具体选举算法流程如下：

（1）既然每台服务器都有一个 server_id，那么就直接让 server_id 最大的服务器成为领导者，这意味着每台服务器需要知道其他服务器的 server_id。

（2）每个节点每隔 T 毫秒（ms）向其他服务器发送心跳信息，彼此交换 server_id 信息。

（3）如果一个节点在 $2T$ 毫秒时间内没有收到比自己的 server_id 更大的心跳信息，那么它自己就转为领导者，这意味着该节点需要处理客户端请求，并且要同时担任提议者和接受者。

（4）如果一个节点收到比自己 server_id 更大的服务器的心跳信息，那么它就不能成为领导者，这意味着该节点会拒绝客户端请求，或者将客户端请求重新定向到领导者；并且该节点目前只能担任接受者，不能再担任提议者。

值得注意的是，这是非常简单的策略，在这种方式下系统中同时有两个领导者的概率是较小的。即使系统中有两个领导，Multi-Paxos 也能正常工作，只是就回到了算法最初的多个提议者的状态，算法并不会出错，只是冲突的概率大了很多，效率自然也会降低。

但这个算法也存在明显的问题，由于简单地使用 server_id 来选择领导者，如果恰好 server_id 最大的服务器的日志落后于其他节点，那么 Paxos 要先重复发送多次第一阶段消息以补齐领导者的日志，才能真正开始处理当前的客户端请求。如果领导者的日志落后很多，甚至是落后了几天的日志，那么等待日志补齐可能是一个漫长的过程，这期间很可能造成服务停止响应。

熟悉 Raft 算法的读者想必知道，Raft 算法对领导者选举算法进行了改动，选择日志最新的节点作为领导者，避免了上述提到的问题，我们在 Raft 算法部分会详细介绍 Raft 算法是如何进行领导者选举的。

4.6.3　减少请求

在讨论如何减少第一阶段请求之前，先回顾一下第一阶段的作用，Paxos 算法的第一阶段有两个主要作用：

（1）屏蔽过期的提案。Paxos 需要保证接受者接受的提案编号是最新的，但由于每个日志条目的 Paxos 实例是互相独立的，所以每次请求只能屏蔽一个日志条目的提案，对于后面位置的日志信息不得而知。

（2）用已经接受的提案值来代替原本的提案值。当多个提议者并发进行提案的时候，要确保新提案的提案值与已接受的提案值相同。

实际上，Multi-Paxos 依然是需要第一阶段的，只不过 Multi-Paxos 需要在实现上面两个功能的同时，尽量减少第一阶段的请求次数。

对于第一点，我们不再让提案编号只屏蔽一个位置的日志条目，而是让它变成全局的，整个日志使用同一个单调递增的提案编号。一旦第一阶段的请求响应成功，整个日志的第一阶段的请求都会阻塞，但第二阶段还是能够将相关的提案信息写在对应的日志索引上。

对于第二点，需要增加第一阶段响应返回的信息，用来表示接受者没有要返回的已接受提案，这就意味着领导者可以直接发起第二阶段请求让接受者接受提案。和之前一样，在响应中还会返回最大提案编号的已接受提案值。除此之外，接受者还会向后查看日志，如果要写的这个位置之后都是空的日志条目，没有接受任何提案，那么接受者就额外返回一个标志位参数 noMoreAccepted，如果该参数为 true，则表示后面没有需要决议的提案。如果领导者收到超过半数的接受者回复了 noMoreAccepted 为 true，领导者就认为不需要再发送第一阶段的请求了，因为只有一个领导者可以保证提案编号单调递增，领导者直接发送第二阶段请求（即 Accept 请求）即可。这样后续的客户端请求只需要一轮消息传递就能完成。

通过这种方式我们发现，只要日志没有大量缺失和不连续的日志空洞，即系统能够正常处理每一个提案，没有节点发生故障或网络分区，那么消息轮次实际上就少了很多。

4.6.4　副本的完整性

到目前为止，通过选举领导者和减少第一阶段请求之后的 Multi-Paxos 算法依然不够完整，主要是日志的复制还不完整。Multi-Paxos 只需要被多数派接受提案，但为了让所有状态机都达到一致的状态，算法仍要将所有的日志复制到全部节点上。另外，目前只有领导者知道哪些日志被批准了，这对于状态机而言是不够的——需要所有的服务器都知道哪些日志被批准。

换句话说，我们需要每台机器的日志都是完整的，知道哪些日志是被批准的，这样状态机才能安全执行日志，达到一样的状态。要做到这一点，我们需要增加一些参数和逻辑来实现日志副本的完整性。

第一个优化是，为了让日志尽可能被复制到每台服务器，领导者在收到超过半数的接受者的回复后，可以继续处理后续请求，同时在后台继续对未回复的接受者进行重试，尝试将提案值复制给所有的接受者。这样不会影响客户端的响应时间。不过，这种方式并不能确保完全复制，例如，领导者在重试中途宕机了。所以还需要加强日志复制。

第二个优化是，为了追踪哪些日志记录是被批准的，我们增加以下两个变量：

（1）变量 acceptedProposal 是一个数组，acceptedProposal[i]代表第 i 条日志的提案编号。如果第 i 条日志中的命令被批准，则 acceptedProposal[i]等于无穷大。这样做是因为，只有提案编号更大的提案才能被另外接受，无穷大则表示该位置的日志不会再接受另外的提案，也就是该日志已被批准。

（2）每个节点都维护一个 firstUnChosenIndex 变量，表示第一个没有被批准的日志位置，即第一个 acceptedProposal[i]不等于无穷大的节点。

基于第二个优化增加的两个变量，领导者会告诉接受者哪些日志被批准，即领导者在向接受者发送第二阶段的 Accept 消息的时候带上变量 firstUnChosenIndex，这样接受者在收到 Accept 消息的时候进行判断，如果第 i 条日志满足 i 小于 firstUnChosenIndex 且提案编号相等，即 i < request.firstUnchosenIndex && acceptedProposal[i] == request.proposal，则认为第 i 条日志是被批准的日志，接受者会将 acceptedProposal[i]设置为无穷大。

我们用图示来说明一下，图 4-11 表示的是同一个接受者节点收到 Accept 消息前后 acceptedProposal 数组的变化。该接受者在收到 Accept 消息之前的第 6 条日志的提案编号为 3.4，这时它收到一个提案编号也为 3.4 的 Accept 消息，并且请求消息中的 firstUnchosenIndex 等于 7，大于提案编号 3.4 所在的日志索引，所以接受者将批准第 6 条日志，同时因为该请求的日志索引 index 等于 8，所以令 acceptedProposal[8]等于提案编号 3.4。

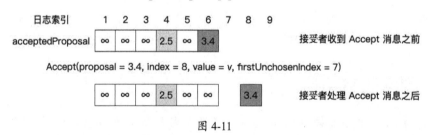

图 4-11

通过这种方式，接受者就知道哪些日志被批准了，被批准的日志就可以安全地应用到状态机。

第三个优化还需要考虑，在接受者的日志条目中仍然可能有一些前任领导者留下的提案，前一任领导者还没有完成日志的复制或者批准就宕机了，换了一个领导者节点，这时候就需要接受者将其 firstUnchosenIndex 作为 Accept 请求的响应返回给领导者；领导者收到请求后，判断如果 Acceptor.firstUnChosenIndex < Leader.firstUnChosenIndex，则在后台（异步）发送一个 Success(index, v) RPC 消息。接受者收到 Success 消息后，会更新被批准的日志记录：

- acceptedValue[index] = v。

- acceptedProposal[index]=无穷大。

- 返回 firstUnchosenIndex 给领导者。

- 领导者根据接受者返回的 firstUnchosenIndex 继续判断，如果 Acceptor.firstUnChosenIndex < Leader.firstUnChosenIndex 依然成立（即存在多个不确定的状态），则领导者继续发送额外的 Success RPC 请求。

通过上述 3 个优化就可以确保所有的接受者最终都能够知道被批准的日志记录。在一般情况下，并不需要额外的第 3 步，只有在领导者切换时才可能需要第 3 步。

现在日志已被完全复制了。下面看一下客户端与系统的交互。

4.6.5　客户端请求

接下来需要考虑客户端如何与系统交互，系统正确处理客户端请求是非常重要的，客户端请求的顺序决定了状态机执行命令的顺序。

首先，当客户端第一次发起请求时，并不知道系统中谁是领导者，可以让客户端任意请求一台服务器，如果该服务器不是领导者，则将请求重定向给领导者，并告知当前领导者节点。

之后，客户端会一直和领导者交互，直到无法联系上领导者（例如请求超时）。在这种情况下，客户端会另外联系任何其他服务器，这些服务器又再次将请求重定向到新选举出来的领导者节点。

值得一提的是，一条日志被批准并且被领导者的状态机执行之后，才能返回响应给客户端。

这就存在一个问题，如果请求的命令被批准了，并且领导者的状态机也执行了该命令，但领导者在回复客户端之前宕机了，没有回复响应消息，那么客户端并不知道自己的命令已经被状态机执行，客户端只会认为请求失败了，并重试请求。如果新的请求再次被批准和执行，则相当于一个命令会被状态机执行两次。对于客户端来说，这个行为是异常的，客户端认为该命令只执行了一次。

这个问题的解决办法是，客户端为每个请求都附加一个唯一 id，服务器将该 id 与请求中的命令一起保存到日志中。状态机在批准一条日志之前，会根据请求的唯一 id 检查该命令是否被执行过。如果领导者发现该请求实际上已经执行过，则不会再为该命令再运行一次 Paxos 实例，而是直接发送成功响应给客户端，这样就避免了重复执行命令的问题。

4.6.6　配置变更

最后一个问题也是非常棘手的问题，那就是系统中节点的配置是会变更的，包括节点的 id、节点网络地址和节点数量变更等。尤其是系统中节点数量的改变会影响多数派数量的判断，我们必须保证不会出现两个重叠的多数派。如图 4-12 所示，对于同一个位置的日志，新旧配置中的集群同时组成了两个不同的多数派（注意：旧配置是一个 3 节点集群，而新配置是一个 5 节点集群，它们达成多数派条件的节点数量至少是 2 和 3），批准了不同的值，这会使状态机进入异常状态。这时就必须设计一种配置变更方法来避免上述问题。

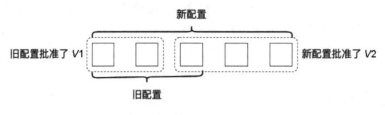

图 4-12

Lamport 在 Paxos 论文中提出的解决方案是使用日志来管理配置变更，即将当前的系统配置当作一条日志记录存储起来，并与提案相关的日志记录一起复制和同步。

如图 4-13 所示，第 1 条和第 3 条日志存储了两个不同的系统配置，即管理员对系统做了两次配置变更。其他位置的日志存储了状态机要执行的命令，在此我们不关心具体命令是什么。Multi-Paxos 增加了一个系统参数变量，表示新的配置在多少条记录后才生效，用来平滑过渡配置变更，以及控制什么时候真正应用新的配置。

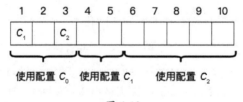

图 4-13

这里假设 α 等于 3，意味着 C_1 在前 3 条记录内不生效，也就是 C_1 在第 4 条记录内才会生效，以此类推，C_2 在第 6 条记录内开始生效。

通常 α 是在系统启动的时候就指定的参数。这个参数和系统并发性能相关，该参数的大小会限制系统可以同时批准的日志条数，具体地说，在 i 这个位置的值被批准之前，系统暂时不能批准 $i+\alpha$ 这个位置的值，因为系统不知道中间是否有配置变更，贸然地批准会使状态机进入异常状态。

所以，如果 α 值很小，假设是 1，那么整个系统就是串行工作的；如果 $\alpha=3$，则意味着我们可以同时批准 3 个位置的值；如果 α 非常大（$\alpha=1000$），那么系统配置就会有很长的滞后。比如，系统管理员要变更配置，要等配置所在的后 1000 条记录都被批准以后才会生效，那么可能要等好一阵子。为了避免这种情况，如果系统管理员想要配置更快生效，则可以向系统写入一些命令为空的请求来填充日志，使得系统迅速达到需要的条数，而不用一直等待客户端请求进来。

4.6.7　完整实现

综上所述，我们整理一下思路，汇总一下 Multi-Paxos 算法的完整实现。

Multi-Paxos 算法涉及的基本概念有：

- 提案编号 n，等于轮次（Round Number）和服务器 server_id 的组合。
- T，超时时间，用于领导者选举算法。
- α，并发限制因子，用于配置变更。

1. 选举算法

Multi-Paxos 算法的选举算法只有两步：

（1）每个节点每隔 T（ms）向其他服务器发送心跳信息。

（2）如果一个节点在 $2T$（ms）时间内没有收到比自己服务器 id 更大的心跳消息，那么它自己就转为领导者。

2. 节点存储的状态信息

提议者（领导者）上需要持久化存储的状态有：

- maxRound：提议者已知的最大提案轮次，用来生成最新的提案编号。

提议者上需要存储的易失性状态有：

- nextIndex：客户端请求要写的下一个日志索引。
- prepared：布尔值，用来表示是否可以不发送第一阶段消息。如果 prepared 值为 True，即超过半数的 Acceptor 回复了 `noMoreAccepted`，则领导者将不再需要发起第一阶段请求；初始值为 False。

接受者上需要持久化存储的状态有：

- lastLogIndex，记录已经接受的最大的日志索引。
- minProposal，记录已经接受提案中的最小提案编号，初始值为 0。

每个接受者上还会存储状态机日志，日志索引 i 在区间[1, lastLogIndex]内（注意，状态机日志一般从 1 开始，而不是从 0 开始），每个日志条目都包含以下内容：

- acceptedProposal[i]。第 i 条日志最后接受的提案编号。初始化时为 0；如果提案被批准，则 acceptedProposal[i]等于无穷大。
- acceptedValue[i]。第 i 条日志最后接受的提案值，初始化时为 null。
- firstUnchosenIndex。$i > 0$ 且 acceptedProposal[i] $<\infty$ 的最小日志索引。

3. 算法流程

第一阶段领导者向接受者发送 Prepare 消息。

请求参数如表 4-1 所示。

表 4-1

参数	解释
n	提案编号
index	提案在领导者上的日志索引

响应参数如表 4-2 所示。

表 4-2

参数	解释
acceptedProposal	接受者的 `acceptedProposal[index]`
acceptedValue	接受者的 `acceptedValue[index]`
noMoreAccepted	接受者遍历大于或等于请求参数 index 的日志条目，如果之后没有接受过任何值（都是空的记录），那么 noMoreAccepted 等于 True，否则为 False

接受者的第一阶段实现逻辑为：接受者收到 Prepare 消息后判断，如果请求参数 n 大于或等于接受者的 `minProposal`，即 `request.n≥minProposal`，则接受者设置其 `minProposal=request.n`。同时承诺将拒绝所有提案编号小于 request.n 的第二阶段的请求。

收到多数派接受者的成功响应后，进入第二阶段，领导者向接受者发送 Accept 消息。

请求参数如表 4-3 所示。

表 4-3

参数	解释
n	和 Prepare 阶段一样的提案编号
index	提案在领导者上的日志索引
v	提案值
firstUnchosenIndex	领导者上的第一个没有被批准的日志的索引

响应参数如表 4-4 所示。

表 4-4

参数	解释
n	接受者的 `minProposal` 值
firstUnchosenIndex	接受者的 `firstUnchosenIndex` 值

接受者的第二阶段实现逻辑为：接受者收到 Accept 消息后，如果请求参数中的提案编号至

少和承诺的一样大，即 request.n≥minProposal 成立，则接受者更新状态：

```
acceptedProposal[index] = request.n
acceptedValue[index] = request.v
minProposal = request.n
```

将每个索引小于 request.firstUnchosenIndex 的日志条目都记为 i，如果 acceptedProposal[i] 等于 request.n，则将 acceptedProposal[i] 设置为无穷大。

在第三阶段，领导者向接受者发送 Success 消息。

请求参数如表 4-5 所示。

表 4-5

参数	解释
index	提案在领导者上的日志索引
v	log[index]中已批准的提案值

响应参数如表 4-6 所示。

表 4-6

参数	解释
firstUnchosenIndex	接受者的 firstUnchosenIndex 值

接受者的实现逻辑为：接受者收到 Success 请求后，更新已经被批准的日志记录，即将 acceptedValue[index]设为 request.v，将 acceptedProposal[index]设为无穷大。

当领导者收到接受者的 Success 响应后，如果响应中的 firstUnchosenIndex 值小于领导者的 firstUnchosenIndex，即 reply.firstUnchosenIndex<firstUnchosenIndex，则领导者再发送如下 Success 消息：

```
Success(index = reply.firstUnchosenIndex, value = acceptedValue[reply.firstUnchosenIndex])
```

最后，系统和客户端交互的接口 write(inputValue) → bool 的实现如下：

（1）如果收到请求的服务器不是领导者，或者领导者还没有初始化完成，则直接返回 False。

（2）如果收到请求的领导者的 prepared 等于 True，则将领导者的 index 赋值为 nextIndex 的值，执行 nextIndex++，然后直接跳转到 7。

（3）否则，执行 index = firstUnchosenIndex，nextIndex = index + 1。

（4）领导者的 maxRound 自增后生成一个最新的提案编号 n，并将其持久化保存。

（5）第一阶段，领导者广播 Prepare(n, index)请求给所有的接受者。

（6）一旦收到超过半数接受者的 Prepare 消息的响应，则判断：如果所有响应中最大的 reply.acceptedProposal 不等于 0，那么使用它的 reply.acceptedValue 作为提案值，否则使用客户端请求的 inputValue 作为提案值；另外，如果超过半数的接受者回复了 reply.noMoreAccepted= True，那么 prepared=true。

（7）第二阶段，领导者广播 Accept(index,n,v)请求到所有接受者。

（8）对收到的每一个接受者的响应都进行如下判断：

- 如果 reply.n>n，则依据 reply.n 修改 maxRound 为最新的值，修改 prepared=False，然后跳转到 1。

- 如果 reply.firstUnchosenIndex ⩽ lastLogIndex 并且 acceptedProposal[reply. firstUnchosenIndex] == ∞，则发送 Success(index = reply.firstUnchosenIndex, value = acceptedValue[reply.firstUnchosenIndex])，用来修复接受者的日志；

（9）一旦收到超过半数接受者的成功响应，则修改 acceptedProposal[index]=∞ 和 acceptedValue[index]=v。

（10）如果已批准的提案值 v 等于客户端请求中的 inputValue，则返回 True。

（11）跳转到（2）。

4.6.8　Paxos 练习题

1. 对于一个三节点组成的 Basic Paxos 系统，假设存在两个提议者（S1 和 S2）和三个接受者（S1、S2 和 S3）。下面情况可能发生吗？为什么？

（1）S1 发送 Prepare（1.1）消息给 S1、S2 和 S3 并收到成功的响应。

（2）S1 发送 Accept（1.1, X）给 S1 和 S3，并且都收到成功的响应，满足多数派条件，S1 批准了提案值 X，然后 S1 宕机。

（3）S2 发送 Prepare（2.2）消息给 S2 和 S3 并收到成功的响应。

（4）S2 发送 Accept（2.2, Y）消息给 S2 和 S3 并收到成功的响应，因此 S2 批准了 Y。

参考答案：不会发生这种情况。第（3）步 S2 收到 S3 的响应中会包含 S3 已经接受的提案（1.1, X），因此第（4）步 S2 还是会用 X 来发起 Accept 消息而不是用 Y。

2. Paxos 系统中的接受者是否可能接受不同的值？

参考答案：有可能。考虑某两个提议者（S1 和 S2）和三个接受者（S1、S2 和 S3）的 Basic Paxos 系统。

（1）S1 发送 Prepare（1.1）的消息到 S1 和 S2 并收到成功的响应，发现没有已接受的提案。

（2）S2 发送 Prepare（2.2）的消息到 S2 和 S3 并收到成功的响应，由于提案编号更大，所以最终 S2 和 S3 接受了 S2 的提案（2.2, X）。

（3）此时 S1 发送 Accept（1.1, Y）的消息到 S1 和 S2，S2 会拒绝接受该提案，但 S1 仍然会接受（1.1, Y）。

最终整个系统还是只批准提案值 X，仍然成功达成共识。

3. 在前面的讨论中，我们默认提案编号由已知的最大轮次和服务器 id 组成，这样可以让每个节点提出的提案编号是唯一的。如果提案编号不唯一，那么是否会影响算法的正确性？请举例说明。

参考答案：

Paxos 算法会不正确。考虑某三节点组成的 Basic Paxos 系统中，一开始接受者还没有接受任何提案，S1 和 S2 用同样的提案编号分别发送给 S1、S3 和 S2、S3，这两个多数派都成功承诺。之后，S1 和 S2 分别用提案值 X 和 Y 向之前的多数派发起 Accept 请求，对于 S3 来说，由于提案编号相同，它将接受两次提案，一次提案值为 X，另一次提案值为 Y。对于 S1 和 S2 来说，都得到了多数派节点的响应，它们都将批准冲突的提案值 X 和 Y——这不符合 Basic Paxos 算法的要求。

4. 在 Basic Paxos 的第二阶段，如果接受者成功接受 Accept 消息中的提案，那么接受者会将其承诺的提案编号 minProposal 更新为 Accept 消息中的提案编号。如果不更新，那么是否会影响算法正确性？请尝试描述场景说明。

参考答案：

Paxos 中两个阶段的多数派可以不相同，但接受者收到 Accept 消息后必须更新承诺编号 minProposal，否则会影响算法的正确性。

假设有一个由两个提议者（S1 和 S2）和三个接受者（S1，S2 和 S3）组成的 Paxos 系统：

（1）S1 发送 Prepare（1.1）消息至 S1 和 S2 并收到成功的响应，S1 和 S2 承诺不接受编号小于 1 的提案。

（2）S2 发送 Prepare（2.2）消息给 S1 和 S2 并收到成功的响应，S1 和 S2 承诺不接受编号小于 2 的提案。

（3）由于可以发送给不同的多数派，S2 将 Accept（2.2, X）消息发送给 S2 和 S3，它们都接受了该提案，但 S3 没有更新承诺的提案编号；S2 收到响应后，批准了值为 X 的提案。

（4）S1 发送 Accept（1.1, Y）消息给 S1 和 S3，S1 拒绝接受提案，但由于上一步 S3 没有更新承诺的提案编号，所以 S3 还是会接受该提案。

（5）S1 发送 Prepare（3.1）消息至 S1 和 S3 并收到成功的响应，S3 会返回上一步接受的提案（1.1, Y）。

（6）S1 发送 Accept（3.1, Y）消息至 S1 和 S3，该提案被成功接受。S1 批准了提案值 Y。

在这种情况下，批准了两个不通过的提案值，违反了 Basic Paxos 算法的要求。

可见，接受者收到 Accept 消息后必须更新承诺编号，如果第（3）步 A3 将承诺提案编号更新为 2，那么第（4）步的提案将不被接受，这样算法才正确。

虽说 Paxos 两阶段可以发送给不同的多数派，但一定要注意仔细处理状态更新，否则算法将不能正确达成共识。

注：以下试题来自 Diego Ongaro 和 John Ousterhout。

5. 假设一个提议者以提案值 v1 运行 Basic Paxos，但它在算法执行过程中或执行后的某个（未知）时间点宕机了。假设该提议者重新启动并从头开始运行协议，使用相同的提案编号但不同的提案值 v2 来提出提案，这样安全吗？请解释你的答案。

参考答案：不安全。不同的提案必须具有不同的提案编号。下面是一个 3 节点集群的例子：

（1）S1 发送 Prepare(n=1.1)消息至 S1 和 S2。

（2）S1 发送 Accept(n=1.1, v=v1)消息至 S1 就宕机了。

（3）S1 重启。

（4）S1 发送 Prepare(n=1.1)消息至 S2 和 S3，并且发现没有任何节点返回被接受的提案。

（5）S1 发送 Accept(n=1.1, v=v2)消息至 S2 和 S3。

（6）S1 将 v2 被批准的消息返回给客户端。

（7）S2 收到新的客户端请求，发送 Prepare(n=2.2)消息至 S1 和 S2，并收到来自 S1 的响应（acceptedProposal=1.1, acceptedValue=v1）和来自 S2 的响应（acceptedProposal=1.1, acceptedValue=v2）。

（8）S2 直接选择 v1 作为提案值。

（9）S2 发送 Accept(n=2.2, v=v1)至 S1、S2 和 S3。

（10）S2 将 v1 被批准的消息返回给客户端。

在这种情况下，系统批准了两个不同的提案值，显然违反了 Basic Paxos 算法的要求。

可能出现的另一个问题是：

（1）S1 发送 Prepare(n=1.1)消息至 S1 和 S2。

（2）S1 发送 Accept(n=1.1, v=v1)消息至 S1，收到成功响应。

（3）S1 发送 Accept(n=1.1, v=v1)消息至 S2 和 S3，但也许因为网络分区，它们并没有收到请求。

（4）S1 重启。

（5）S1 发送 Prepare(n=1.1)消息至 S2 和 S3，并且发现没有任何节点返回被接受的提案。

（6）S1 发送 Accept(n=1.1, v=v2)消息至 S2 和 S3。

（7）S1 将 v2 被批准的消息返回给客户端。

（8）现在，S2 和 S3 收到了之前的 Accept(n=1.1, v=v1)请求，并且覆盖了 acceptedValue 值，将其设为 v1。现在集群的状态是 v1 被批准，但客户端收到 v2 被批准的消息。

6. 图 4-14～图 4-17 显示了一种 Multi-Paxos 服务器上可能出现的日志（每个条目中的数字代表 acceptedProposal 值）。考虑每份日志都是独立的，下列日志是否可能出现在正确实现的 Multi-Paxos 中？

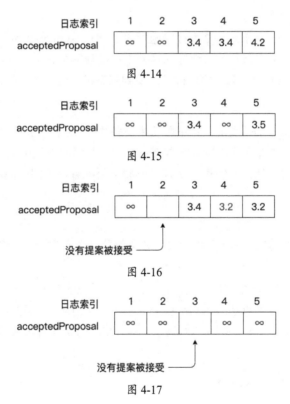

图 4-14

图 4-15

图 4-16

图 4-17

参考答案：均可能。

7. 当一个接受者使用领导者提供的 firstUnchosenIndex 来标记被批准的日志记录时，它必须先检查日志记录中的提案编号（acceptedProposal[i] == request.proposal）。假设它跳过了这一检查：请描述一个系统异常的情况。

参考答案：可能出现的异常行为是服务器会批准两个不同的命令。

我们用 2 个竞争的提案，以及由 3 节点组成的集群和 2 个日志条目来举例：

（1）S1 发送 Prepare（n=1.1, index=1）消息给 S1 和 S2，收到两个节点成功处理的响应。

（2）S1 只将 Accept（index=1, n=1.1, v=X）消息发送给了它自己就宕机了，另外选出了领导者 S2。

（3）S2 发送 Prepare（n=2.2, index=1）消息给 S2 和 S3，收到二者包含 `noMoreAccepted=true` 的响应，S2 将自己的 `prepared` 设置为 true。

（4）S2 发送 Accept（index=1, n=2.2, v=Y）消息给 S2 和 S3。

（5）S2 收到 S2 和 S3 成功接受的响应，满足多数派条件，批准 index = 1 的日志中的提案值 Y。

（6）由于 `prepared` 为 true，S2 直接发送新的 Accept（index=2, n=2.2, v=Z）消息给 S1、S2 和 S3（S1 正好从故障中恢复）。此时，如果 S1 不检查提案编号，则会发生异常的情况：S1 将批准（n=1.1, value=X）的日志，然后将 X 应用到状态机。这是不正确的，因为实际上是提案值 Y 被批准。

8. 考虑 Multi-Paxos 的配置变更，旧配置由服务器 1、2 和 3 组成，新配置由服务器 3、4 和 5 组成。假设新配置被写在日志中且第 N 条被批准，同时日志索引 N 到 $N+\alpha$（含）也都被批准。假设此时系统管理员认为旧服务器 1 和 2 不属于新配置，关闭了旧服务器 1 和 2，描述可能在系统中引起的问题。

参考答案：

这将导致新集群的活性（liveness）问题，因为新集群服务器上的变量 `firstUnchosenIndex` 的值可能小于 $N+\alpha$。

例如，在最坏情况下，S3 可能永久故障了，而 S1 和 S2 可能没有尝试将任何值同步到 S4 和 S5（仅使用本书中介绍的算法）。S4 和 S5 将永远无法学习到第 1 到 $N+\alpha-1$ 条日志记录所批准的值，因为它们无法和 S1、S2 或 S3 进行通信。S4 和 S5 的状态机将永远无法超越其初始状态。

4.7　其他 Paxos 变体

自 Paxos 问世之后出现了许多 Paxos 变体[1]，这些变体都是针对特定需求对 Basic Paxos 算法进行优化，丰富了原始 Paxos 协议而出现的，Multi-Paxos 是其中最常用的变体。可能有的读者会问，这么多 Paxos 变体我应该选哪个？其实，有的变体的价值并不是作为一个完整的共识算

1　Van Renesse,Robbert,and Deniz Altinbuken."Paxos made moderately complex."ACM Computing Surveys (CSUR) 47.3 (2015):1-36..

法来实现的，而是提供一种优化的思路，这种思路可以用来优化 Paxos 或 Raft 等共识算法。下面将按时间顺序介绍一些有趣的变体，但笔者不打算详细展开，感兴趣的读者可以根据参考引用仔细研究。

Paxos 及其变体的发表年份大致如图 4-18 所示。

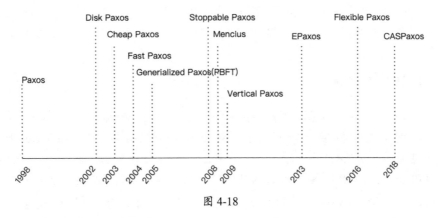

图 4-18

4.7.1　Disk Paxos

Disk Paxos[1]于 2002 年由 Lamport 提出。Disk Paxos 和 Basic Paxos 一样分为两个阶段，不同的是 Basic Paxos 通过消息传递进行进程间通信，而 Disk Paxos 认为所有进程都有一个专属的磁盘块（block），可以将信息写入块中。在第一阶段，提议者发起提案，首先写自己的磁盘块，然后读取同一磁盘上的其他提议者的磁盘块，检查是否存在一个具有更高提案编号的提案。如果没有发现更高的提案编号，则该提案被采纳，进入第二阶段；如果发现一个更高的提案编号，那么该提议者需要使用更高提案编号的提案值重新进行提议。第二阶段重复同样的过程，确保提案被接受。

Disk Paxos 适用于像 SAN 这样的存储网络。

4.7.2　Cheap Paxos

Cheap Paxos[2]协议主要的优点是减少接受者的数量，以实现更好的性价比，也就是便宜（Cheap）。Basic Paxos 需要 $2f+1$ 个接受者来容忍 f 个节点故障，即正常运行的接受者不能小于 $f+1$ 个。Cheap Paxos 认为发生故障只是小概率事件，它只需要 $f+1$ 个接受者，以及 f 个廉价的

1　Gafni,Eli,and Leslie Lamport."Disk paxos."Distributed Computing 16.1 (2003):1-20.

2　Lamport,Leslie,and Mike Massa."Cheap paxos."International Conference on Dependable Systems and Networks,2004.IEEE,2004.

辅助接受者。辅助接受者在正常执行期间保持空闲，只有出现故障才会替补上去工作，从而再次保证有 f+1 个接受者正常决议投票。Cheap Paxos 实际上是 Multi-Paxos 的一个变体，它依赖于：领导者可以将两阶段消息发送给固定的多数派接受者，只要多数派接受者都在工作，并能与领导者通信即可，不在该多数派中的接受者就不需要做任何事情。

值得一提的是，廉价的辅助接受者不能一直工作，只能服务一段时间，一旦接受者修复完毕，就需要重新加入集群，替换替补接受者，否则系统的性能会受廉价的辅助接受者影响。

4.7.3　Fast Paxos

Fast Paxos[1]也是对 Basic Paxos 的扩展和优化。对于 Basic Paxos，从客户端将请求发出，到学习者收到已批准的提案需要 3 轮消息，而 Fast Paxos 只需要 2 轮。但 Fast Paxos 要求系统由 $3f$+1 个接受者组成，以容忍 f 个节点故障，这和之前的 $2f$+1 个节点相比要求更多的节点数量。另外，Fast Paxos 还需要客户端将请求发送到多个节点，而不是只发送到领导者。

在 Multi-Paxos 中，领导者可以选择提案值，然后发送一条包含提案值的 Accept 消息。Fast Paxos 的优化方案是，如果领导者没有想要提议的提案值，那么客户端可以直接发送 Accept 消息到接受者，接受者像 Basic Paxos 那样检查提案编号，如果检查通过，则向领导者和学习者广播已接收的提案值，使整个系统的日志一模一样。

如果没有冲突，那么领导者只有初始化整个算法的作用，之后领导者只需要被动地接收提案值即可，不参与决议过程，如图 4-19 所示。

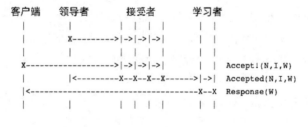

图 4-19

如果客户端产生冲突，那么这时领导者就要参与进来，通过新一轮消息来解决冲突。如图 4-20 所示，领导者收到冲突的提案，此时领导者作为权威选出一个提案值，再发送给接受者。这里其实就是再运行一轮 Multi-Paxos，但总的消息达到了 4 轮。可见，在有冲突的情况下，Fast Paxos 反而比 Multi-Paxos 多一轮消息通信。

Fast Paxos 的思想和乐观并发控制（见第 5 章）的思想类似，如果有冲突，则在最后进行冲

1　Lamport,Leslie."Fast paxos."Distributed Computing 19.2 (2006):79-103.

突处理，这时需要领导者参与进来解决冲突。如果算法运行良好，没有任何冲突行为，那么领导者将不参与 Fast Paxos 算法的决议过程，减少了一轮消息通信，这是 Fast Paxos 最大的优点，在冲突较少的情况下效率会更高。

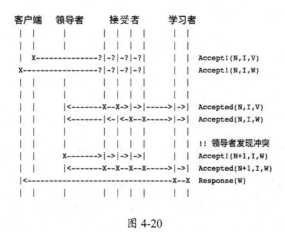

图 4-20

Fast Paxos 的缺点也非常明显，首先，如果并发冲突很多，那么通信轮次也会变多；其次，Fast Paxos 实际上耦合了客户端，需要客户端将请求发送到全部节点，客户端参与了一部分算法过程，这使得算法的扩展性变差，其架构并不是非常清晰。最后，Fast Paxos 所需的节点数量明显比 Basic Paxos 和 Multi-Paxos 要多。因此，Fast Paxos 并不常见。

4.7.4　Mencius

Mencius[1]算法试图解决 Multi-Paxos 单一领导者带来的性能瓶颈问题，同时能够在广域网（WAN）环境下良好工作。Mencius 使用 MultiLeader 的解决方案，让节点轮流充当领导者。Mencius 将所有接受者和领导者组成一个逻辑环，并预先分配好槽位（Slot），每个槽位都代表一个 Paxos 实例。

例如，假设我们的集群有三个服务器 S0、S1 和 S2，S0 负责处理第 0、3、6…次 Paxos 实例，服务器 S1 负责处理第 1、4、7…次 Paxos 实例，服务器 S2 负责处理第 2、5、8…次 Paxos 实例，以此类推。

负责一次 Paxos 实例的节点被称为协调者。对于一个 Paxos 实例，只有协调者能够提出具体的命令作为提案值，如果其他节点不需要提出提案，则只能提出 no-op 命令表示跳过。

协调者收到客户端命令后，立即提出提案并广播到集群中，协调者一般会发送三种消息：

1　MAO, Y., JUNQUEIRA, F. P., AND MARZULLO, K. "Mencius: building efficient replicated state machines for WANs." In Proc. OSDI'08, USENIX Conference on Operating Systems Design and Implementation (2008), USENIX, pp. 369–384.

（1）SUGGEST 消息。协调者提出提案值 v，其他节点直接同意，类似于 Paxos 算法中的 Accept 消息。

（2）SKIP 消息。协调者提议 no-op 命令作为提案值，表示跳过自己的轮次。其他节点直接批准该消息，因为没有任何有意义的提案值。

（3）REVOKE 消息。如果下一个 Paxos 实例的协调者发现当前协调者宕机，则尝试成为新的领导者，类似 Multi-Paxos 的 Prepare 消息。

Mencius 的流程如图 4-21 所示。由于预先分配好了 Paxos 轮次，所以其他节点可以直接接受 SUGGEST 消息。如果一个节点没有提案要提议，则发送 SKIP 消息跳过自己的轮次。如果协调者宕机，那么其他节点发出 REVOKE 消息接管其工作，并继续提出提案。

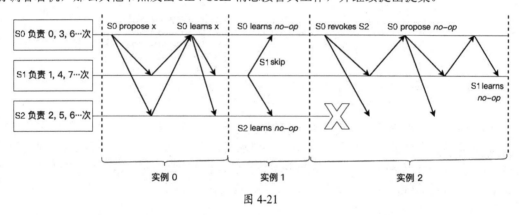

图 4-21

这种方法有效地平衡了领导者的负载，另外，这种方法还可以缓解网络限制，客户端可以将请求发送到一个就近的服务器，该服务器使用自己的 Paxos 轮次完成提案，避免客户端将请求发送到一个遥远的服务器上，非常适合广域网环境。

在没有进程故障的情况下，Mencius 的性能类似于 Multi-Paxos，但没有领导者瓶颈。然而，一个较慢的协调者会成为整个系统的瓶颈，因为其他协调者需要等待较慢的协调者完成它的 Paxos 算法。此外，Mencius 还可能产生大量的 no-op 空日志，不过可以通过租约在一定程度上缓解大量 no-op 空日志带来的压力，详细方法在此不表。

4.7.5 EPaxos

EPaxos（Egalitarian Paxos）[1]是一个无领导者的 Paxos 变体，EPaxos 主要实现三个目标：

（1）优化广域网（WAN）的提交延迟。

---

1 Moraru,Iulian,David G.Andersen,and Michael Kaminsky."There is more consensus in egalitarian parliaments."Proceedings of the Twenty-Fourth ACM Symposium on Operating Systems Principles.2013.

（2）在所有节点实现负载均衡，从而实现高吞吐量，解决单一领导者的性能瓶颈问题。

（3）在节点变慢或故障时，能够优雅降级。

EPaxos 的消息数量与节点数量成线性关系，并且在普通情况下只需要一次往返时间（round trip time，RTT）就能提交命令，在最坏的情况下也只需要经过两次往返时间。

EPaxos 分为两个阶段：预接受（pre-accept）阶段和接受（accept）阶段。但这两个阶段并非都要执行。对于没有冲突的正常情况，只需要执行预接受阶段即可提交命令，这个过程称为快速路径（fast-path）；对于存在冲突的情况，需要再执行一次接受阶段，这个过程称为慢速路径（slow-path）。

不过，快速路径的 quorum 要求是 $F+\left\lfloor\dfrac{F+1}{2}\right\rfloor$ 个（包括发送请求节点），F 代表集群能容忍的故障节点数量，例如，一个由 5 个节点组成的 EPaxos 集群中的 F 等于 2，意味着该集群快速路径至少要发送给三个节点。

EPaxos 的想法是，共识算法的本质就是确保状态机复制以同样的顺序执行相同的命令，Multi-Paxos 是由领导者来决定顺序的，EPaxos 没有领导者，于是维护命令的依赖关系和序列号，通过依赖关系和序列号来保证所有副本最后提交的命令顺序是一样的。

任意一个节点从客户端收到命令 C 后，接收该请求的节点（EPaxos 中称为"副本"）称为命令领导者（Command Leader），命令领导者向 $2f$ 个节点发送预接受消息。预接受消息包括：

（1）命令 C。

（2）依赖关系 deps，包含所有可能与当前命令存在依赖关系或冲突关系，但是未提交的命令列表。

（3）序列号 seq，序列号用来打破循环依赖，seq 的值被设为大于任何 deps 中的序列号值。

当一个副本收到预接受消息后，它根据其状态更新本地 deps 和 seq 的值，并回复命令领导者。命令领导者收到多数派节点的回复后，会根据响应消息检查是否存在冲突命令。如果不存在冲突，则命令领导者可以在本地直接提交命令 C，并异步将此广播给集群中所有副本。整个过程如图 4-22 所示。

如果命令领导者收到存在分歧的响应消息，那么命令领导者会根据依赖关系 deps 更新自己的状态，并更新序列号 seq 为最大值，然后进入接受阶段。

接受阶段将计算后的 deps 和 seq 发送给 f 个副本，副本根据依赖关系确认命令顺序。如图 4-23 所示，此时副本 R3 知道冲突情况，但 R4 并不知道系统存在冲突，所以通过接受阶段让副本知道命令执行顺序是先执行命令 A 再执行命令 B，副本确认后回复成功消息给命令领导者，命令领导者提交消息，并广播给集群中所有节点。

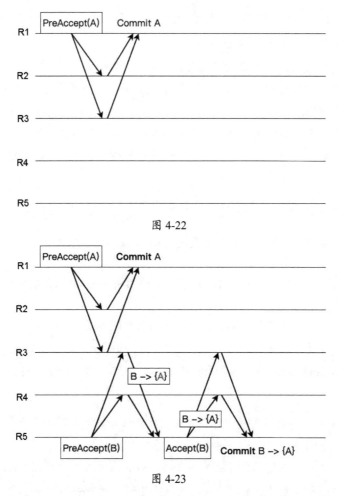

图 4-22

图 4-23

后续的请求只要不存在冲突，那么只需要一个阶段就可以完成提交。如图 4-24 中的命令 C，只需要一个节点即可提交。

按照 EPaxos 协议，每个副本为每个命令维护一个本地依赖图，并按照这个依赖图执行每个命令。

值得注意的是，EPaxos 对于提交（批准）的定义与 Multi-Paxos 有所不同。Multi-Paxos 认为命令批准后满足持久化存储、有序，状态机就能直接执行批准后的命令，但 EPaxos 认为命令提交后只满足持久化存储、存在依赖关系，**状态机最终仍需要确认命令顺序才能执行**。

因此，EPaxos 的命令存在提交延迟。如图 4-25 所示，命令之间只存在依赖关系而没有确切的顺序，可能需要等待一段时间的计算，或者后续的某些命令，才能确定命令的最终顺序，状态机这时才能执行命令。

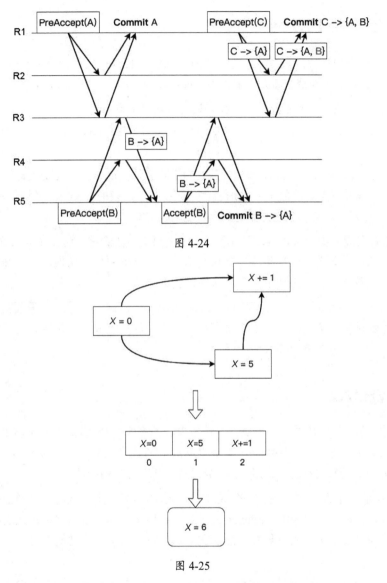

图 4-24

图 4-25

如果命令之间冲突过多，那么显然会严重影响 EPaxos 的性能。

2021 年，Sarah Tollman 和 John Ousterhout 提出一种减少 EPaxos 算法冲突的优化[1]，使用时间戳排序队列（Timestamp-Ordered Queuing，TOQ）的方法，故意延迟某些消息的处理，以改进命令一致性的速度。

1　Tollman, Sarah, Seo Jin Park, and John K. Ousterhout. "EPaxos Revisited." NSDI. 2021.

4.7.6　Flexible Paxos

Flexible Paxos[1]也被称为 FPaxos（注意：FPaxos 是指 Flexible Paxos 而不是 Fast Paxos），它讨论了 Paxos 中 Quorum 的组成，提出一种减少 Multi-Paxos 第二阶段消息数量和等待时间的方法。

通常，在共识算法中提到 Quorum 一般默认为多数派节点，即超过一半的节点。我们在 Basic Paxos 中提到，第一阶段和第二阶段可以分别发送给不同的多数派，因为无论如何两个多数派之间一定会有交集。

Flexible Paxos 证明了，Paxos 算法只需要两个阶段的 Quorum 存在交集即可，并不一定需要 Quorum 是多数派节点。用数学方式来表达，假设第一阶段的 Quorum 节点记为 Q1，第二阶段的 Quorum 节点记为 Q2，则只需要 Q1 + Q2 > N 成立即可。

这样做的好处是，我们可以要求选举阶段 Q1 需要更多的选票，这样在第二阶段 Q2 就只需要更少的节点确认。又由于选举阶段通常只是偶尔才会发生领导者切换，这无疑减少了第二阶段需要写的节点数量，从而提升了整个算法的性能。

这样做的代价是牺牲了一部分可用性，Flexible Paxos 决定了第一阶段需要更多的选票，容忍的故障节点数量减少了。但从实用的角度考虑，第一阶段完成后，领导者切换的概率是比较小的，所以是一个很好的工程实践。

4.7.7　WPaxos

WPaxos[2]是另一个针对广域网（WAN）环境设计的多领导者（MultiLeader）Paxos 变体，结合了 4.7.6 节 FPaxos 的思想，即增加第一阶段 Quorum 的数量来减少第二阶段 Quorum 的数量。此外，WPaxos 的多领导者设计可以降低广域网网络延迟带来的影响。

WPaxos 中的多个领导者将集群划分成多个区域，通常同一个区域的网络通信会比跨区域的网络通信快得多。WPaxos 应用了 FPaxos 的思想，领导者在第一阶段将请求发送到多个区域，尝试窃取（Steal）其他区域的领导权；然后在第二阶段只将请求发送到自己的区域来实现快速提交。

图 4-26 展示了 WPaxos 算法的流程。客户端会选择向距离更近的领导者发送请求，以最小化通信成本。客户端请求信息包括一个命令和一些需要执行该命令的对象。收到请求的节点检

1　Howard,Heidi,Dahlia Malkhi,and Alexander Spiegelman."Flexible paxos: Quorum intersection revisited."arXiv preprint arXiv:1608.06696 (2016).

2　Ailijiang,Ailidani,et al."WPaxos:Wide area network flexible consensus." IEEE Transactions on Parallel and Distributed Systems 31.1(2019):211-223.

查该对象是否在自己的区域中，如果节点拥有该对象的所有权，则直接启动第二阶段协议；否则，选择一个更大的提议编号并发送 phase 1a 请求。节点会将请求发送到自己的区域和想要窃取的区域。例如，图 4-26 中节点将请求发送到区域 Z1 和 Z2，尝试窃取 Z2 的所有权。

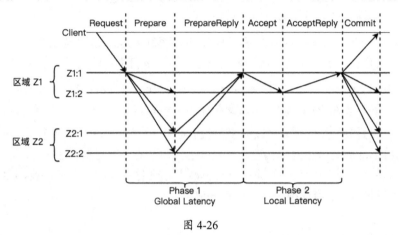

图 4-26

节点收到 phase 1a 请求后，如果请求的提议编号更大则接受该请求，同时判断自己是否拥有请求中的对象的所有权，如果有则需要移除该对象的所有权（即被窃取了）。这一阶段发送的节点数量明显超过半数节点，这是为了在第二阶段能够发送更少的请求。

如果节点拥有对象的所有权，或者第一阶段成功收到超过半数节点的响应，则开始执行第二阶段。

第二阶段 WPaxos 将请求发送到本地区域的节点，可以减少通信开销，降低延时。如图 4-26 所示，第二阶段节点只将请求发送给了自己区域的另一个节点。

当第二阶段成功收到满足 Quorum 数量的响应后，最后会发送提交消息并执行命令。如果第二阶段请求被拒绝，则节点会选择一个更大的提议编号，将本次请求放回队列，以便稍后重试。

总的来说，WPaxos 在第一阶段使用 Paxos 的第一阶段请求，尝试从 Z2 区域窃取所有权；第二阶段只在领导者自己的区域执行，提升第二阶段的执行速度。当一个节点成为稳定的领导者后，它还可以重复执行第二阶段来快速提交命令。

4.7.8　CASPaxos

CASPaxos[1]也是一种新型无领导者的 Paxos 变体，避免了 Multi-Paxos 的单领导者可用性问题，CASPaxos 创新性的地方在于其去掉了日志，从复制状态而不是复制日志的角度来实现状态

1　Rystsov,Denis."CASPaxos:Replicated state machines without logs."arXiv preprint arXiv:1802.07000(2018).

机复制。

之前的共识算法都想实现多副本的日志，而 CASPaxos 实现的是一个分布式寄存器，多个客户端请求更新它时，只有一个能成功。该寄存器属于 CAP 定理中的 CP 模型，保证线性一致性，但当超过 $(N-1)/2$ 的节点失效时将不可用。

CASPaxos 的流程和 Basic Paxos 几乎一样，在此不再重复其流程。重点要说明的是，CASPaxos 不保存日志，而是进行状态转换。我们可以对比一下命令日志和状态转换的区别。

Raft 或 Multi-Paxos 的状态改变：`state = f(e2, f(e1, f(e0,φ)]))`，即需要执行一条条的命令日志[e0,e1,e2]。CASPaxos 的状态改变是 `state = f2(f1(f0(φ)))`，不需要日志。

除了没有日志和领导者，CASPaxos 甚至没有心跳。CASPaxos 的目的和我们讨论的共识算法不同，Multi-Paxos 和 Raft 主要是构建一个包含工程细节的日志复制算法，以实现分布式存储、分布式数据库等复杂的工业级应用。而 CASPaxos 目前还停留在学术研究阶段，CASPaxos 适合用来构建更为轻量的 KV 存储或分布式缓存等应用。

4.7.9　其他

除此之外，Paxos 还有许多本书未提及的变种。Vertical Paxos（垂直 Paxos）[1]这个变体主要能提出一种高效、可用的配置变更方案，论文还对比了"水平 Paxos""垂直 Paxos"和主从复制。

虽然普遍认为 Raft 算法也是 Paxos 协议族的一个变体，但由于 Raft 算法广泛部署，在各类生产环境中取得了极大成功，因此会将 Raft 算法单独作为一类进行讨论。接下来分析近几年势头正盛、颇有取代 Paxos 之势的 Raft 算法。

4.8　Raft 算法

2013 年斯坦福大学的 Diego Ongaro 和 John Ousterhout 以可理解性为目标，共同发表了论文 *In Search of an Understandable Consensus Algorithm*[2]，正式提出 Raft 算法，旨在优化 Paxos 系列算法，使其成为一个更容易理解并且同样满足安全性和活性的共识算法。

和所有分布式共识算法的目标一样，Raft 算法也是用来保证日志完全相同地复制到多台服务器上，以实现状态机复制的算法。

1　Lamport,Leslie,Dahlia Malkhi,and Lidong Zhou."Vertical paxos and primary-backup replication."Proceedings of the 28th ACM symposium on Principles of distributed computing.2009.

2　Ongaro, Diego; Ousterhout, John (2013). "In Search of an Understandable Consensus Algorithm".

Diego Ongaro 在论坛上解释了 Raft 算法这个名字的由来[1]，首先，他们在考虑一个与可靠（Reliable）、复制（Replicated）、冗余（Redundant）和容错（Fault-Tolerant）相关的词汇，于是想到了 R{eliable|eplicated|edundant} And Fault-Tolerant，分别取首字母便得到 Raft 一词。其次，log 一词在计算机领域是日志的意思，但英文也有原木的意思，用来组成木筏的圆形木头就是一种原木，于是两位作者考虑可以用 logs 来做成木筏（Raft）。最后，也是最有趣的原因，Diego Ongaro 他们在思考既然 Paxos 是一个岛屿，那么我们该怎么逃出这个岛呢？当然是用木筏（Raft）划到对岸去！Raft 在这里可谓一语双关，表面上是想用木筏来逃离 Paxos 岛，实际上也蕴含了作者对于 Paxos 难以理解的不满，作者在论文中写道："我们也在 Paxos 中挣扎了很久，我们无法理解完整的协议，直到阅读了几个简化的解释并设计了我们自己的替代协议，这一过程花费了近一年的时间。"

除了可理解性，Paxos 算法另一个让人头疼的问题是其非常难以实现，Google 工程师在 *Paxos made live*[2]中抱怨道："虽然 Paxos 可以用一页伪代码来描述，但我们的完整实现包含了几千行 C++代码。这种爆炸性增长不是由于我们使用了 C++，也不是因为我们的代码风格冗长，而是将 Paxos 算法转为一个实用的、可投入生产的系统，需要实现许多特性和优化——有些已在文献中发表，有些则没有。"

这说明 Paxos 算法的论文描述和工业实现之间存在着巨大的鸿沟。

Diego Ongaro 和 John Ousterhout 想要用 Raft 算法来拯救陷入 Paxos 困境的开发者。Raft 算法也确实做到了！Raft 算法一经推出，便席卷了分布式系统领域，在分布式存储系统 etcd 上大获成功，并成为越来越多分布式系统的首选。Raft 算法有着非常好的理解性，同时提供了详细的说明来帮助开发者具体实现，而不像 Paxos 算法那样只给出了一个轮廓，没有提供许多细节，导致许多开发者实现出错误的 Paxos 算法；Raft 算法对算法细节有着明确的解释，这样开发者在具体实现 Raft 算法时有了明确的指导，不会陷入细节讨论，甚至实现出一个错误的版本。

4.8.1　系统模型

Raft 算法所运行的系统模型为：

- 服务器可能宕机、停止运行，过段时间再恢复，但不存在非拜占庭故障，即节点的行为是非恶意的，不会篡改数据。
- 消息可能丢失、延迟、乱序或重复；可能有网络分区，并在一段时间之后恢复。

1　Diego Ongaro, "Why the "Raft" name?" google groups, 2015-12-16.

2　Chandra,Tushar D.,Robert Griesemer, and Joshua Redstone."Paxos made live: an engineering perspective."Proceedings of the twenty-sixth annual ACM symposium on Principles of distributed computing.2007.

Raft 算法和 Multi-Paxos 算法一样是基于领导者（Leader）的共识算法，因此，Raft 算法主要讨论两种情况下的算法流程：领导者正常运行；或者领导者故障，必须选出新的领导者接管和推进算法。

使用基于领导者的算法的优势是，只有一个领导者，逻辑简单。但难点是，当领导者发生改变时，系统可能处于不一致的状态，状态机日志也会堆积一些没有批准的日志，因此，当下一任领导者上任时，必须对状态机日志进行清理。

我们将从以下几部分分析 Raft 算法：

（1）领导者选举。在 Multi-Paxos 一书中笔者提到，简单地使用服务器 id 选举领导者虽然容易实现，但也存在日志落后的问题，Raft 算法展示了一个选出最优领导者的算法。

（2）算法正常运行。也是算法最简单的部分，描述如何实现日志复制。

（3）领导者变更时的安全性和一致性。算法中最棘手和最关键的部分，描述新选举出来的领导者要做的日志清理工作。

（4）处理旧领导者。万一旧的领导者并没有真的下线怎么办？该如何处理系统中存在两个领导者的情况？

（5）客户端交互。集群如何与客户端交互？

（6）配置变更。如何在集群中增加或删除节点？以及讨论一个在 Raft 论文中没有提及的配置变更 Bug。

（7）日志压缩。为了减少磁盘存储空间，同时让新节点快速跟上系统状态，Raft 算法还会压缩日志生成快照。

（8）实现线性一致性。如何通过 Raft 算法实现线性一致性读？

（9）性能优化。一些性能优化的技巧。

4.8.2　基本概念

在开始介绍具体算法内容之前，我们需要先了解 Raft 算法的一些基本概念和术语。

Raft 算法中的服务器在任意时间只能处于以下三种状态之一：

- 领导者（Leader）。领导者负责处理所有客户端请求和日志复制。同一时刻最多只能有一个正常工作的领导者。
- 跟随者（Follower）。跟随者完全被动地处理请求，即跟随者不主动发送 RPC 请求，只响应收到的 RPC 请求，服务器在大多数情况下处于此状态。
- 候选者（Candidate）。候选者用来选举出新的领导者，候选者是处于领导者和跟随者之间的暂时状态。

系统正常运行时，只会有一个领导者，其余都是跟随者。我们可以用常量来表示这三种身份状态。

```
const (
    Follower = iota
    Candidate
    Leader
)
```

Raft 算法选出领导者意味着进入一个新的任期（Term），实际上任期就是一个逻辑时间（见第 6 章）。Raft 算法将分布式系统中的时间划分成一个个不同的任期来解决之前提到的时序问题。每个任期都由一个数字来表示任期号，任期号在算法启动时的初始值为 0，单调递增并且永远不会重复。

一个正常的任期至少有一个领导者，任期通常分为两部分：任期开始时的选举过程和任期正常运行的部分，如图 4-27 所示。

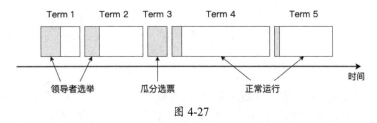

图 4-27

有些任期内可能没有选出领导者（图 4-27 中的 Term 3），这时会立即进入下一个任期，再次尝试选出一个领导者。

每台服务器需要维护一个 currentTerm 变量，表示服务器当前已知的最新任期号。变量 currentTerm 必须持久化存储，以便在服务器宕机重启时能够知道最新任期。

任期对于 Raft 算法来说非常重要。任期能够帮助 Raft 识别过期的信息。例如，如果 currentTerm=2 的服务器与 currentTerm=3 的服务器通信，那么我们可以知道第一个节点上的信息是过期的。Raft 算法只使用最新任期的信息。后面我们会遇到各种情况，需要检测和消除不是最新任期的信息。

最后，Raft 算法中服务器之间的通信主要通过两个 RPC 调用实现，一个是 RequestVote RPC，用于领导者选举；另一个是 AppendEntries RPC，被领导者用来复制日志和发送心跳。这里先不用关注这两个 RPC 的细节，只需了解其名称即可，我们会一步步介绍并实现这两个 RPC。

4.8.3　领导者选举

Raft 算法启动的第一步就是要选举出领导者。每个节点在启动时都是跟随者状态，跟随者只能被动地接收领导者或候选者的 RPC 请求。所以，如果领导者想要保持权威，则必须向集群中的其他节点周期性地发送心跳包，即空的 AppendEntries 消息。如果一个跟随者节点在选举超时时间（用变量 electionTimeout 表示，一般在 100ms 至 500ms 的范围内）内没有收到任何任期更大的 RPC 请求，则该节点认为集群中没有领导者，于是开始新的一轮选举。整个节点状态转换流程如图 4-28 所示。

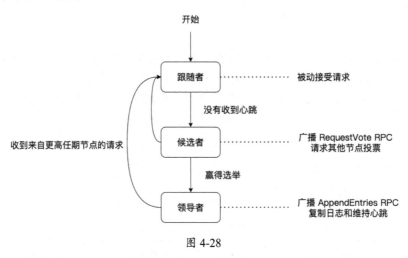

图 4-28

当一个节点开始竞选时，其选举流程如图 4-29 所示。第一步，节点转为候选者状态，其目标是获取超过半数节点的选票，让自己成为新一任期的领导者。第二步，增加自己的当前任期变量 currentTerm，表示进入一个新的任期。第三步，先给自己投一票。第四步，并行地向系统中的其他节点发送 RequestVote 消息索要选票，如果没有收到指定节点的响应，则节点会反复尝试，直到发生以下三种情况之一才更新自己的状态。

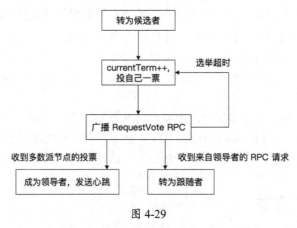

图 4-29

（1）获得超过半数的选票。该节点成为领导者，然后每隔一段时间向其他节点发送

AppendEntries 消息作为心跳，以维持自己的领导者身份。

（2）收到来自领导者的 AppendEntries 心跳，说明系统中已经存在一个领导者了，节点转为跟随者。

（3）经过选举超时时间后，其他两种情况都没发生，也没有节点能够获胜，节点开始新一轮选举，回到图 4-29 中的第二步。

选举过程中需要保证共识算法的两个特性：安全性和活性。安全性是指一个任期内只会有一个领导者被选举出来。需要保证：

（1）每个节点在同一任期内只能投一次票，它将投给第一个满足条件的 RequestVote 请求，然后拒绝其他候选者的请求。这需要每个节点新增一个投票信息变量 votedFor，表示当前任期内选票投给了哪个候选者，如果没有投票，则 votedFor 为空。投票信息 votedFor 也要持久化存储，以便节点宕机重启后恢复投票信息，否则节点重启后 votedFor 信息丢失，会导致一个节点投票给不同的候选者。

（2）只有获得超过半数节点的选票才能成为领导者，也就是说，两个不同的候选者无法在同一任期内都获得超过半数节点的选票，如图 4-30 所示。

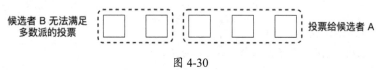

图 4-30

活性意味着要确保系统最终能选出一个领导者，如果系统始终选不出一个领导者，那么就违反了活性。

问题是，原则上节点可以无限重复分割选票，假如选举同一时间开始，然后瓜分选票，没有达成任何多数派，又同一时间超时，同一时间再次选举，如此循环。类似于 Paxos 的活锁问题。那么，同样可以用解决活锁的办法来解决，即节点随机选择超时时间，选举超时时间通常在[T, $2T$]区间之内（例如 150～300ms）。由于随机性节点不太可能再同时开始竞选，所以先竞选的节点有足够的时间来索要其他节点的选票。需要特别说明的是，如果 T 远远大于网络广播时间，那么效果更佳。

至此，我们用如下代码来定义一个 Raft 节点的结构体。

```go
type Raft struct {
    mu          sync.Mutex

    // 服务器当前状态
    state int
    // 服务器当前已知的最新任期
    currentTerm int
```

```
    // 当前任期内
    votedFor    int

    // 心跳时间
    heartbeatTime   time.Time
}
```

我们可以把上述选举过程转换为 Go 代码。首先定义 RequestVote RPC 的请求和响应参数的结构体，然后实现 RequestVote 消息的处理逻辑。

注意：这里的领导者选举算法并不完整，我们还会进一步优化投票逻辑。

```
type RequestVoteArgs struct {
    // 候选者任期
    Term        int
    // 候选者 id
    CandidateId int
}


type RequestVoteReply struct {
    // 处理请求节点的任期号，用于候选者更新自己的任期
    Term        int
    // 候选者获得选票时为 true；否则为 false
    VoteGranted bool
}


// 注：投票逻辑还会进一步优化
func (rf *Raft) RequestVote(args *RequestVoteArgs, reply *RequestVoteReply) {
    rf.mu.Lock()
    defer rf.mu.Unlock()

    reply.Term = rf.currentTerm
    reply.VoteGranted = false
    if args.Term < rf.currentTerm {
        return
    }

    // 如果收到来自更大任期的请求，则更新自己的 currentTerm，转为跟随者
    if args.Term > rf.currentTerm {
```

```
    rf.currentTerm = args.Term
    rf.state = Follower
    rf.votedFor = -1
}

if rf.votedFor == -1 || rf.votedFor == args.CandidateId {
    rf.votedFor = args.CandidateId
    reply.VoteGranted = true
    rf.heartbeatTime = time.Now()
}
    return
}
```

候选者收到响应后，如果 `reply.VoteGranted` 为真，则认为获得该节点的选票。候选者根据此计算是否获得多数派节点的选票。

4.8.4　日志复制

在开始讨论如何复制日志之前，我们先了解一下 Raft 算法中的日志格式。每个节点存储自己的日志副本（用变量 `log[]` 表示），日志中的每个日志条目（Log Entry）包含如下内容：

- 索引（Index）。索引表示该日志条目在整个日志中的位置。
- 任期号。日志条目首次被领导者创建时的任期。
- 命令。应用于状态机的命令。

与此对应的，我们定义 Raft 算法的日志条目结构体为：

```
type LogEntry struct {
    Index   int
    Term    int
    Command interface{}
}

type Raft struct {
    ...
    // 增加成员变量，表示状态机日志
    log []LogEntry
    ...
}
```

Raft 算法通过**索引和任期号唯一标识一条日志记录**,这非常重要!在后续讨论中我们几乎不关心日志中的命令是什么,一条日志的重点是其索引和任期号。

日志必须持久化存储。一个节点必须先将日志条目安全写到磁盘中,才能向系统中其他节点发送请求或回复请求。

如果一条日志条目被存储在超过半数的节点上,则认为该记录已提交(committed)——这是 Raft 算法非常重要的特性!如果一条记录已提交,则意味着状态机可以安全地执行该记录,这条记录就不能再改变了。已提交类似于 Paxos 算法中的已批准(chosen)。

如图 4-31 所示,第 1 条至 7 条日志已提交,而第 8 条日志尚未提交。

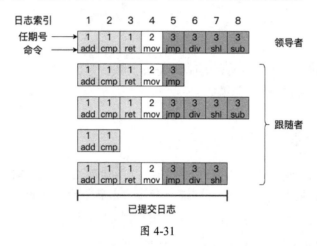

图 4-31

Raft 算法通过 AppendEntries 消息来复制日志,和心跳消息共用同一个 RPC,不过 AppendEntries 消息用来发送心跳消息时不包含日志信息。

Raft 算法正常运行时,日志复制的流程为:

(1)客户端向领导者发送命令,希望该命令被所有状态机执行。

(2)领导者先将该命令追加到自己的日志中,确保日志持久化存储。

(3)领导者并行地向其他节点发送 AppendEntries 消息,等待响应。

(4)如果收到超过半数节点的响应,则认为新的日志记录已提交。接着领导者将命令应用(apply)到自己的状态机,然后向客户端返回响应。此外,一旦领导者提交了一个日志记录,将在后续的 AppendEntries 消息中通过 LeaderCommit 参数通知跟随者,该参数代表领导者已提交的最大的日志索引,跟随者也将提交日志索引小于 LeaderCommit 的日志,并将日志中的命令应用到自己的状态机。

(5)如果跟随者宕机或请求超时,日志没有成功复制,那么领导者将反复尝试发送 AppendEntries 消息。

（6）性能优化：领导者不必等待每个跟随者做出响应，只需要超过半数跟随者成功响应（确保日志记录已经存储在超过半数的节点上）就可以回复客户端了。这样保证了即使有一个很慢的或发生故障的节点也不会成为系统瓶颈，因为领导者不必等待很慢的节点。

前面说过，Raft 算法的日志通过索引和任期号唯一标识一个日志条目，为了保证安全性，Raft 算法维持了以下两个特性：

（1）如果两个节点的日志在相同的索引位置上的任期号相同，则认为它们具有一样的命令，并且从日志开头到这个索引位置之间的日志也完全相同。

（2）如果给定的记录已提交，那么所有前面的记录也已提交。

第 2 条是 Raft 算法和 Paxos 算法的不同之处，Paxos 算法允许日志不连续地提交，但 Raft 算法的日志必须连续地提交，不允许出现日志空洞。

除此之外，为了维护这两个特性，Raft 算法尝试在集群中保持日志较高的一致性。Raft 算法通过 AppendEntries 消息来检测之前的一个日志条目：每个 AppendEntries 消息请求包含新日志条目之前一个日志条目的索引（记为 prevLogIndex）和任期（记为 prevLogTerm）；跟随者收到请求后，会检查自己最后一条日志的索引和任期号是否与请求消息中的 prevLogIndex 和 prevLogTerm 相匹配，如果匹配则接收该记录，否则拒绝。

该流程被称为一致性检查，如图 4-32 所示。

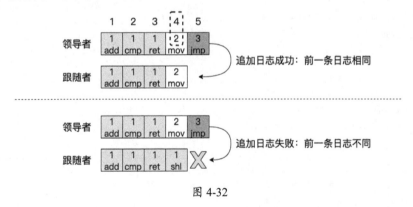

图 4-32

一致性检查的原理可以用数学归纳法来证明，简单说明一下：首先，初始状态日志都是空的；其次，每追加一条日志都要通过一次性检查来保证前一条日志是相同的。最后可得，这条日志之前的所有日志都是相同的，能够满足上述的日志安全性。

综上所述，我们继续用 Go 语言实现跟随者处理 AppendEntries 消息的逻辑，代码如下所示。

```go
type AppendEntriesArgs struct {
    Term        int
    LeaderId    int
```

```
    PrevLogIndex int
    PrevLogTerm  int
    // 需要复制的日志条目，用于发送心跳消息时 Entries 为空
    Entries      []LogEntry
    // 领导者已提交的最大的日志索引，用于跟随者提交
    LeaderCommit int
}

type AppendEntriesReply struct {
    Term    int
    Success bool
}

func (rf *Raft) AppendEntries(args *AppendEntriesArgs, reply *AppendEntriesReply) {
    rf.mu.Lock()
    defer rf.mu.Unlock()

    reply.Term = rf.currentTerm
    reply.Success = false
    if args.Term < rf.currentTerm {
        return
    }

    if args.Term > rf.currentTerm {
        reply.Term = args.Term
        rf.currentTerm = args.Term
    }

    // 主要为了重置选举超时时间
    rf.setState(Follower)

    // 日志一致性检查
    // lastLogIndex := rf.getLastIndex()
    lastLogIndex := len(rf.log) - 1
    if args.PrevLogIndex > rf.log[lastLogIndex].Index ||
        rf.log[args.PrevLogIndex].Term != args.PrevLogTerm {
        return
    }
```

```
reply.Success = true

// 需要处理重复的 RPC 请求
// 比较日志条目的任期，以确认是否能够安全地追加日志
// 否则会导致重复应用命令
index := args.PrevLogIndex
for i, entry := range args.Entries {
    index++
    if index < len(rf.log) {
        if rf.log[index].Term == entry.Term {
            continue
        }

        rf.log = rf.log[:index]
    }

    rf.log = append(rf.log, args.Entries[i:]...)
    break
}

if rf.commitIndex < args.LeaderCommit {
    lastLogIndex = rf.log[len(rf.log) - 1].Index
    if args.LeaderCommit > lastLogIndex {
        rf.commitIndex = lastLogIndex
    } else {
        rf.commitIndex = args.LeaderCommit
    }
    // 将命令应用到自己的状态机，不同的应用有不同的实现
    rf.apply()
}
}

// 保险起见，再重置一次选举超时时间
rf.setState(Follower)
return
}
```

以上就是跟随者追加日志逻辑的具体实现，值得注意的是，跟随者要能够处理重复的 RPC

请求，根据索引和任期信息正确判断日志追加的位置。

4.8.5 领导者更替

当新的领导者上任后，日志可能会非常不干净，因为前一任领导者可能在完成日志复制之前就宕机了。Raft 算法在新领导者上任时，对于冲突的日志无须采取任何特殊处理。

也就是说，当新领导者上任后，它不会立即执行任何清理操作，它会在正常运行期间执行清理操作，而不是专门为此做任何额外的工作。

这样处理的原因是，一个新的领导者刚上任时，往往意味着有机器发生故障了或者发生了网络分区，此时并没有办法立即清理它们的日志，因为此时可能仍然无法连通这些机器。在机器恢复运行之前，我们必须保证系统正常运行。

这样做的前提是，Raft 算法假定了领导者的日志始终是对的，所以领导者要做的是，随着时间的推移，让所有跟随者的日志最终都与其匹配。

但与此同时，领导者也可能在完成日志复制这项工作之前又出现故障，没有复制也没有提交的日志会在一段时间内堆积起来，从而造成看起来相当混乱的情况。如图 4-33 所示，从索引为 4 的日志之后，系统中的日志开始变得混乱不堪。

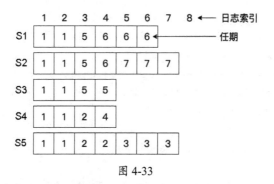

图 4-33

需要注意的是，因为我们已经知道索引和任期号是日志条目的唯一标识，所以这里简化了日志的结构，不再显示日志所包含的命令。

我们具体分析一下图 4-33。图 4-33 中 S4 和 S5 是任期 2、3、4 的领导者，但不知何故，它们没有复制自己的日志记录就崩溃了，系统分区了一段时间，S1、S2、S3 轮流成为任期 5、6、7 的领导者，但无法与 S4、S5 通信以执行日志清理，造成了图 4-32 中的局面，导致我们看到的日志非常混乱。

图 4-33 中唯一重要的是，索引 1 到 3 之间的日志条目可以确定是已提交的，因为它们已存在于多数派节点中，因此我们必须确保留下它们。而其他日志都是未提交的，我们还没有将这

些命令传递给状态机，也没有客户端会收到这些执行的结果，所以不管是保留还是丢弃它们都无关紧要。

前面提到，一旦状态机应用了一条日志中的命令，就必须确保其他状态机在同样索引的位置不会执行不同的命令，否则就违反了状态机复制的一致性。

Raft 算法的安全性就是为了保证状态机复制执行相同的命令。安全性要求，如果某个日志条目在某个任期号已提交，那么这条记录必然出现在更大任期号的未来领导者的日志中。也就是说，无论未来领导者如何变更，已提交的日志都必须保留在这些领导者的日志中。

这保证了状态机命令的安全性，意味着：第一，领导者不会覆盖日志中已提交的记录，第二，只有领导者的日志条目才能被提交，并且在应用到状态机之前，日志必须先被提交。

这决定了我们要修改选举程序，检查的内容如下：

（1）如果节点的日志中没有正确提交的日志，则需要避免使其成为领导者。

（2）稍微修改提交日志的逻辑。前面的定义是一个日志条目在多数派节点中存储即是已提交的日志，但在某些时候，假如领导者刚复制到多数派就宕机了，则后续领导者必须延迟提交日志记录，直到我们知道这条记录是安全的——所谓安全的，就是后续领导者也会有这条日志。

这一优化被称为延迟提交（如何延迟提交会在后面介绍），延迟提交的前提是要先修改选举程序，目的是选出最佳领导者。我们如何确保选出了一个很好地保存了所有已提交日志的领导者呢？

举个例子：假设我们要在如图 4-34 所示的系统中选出一个新领导者，但此时第三台服务器不可用。

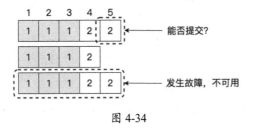

图 4-34

在第三台服务器不可用的情况下，仅看前两个节点的日志我们无法确认索引为 5 的日志是否达成多数派，故无法确认第 5 条日志是否已提交。

怎么办呢？

Raft 算法通过比较日志，在选举期间，选择最有可能包含所有已提交日志的节点作为领导者。所谓最有可能，就是找出日志最新并且最完整的节点来作为领导者，具体流程为：

（1）候选者 C 在 RequestVote 消息中包含自己日志中的最后一条日志条目的索引和任期，记为 lastIndex 和 lastTerm。

（2）收到此投票请求的服务器 V 将比较谁的日志更完整，如果服务器 V 的任期比候选者 C 的任期新，或者两者任期相同但服务器 V 上的日志比服务器 C 上的日志更完整，那么 V 将拒绝投票。该条件用伪代码表示为：(lastTermV > lastTermC) || (lastTermV == lastTermC) && (lastIndexV > lastIndexC)。

无论谁赢得选举，都可以确保领导者在超过半数投票给它的节点中拥有最完整的日志，意思就是选出来的领导者的日志的索引和任期这对唯一标识是最大的，当然，这对标识中任期的优先级又更高一些，所以先判断任期是否更新。

现在，我们将新的选举约束增加到 4.8.3 节的 RequestVote 的代码中。当然，首先在结构体 RequestVoteArgs 中增加两个成员变量。

```go
type RequestVoteArgs struct {
    // 候选者任期
    Term         int
    CandidateId  int
    // 候选者的最后一条日志的索引
    LastLogIndex int
    // 候选者的最后一条日志的任期
    LastLogTerm  int
}


type RequestVoteReply struct {
    // 处理请求节点的任期号，用于候选者更新自己的任期
    Term         int
    // 候选者获得选票时为 true；否则为 false
    VoteGranted bool
}


func (rf *Raft) RequestVote(args *RequestVoteArgs, reply *RequestVoteReply) {
    rf.mu.Lock()
    defer rf.mu.Unlock()

    reply.Term = rf.currentTerm
    reply.VoteGranted = false
    if args.Term < rf.currentTerm {
        return
    }
```

```
// 如果收到来自更大任期的请求，则更新自己的 currentTerm，转为跟随者
if args.Term > rf.currentTerm {
    rf.currentTerm = args.Term
    rf.state = Follower
    rf.votedFor = -1
}

if rf.votedFor == -1 || rf.votedFor == args.CandidateId {
    // 增强选举限制
    lastIndex := len(rf.log) - 1
    if rf.log[lastLogIndex].Term > args.LastLogTerm ||
            (rf.log[lastLogIndex].Term == args.LastLogTerm &&
rf.log[lastLogIndex].Index > args.LastLogIndex) {
            return
        }

    rf.votedFor = args.CandidateId
    reply.VoteGranted = true
    rf.heartbeatTime = time.Now()
}
return
}
```

　　Raft 算法的选举限制保证选出来的领导者的日志任期最新，日志长度也最完整，这样能够避免领导者去追赶其他节点的日志而造成系统阻塞。可见 Raft 算法中领导者非常权威。

4.8.6　选举限制举例

　　我们通过具体例子了解新的选举规则。

　　第一种情况是，领导者决定提交日志。

　　如图 4-35 所示，任期为 2 的领导者 S1 的第 4 条日志刚刚被复制到服务器 S3，并且领导者可以看到第 4 条日志条目已复制到超过半数的服务器，那么该日志可以提交，并且安全地应用到状态机。

　　现在，这条记录是安全的，下一任期的领导者必须包含此记录，因此，如果此时重新发起选举，那么服务器 S4 和 S5 都不可能从其他节点那里获得选票，因为 S5 的任期太旧，S4 的日志太短。

　　只有前三台中的一台可以成为新的领导者，服务器 S1 当然可以，服务器 S2 和 S3 也可以通过获取 S4 和 S5 的选票成为领导者。

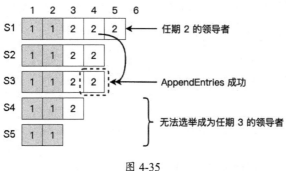

图 4-35

第二种情况是，领导者试图提交之前任期的日志。

如图 4-36 所示的情况，任期为 2 的日志条目一开始仅写在服务器 S1 和 S2 两个节点上，由于网络分区的原因，任期 3 的领导者 S5 并不知道这些记录，领导者 S5 创建了自己任期的三条记录后还没来得及复制就宕机了。之后任期 4 的领导者 S1 被选出，领导者 S1 试图与其他服务器的日志进行匹配，因此它复制了任期 2 的日志到 S3。

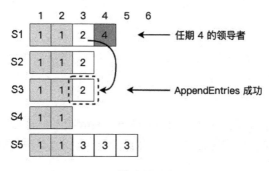

图 4-36

虽然此时索引为 3、任期为 2 的这条日志已经复制到多数派节点，但这条日志是不安全的，不能提交。因为领导者 S1 可能在提交后立即宕机，然后服务器 S5 发起选举，由于服务器 S5 的日志比服务器 S2、S3 和 S4 都要新且长，所以服务器 S5 可以从服务器 S2、S3 和 S4 处获得选票，成为任期 5 的领导者。一旦 S5 成为新的领导者，那么它将复制自己的第 3 条到第 5 条日志条目，这会覆盖服务器 S2 和 S3 上的日志，图 4-35 中的服务器 S2 和 S3 上的第 3 条日志条目将消失——这不符合已提交日志不能被修改的要求。

第二种情况说明了，日志仅仅是复制到多数派，Raft 算法也并不能立即认为日志可以提交，并应用到状态机。之后某个节点可能覆盖这些日志，重新执行某些命令，这是违反状态机安全性的。这就是为什么 Raft 算法要延迟提交的原因。

我们还要需要一条新的规则来处理这种情况。

4.8.7 延迟提交之前任期的日志条目

新的选举依然不足以保证日志安全，我们还需要继续修改提交规则。Raft 算法要求领导者想要提交一条日志，必须满足：

（1）日志必须存储在超过半数的节点上。

（2）领导者必须看到超过半数的节点上还存储着至少一条自己任期内的日志。

如图 4-37 所示，回到 4.8.6 节的第二种情况，索引为 3 且任期为 2 的日志条目被复制到服务器 S1、S2 和 S3 时，虽然此时多数派已经达成，但 Raft 算法仍然不能提交该记录，必须等到当前任期也就是任期 4 的日志条目也存储在超过半数的节点上，此时第 3 条和第 4 条日志才可以被认为是已提交的。

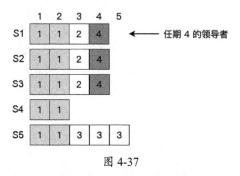

图 4-37

此时服务器 S5 便无法赢得选举了，因为它无法从服务器 S1、S2 和 S3 处获得选票，无法获得多数派节点的选票。

结合新的选举规则和延迟提交规则，我们可以保证 Raft 的安全性。但实际上该问题并没有彻底解决，还有一点点瑕疵，我们通过论文中的另一个案例详细分析一下。

如图 4-38 所示，如果先按错误的情况，也就是领导者可以提交之前任期的日志，那么上述的流程如下：

（1）服务器 S1 是任期 2 的领导者（S1 的日志有个黑框），日志已经复制到了跟随者 S2。

（2）领导者 S1 宕机，服务器 S5 获得 S3、S4 和 S5 的选票成为领导者，然后写了一条索引为 2 且任期为 3 的日志。

（3）领导者 S5 刚写完就又宕机了，服务器 S1 重新当选领导者，当前任期即 currentTerm 等于 4。此刻还没有新的客户端请求进来，领导者 S1 将索引为 2 且任期为 2 的日志复制到了 S3，多数派达成，领导者 S1 提交了这个日志（注意，任期号 2 不是当前任期的日志，我们是在描述错误的情况）。然后客户端请求进来，刚写了一条索引为 4 且任期为 4 的日志，领导者 S1 就又发生故障了。

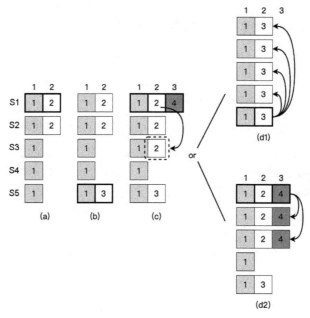

图 4-38

（4）这时服务器 S5 可以通过来自 S2、S3、S4 和自己的投票重新成为领导者，将索引为 2 且任期为 3 的日志复制到其他所有节点并提交，此时索引为 2 这个位置的日志提交了两次，一次任期为 2，另一次任期为 3。对于状态机来说，这是绝对不允许发生的，因为已经提交的日志不能够被覆盖！

（5）这里的情况是，领导者 S1 在崩溃之前将自己任期为 4 的日志复制到了大多数机器上，这样服务器 S5 就不可能选举成功，自然就不会重复提交。

这里主要通过（4）来说明问题所在。所以我们要增加提交的约束，不让（4）这种情况发生。这个约束就是，领导者只能提交自己任期的日志，从而间接提交之前任期的日志。

如果加了约束，那么会变成什么样呢？前面（1）和（2）没有任何改变，我们从（3）这一步开始分析。

在（3）中还是将索引为 2 且任期为 2 的日志复制到大多数，由于领导者当前任期即 currentTerm 等于 4，日志中的任期不属于领导者的任期，所以不能提交这条日志。如果领导者 S1 将任期为 4 的日志复制到多数派，那么领导者就可以提交日志了，此时索引为 2 且任期为 2 的日志也跟着一起间接被提交，其实这就是（5）中的情况，任期为 1、2、4 的日志都被提交了。

上述（4）的情况是理解问题的关键。如果领导者 S1 只将任期为 4 的日志写入自己本地，然后就宕机了，那么服务器 S5 通过 S2、S3 和 S4 的选票选举成功成为领导者，然后将索引为 2 且任期为 3 的日志复制到所有节点，现在第 2 条日志是没有提交过的，读者可以思考一下，此时（4）

中的领导者 S5 已经将索引为 2 且任期为 3 的日志复制到所有节点，它能提交此日志条目吗？

答案是不能。因为领导者 S5 在前任领导者 S1（任期为 4）选举出来后，其任期至少是 5，如果选举超时或冲突，任期甚至可能是 6、7、8…我们假设 S5 的任期就是 5。但第 2 条日志的任期很明显是 3，因为约束领导者不能提交之前任期的日志，所以这条日志是不能提交的。只有等到新的请求进来，超过半数节点复制了任期为 5 的日志后，任期为 3 的日志才能跟着一起提交，如图 4-39 所示。

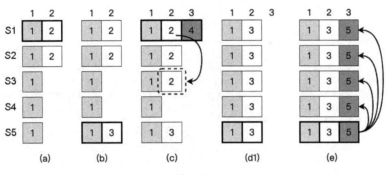

图 4-39

这就产生一个问题，虽然增加了延迟提交的约束系统不会重复提交了，但如果一直没有新的客户端请求进来，那么索引为 2 且任期为 3 的日志岂不是就一直不能提交？系统不就阻塞了吗？如果这里的状态机实现的是一个分布式存储系统，那么问题就很明显了。假设（4）中第 2 条日志里的命令是 Set("k", "1")，那么服务器 S5 当选领导者后，客户端使用 Get("k")查询 k 的值，领导者查到该日志有记录且满足多数派，但又不能回复 1 给客户端，因为按照约束这条日志还未提交，线性一致性要求不能返回旧的数据，领导者迫切地需要知道这条日志到底能不能提交。

于是，为了这个解决问题，Raft 论文提到了引入一种 no-op 空日志。no-op 空日志即只有索引和任期信息，命令信息为空，这类日志不会改变状态机的状态和输出，只是用来保持领导者的权威，驱动算法运行。

具体流程是，领导者刚选举成功的时候，不管是否有客户端请求，立即向自己本地追加一条 no-op 空日志，并立即将 no-op 空日志复制到其他节点。no-op 空日志属于领导者任期的日志，多数派达成后立即提交，no-op 空日志前面的那些之前任期未提交的日志全部间接提交了，问题也就解决了。比如上面的分布式数据库，有了 no-op 空日志之后，领导者就能快速响应客户端查询了。

本质上，no-op 空日志可以使领导快速提交之前任期未提交的日志，确认当前 commitIndex 参数，即领导者已知的已提交的最高日志索引。这样系统才会快速对外正常工作。

我们在接下来的讨论中还会多次提到 no-op 空日志。

4.8.8 清理不一致的日志

领导者变更可能导致日志的不一致，之前主要展示了会影响状态机安全的情况，这里展示另外可能出现的两种情况，如图 4-40 所示。

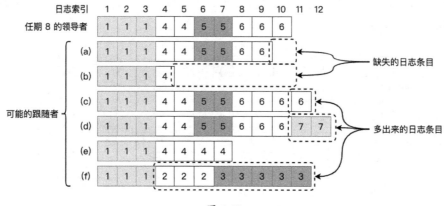

图 4-40

从图 4-40 中可以看出，系统中通常有两种不一致的日志：缺失的条目（Missing Entries）和多出来的条目（Extraneous Entries）。

新的领导者必须使跟随者的日志与自己的日志保持一致，我们要清理的就是这两种日志，对于缺失的条目，Raft 算法会发送 AppendEntries 消息来补齐；对于多出来的条目，Raft 算法会想办法删除。

为了清理不一致的日志，领导者会为每个跟随者保存变量 nextIndex[]，用来表示要发送给该跟随者的下一个日志条目的索引。对于跟随者 i 来说，领导者上的 nextIndex[i] 的初始值为 1+领导者最后一条日志的索引。

领导者还可以通过 nextIndex[] 来修复日志。如果 AppendEntries 消息发现日志一致性检查失败，那么领导者递减对应跟随者的 nextIndex[i] 值并重试。具体流程如图 4-41 所示。

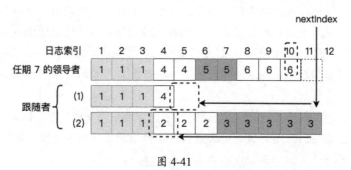

图 4-41

对于跟随者 1，此时属于缺失条目，其完整流程为：

（1）一开始领导者根据自己的日志长度，记 nextIndex[1] 的值为 11，带上前一个日志条目的唯一标识：索引为 10 且任期为 6。检查发现跟随者 1 索引为 10 处没有日志，检查失败。

（2）领导者递减 nextIndex[1] 的值，即 nextIndex[1] 等于 10，带上前一个日志条目的唯一标识：索引为 9 且任期为 6。跟随者 1 处还是没有日志，依然检查失败。

（3）如此反复，直到领导者的 nextIndex[1] 等于 5 时，带上索引为 4 且任期为 4 的信息，该日志在跟随者 1 上匹配。接着领导者会发送日志，将跟随者 1 从 5 到 10 位置的日志补齐。

对于跟随者 2，此时属于多出来的日志，领导者同样会从 nextIndex[2] 为 11 处开始检查，一直检查到 nextIndex[2] 等于 4 日志才匹配。值得注意的是，对于这种情况，跟随者覆盖不一致的日志时，它将删除所有后续的日志记录，Raft 算法认为任何无关紧要的记录之后的记录也都是无关紧要的，如图 4-42 所示。之后再由领导者发送日志来补齐。

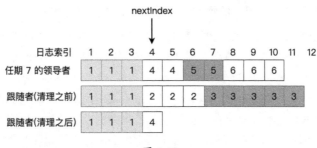

图 4-42

4.8.9　处理旧领导者

旧的领导者有时并不会马上消失，例如，网络分区将领导者与集群的其余节点分隔，其余节点选举出了一个新的领导者，两个领导者在网络分区的两端各自工作。问题在于，如果网络分区恢复，旧的领导者重新连接，它并不知道新的领导者已经被选出来，它会尝试作为领导者继续复制和提交日志。此时如果正好有客户端向旧的领导者发送请求，那么旧的领导者会尝试存储该命令并向其他节点复制日志——我们必须阻止这种情况的发生。

任期就是用来发现过期领导者或候选者的，其处理逻辑为：

- 每个 RPC 请求都包含发送方的任期。
- 如果接收方发现发送方的任期陈旧，那么无论哪个过程，该 RPC 请求都会被拒绝。接收方将已知的最新任期回传给发送方，发送方知道自己任期已经过期后，转变到跟随者状态并更新其任期。

- 如果接收方发现自己的任期陈旧，那么接收方将自己转为跟随者，更新自己的任期，然后正常地处理 RPC 请求。

由于新领导者的选举会更新超过半数服务器的任期，因此旧的领导者即便收到客户端请求也不能提交新的日志，因为它会联系至少一台具有新任期的多数派集群的节点，并发现自己任期太旧，然后自己转为跟随者继续工作。

4.8.10 客户端协议

Raft 算法要求必须由领导者来处理客户端请求，如果客户端不知道领导者是谁，那么它会先和任意一台服务器通信；如果通信的节点不是领导者，那么它会告诉客户端领导者是谁。

领导者将命令写入本地并复制、提交和执行到状态机之后，才会做出响应。

如果领导者收到请求后宕机，则会导致请求超时，客户端会重新发出请求到其他服务器上，最终又重定向到新的领导者，用新的领导者处理请求，直到命令被执行。

这里有一个问题和 Multi-Paxos 类似，就是一个命令可能被执行两次的风险——领导者可能在执行命令之后在响应客户端之前宕机，此时客户端再去寻找下一个领导者处理请求，同一个命令就会被状态机执行两次，这是不可接受的。

解决办法是依然让客户端发送给领导者的每个请求都附加上一个唯一 id，领导者将唯一 id 写到日志记录中。在领导者接受请求之前，先检查其日志中是否已经具有该请求的 id。如果请求 id 已经在日志中，则说明这是重复的请求，此时忽略新的命令，直接返回已执行的命令的响应。

每个命令只会被执行一次，这是实现线性一致性的关键要素。

这部分逻辑 Raft 算法和 Multi-Paxos 算法还是非常相似的。

4.8.11 实现线性一致性

至此，我们仍然没有实现线性一致性。例如，系统发生网络分区时，可能存在两个领导者。旧领导者仍然在工作，但集群的其他部分已经选举出一个新的领导者，并提交了新的日志条目。如果此时客户端联系的领导者恰好是旧领导者，那么旧领导仍然会认为自己是权威的，它将直接返回旧的结果给客户端，这显然不满足线性一致性。线性一致性要求读操作必须返回最近一次提交的写操作的结果。

一种实现线性一致性读的方法是，领导者将读请求当作写请求进行处理，即领导者收到读请求时同样写入一条日志，等到 Raft 集群将该日志复制、提交并应用到状态机后，领导者就能确认自己确实是集群的真正领导者（旧领导者无法提交日志），然后向客户端返回读请求的结果。

这种方法存在的问题是，每次读请求都要完整地运行一次 Raft 实例，尤其是需要复制日志并将日志写入多数派节点的持久化存储，这将造成额外的性能开销。

Raft 算法可以通过在领导者增加一个变量 readIndex 来优化一致性读的实现，其主要流程为：

（1）如果领导者当前任期内还没有已提交的日志条目，它就会等待，直到有已提交日志。之前提到，领导者完整性保证了领导者必须拥有所有已提交的日志条目，但在其任期刚开始时，领导者可能不知道哪些是已提交的。为了了解哪些日志已提交，它需要在其任期刚开始时提交一个 no-op 空日志。一旦 no-op 空日志条目被提交，领导者的 commitIndex 至少和其任期内的其他服务器一样大。

（2）领导者将其当前的 commitIndex 的值赋值给 readIndex。

（3）领导者收到读请求后，需要确认它是集群真正的领导者。领导者向所有跟随者发送新一轮的心跳，如果收到多数派的响应，那么领导者就知道，在它发出心跳那一刻，不可能有一个任期更大的领导者存在。领导者还知道，此时 readIndex（即 commitIndex）是集群中所有节点已知的最大的已提交索引。

（4）领导者等待它的状态机应用日志中的命令，至少执行到日志索引等于 readIndex（即 commitIndex）处的日志。

（5）领导者执行读请求，查询其状态，并将结果返回给客户端。

实际上，上述方式仍然是保证领导者在当前任期提交过日志，确保领导者是真正的领导者。这种方式比将只读查询作为新日志条目提交到日志中更有效率，避免了对每个读请求都要写入磁盘和复制日志的开销。

现在，读请求仍然要由领导者处理。为了提高系统的读操作吞吐量，可以让跟随者帮助领导者处理读请求，转移领导者的负载，使领导者能够处理更多的写请求。但是，如果没有额外的措施，那么跟随者处理读请求也会有返回旧数据的风险。例如，一个跟随者可能很长时间没有收到领导者的心跳，或者跟随者收到的是旧领导者的日志。为了跟随者安全地处理读请求，跟随者会向领导者发送请求询问最新的 readIndex。领导者执行一遍上述流程的第 1 步到第 3 步，得知最新的 commitIndex 和 readIndex；跟随者执行第 4 步到第 5 步，将提交日志应用到状态机，之后跟随者便可以处理读请求。

虽然上面的方法使系统满足线性一致性的要求，但也增加了网络消息轮次。一种优化方式是，领导者使用正常心跳机制来维护一个租约[1]，心跳开始时间记为 start，一旦领导者的心跳被多数派确认，那么它将延长其租约时间到 start + electionTimeout/clockDriftBound 时间。在租约时间内，领导者可以安全地回复只读查询，而不需要额外发送消息。

之所以可以这样优化，是因为 Raft 选举算法保证一个新的领导者至少在选举超时时间

1　Gray,Cary,and David Cheriton."Leases: An efficient fault-tolerant mechanism for distributed file cache consistency."ACM SIGOPS Operating Systems Review 23.5 (1989): 202-210.

electionTimeout 后才被选出来，所以在租约时间内，可以认为不会发生选举，领导者仍然是真正的领导者。

租约机制假设了一个时钟漂移的界限 clockDriftBound，即在这一段时间内，服务器的时间不会突然漂移超过这个界限（见第 6 章，这里可以简单理解为由于时钟同步等行为，服务器上的时间突然改变）。如果服务器时钟走时违反了时钟漂移界限，则系统还是可能返回陈旧的消息。

Raft 论文中提到，除非是为了满足性能要求，否则不建议使用租约这种替代方式。

关于如何实现线性一致性，Raft 相关团队在 2015 年发表了他们的研究成果 RIFL[1]（Reusable Infrastructure for Linearizability），其中细节讨论颇多，但它已超出共识算法的讨论范围，感兴趣的读者可以自行深入研究。

4.8.12　配置变更

随着时间的推移，系统管理员需要替换发生故障的机器或者修改集群的节点数量，需要通过一些机制来变更系统配置，并且是安全、自动的方式，无须停止系统的运行。

通常系统配置是由每台服务器的 id 和地址组成的。系统配置信息对于共识算法是非常重要的，它决定了多数派的组成。

首先我们要意识到，不能直接从旧配置切换到新配置，这可能导致出现矛盾的多数派，这一点在 Multi-Paxos 算法中介绍过，如图 4-43 所示。

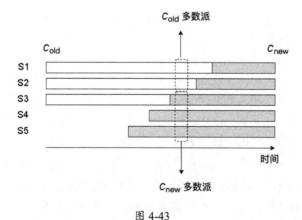

图 4-43

图 4-43 中，系统本来以三台服务器的配置运行，此时系统管理员要添加两台服务器。如果

1　Lee, Collin, et al. "Implementing linearizability at large scale and low latency." Proceedings of the 25th Symposium on Operating Systems Principles. 2015.

系统管理员直接修改配置，那么集群中的节点可能无法完全在同一时间做到配置切换，这会导致服务器 S1 和 S2 形成旧集群的多数派，而同一时间服务器 S3、S4 和 S5 已经切换到新配置，这会产生两个不同的多数派。

这说明我们必须使用一个两阶段（two-phase）协议。Raft 算法的作者 Diego Ongaro 曾说过："如果有人告诉你，他可以在分布式系统中一个阶段就做出决策，你应该非常认真地询问他，因为他要么错了，要么发现了世界上所有人都不知道的东西。"实际上，本书介绍的许多分布式算法本质上都是两阶段协议或三阶段协议。

Raft 算法通过联合共识（Joint Consensus）来完成两阶段协议，即让新、旧两种配置都获得多数派选票。

如图 4-44 所示，在第一阶段，领导者收到 C_{new} 的配置变更请求后，先写入一条 $C_{old+new}$ 的日志，配置变更立即生效。然后领导者将日志通过 AppendEntries 消息复制到跟随者上，收到 $C_{old+new}$ 日志的节点立即应用该配置作为当前节点的配置；当 $C_{old+new}$ 日志被复制到多数派节点上时，$C_{old+new}$ 的日志就被领导者提交。

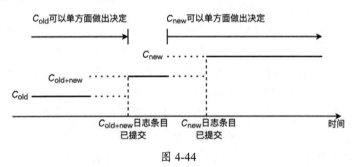

图 4-44

$C_{old+new}$ 日志已提交保证了后续任何领导者一定保存了 $C_{old+new}$ 日志，领导者选举过程必须获得旧配置中的多数派和新配置中的多数派同时投票。

$C_{old+new}$ 日志提交后，进入第二阶段，领导者立即写入一条 C_{new} 的日志，并将该日志通过 AppendEntries 消息复制到跟随者上，收到 C_{new} 日志的跟随者立即应用该配置作为当前节点的配置。C_{new} 日志复制到多数派节点上时，C_{new} 日志被领导者提交。在 C_{new} 日志提交以后，后续的配置就都基于 C_{new} 了。

联合共识还有一个值得注意的细节，配置变更过程中，来自新旧配置的节点都有可能成为领导者。如果当前领导者不在 C_{new} 配置中，一旦 C_{new} 提交，则它必须下台（step down）。

如图 4-45 所示，旧领导者不再是新配置的成员后，还有可能继续服务一小段时间，即旧领导者可能在 C_{new} 配置下继续当领导者，直到 C_{new} 的日志复制到多数派上并提交后，旧领导者就要下台。

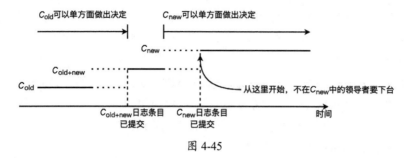

图 4-45

如果没有额外的机制，那么配置变更可能会扰乱集群。举个例子，如果领导者创建了 C_{new} 日志条目，那么不在 C_{new} 中的跟随者将不再收到心跳，如果该服务器没有关机或杀死进程，那么该跟随者会超时并开始新的选举。此外，该跟随者并不会收到 C_{new} 日志条目，它不知道自己已经被移除，它将带有新任期号的 RequestVote 消息发送给新集群中的领导者（旧领导者知道新领导者的地址），这导致当前领导者转为跟随者状态，虽然旧领导者因为日志不完整无法选举成功，但也会影响新的领导者重新选举。这个过程可能一直重复，导致系统可用性变差，如果同时移除多个节点，那么情况可能会更糟糕。

这个问题的一种解决方式是加入一个 Pre-Vote 阶段，在任何节点发起选举之前，先发出 Pre-Vote 请求询问整个系统。收到消息的节点根据日志判断它是否真的有机会赢得选举而不是在浪费时间。（判断逻辑和是否投票相同，即请求参数中的任期更大，或者任期相同但日志索引更大）。如果超过半数的节点同意 Pre-Vote 请求，则发起请求的节点才能真正发起新的选举。处于旧配置的集群由于日志不会更新，其他节点会拒绝它的 Pre-Vote 请求。

但只根据日志来判断并不能彻底解决该问题，如果领导者还没有把 C_{new} 复制到多数派节点，那么此时新集群的跟随者 S2 和 S3 依旧会同意旧集群的节点 S1 发起的 Pre-Vote 请求，S1 将继续发起选举，干扰真正的领导者 S4，使其转变为跟随者，影响集群正常工作，如图 4-46 所示。

C_{old}集群				C_{new}集群
S1	C_{old}	$x{<}{-}3$		
S2	C_{old}	$x{<}{-}3$		S2
S3	C_{old}	$x{<}{-}3$		S3
S4	C_{old}	$x{<}{-}3$	$y{<}{-}1$ C_{new}	S4
日志索引	1	2	... 4	

图 4-46

因此我们要增强 Pre-Vote 请求的判断条件，我们需要通过心跳来确定是否存在一个有效的领导者，在 Raft 算法中，如果一个领导者能够保持和其跟随者的心跳，则被认为是活跃的领导者，我们的系统不应该扰乱一个活跃的领导者。因此，如果一个服务器在选举超时时间内收到领导者的心跳，那么它将不会同意 Pre-Vote 请求，它可以不回复 Pre-Vote 请求或者直接回复拒绝。虽然这会导致每个服务器在开始选举之前，至少要多等待一个选举超时时间，但这有助于避免来自旧集群的服务器的干扰。

至此，一个节点同意 Pre-Vote 请求的条件是：

- 参数中的任期更大，或者任期相同但日志索引更大。

- 至少一次选举超时时间内没有收到领导者心跳。

Pre-Vote 阶段的作用不止如此。网络分区也可能导致某个被孤立节点的任期与正常节点的任期差距拉大，因为该节点可能不断尝试选举而导致任期变得很大。网络恢复之后，由于该节点任期大于领导者任期，会导致领导者转为跟随者状态，但其实该节点日志并非最新的，不可能成为领导者，只会干扰系统的运行。通过新增 Pre-Vote 阶段，该节点在处于孤岛的情况下，无法获得多数派节点同意，自然无法发起选举，也不会一直增加自己的任期。待网络恢复后，就可以顺利地以跟随者身份加入集群。

Pre-Vote 阶段不仅可以解决配置变更干扰领导者的问题，还可以有效解决网络分区时脑裂和任期爆炸增长的问题。

分布式存储 etcd 中完整地实现了 Pre-Vote 阶段。etcd 将候选者状态又细分为预候选者（PreCandidate）和候选者，前者是发送 Pre-Vote 请求时的状态，不会增加自己的任期；而后者是发送 RequestVote 请求时的状态，会增加自己的任期。

4.8.13　配置变更存在的 Bug

2015 年 7 月，Raft 的作者 Diego Ongaro 在论坛上发帖表示，Raft 成员变更依然存在一些问题[1]。我们来看一个案例。

假设一个 Raft 集群中包含 4 个节点，此时进行状态变更。系统初始状态如图 4-47 所示。

图 4-47 所示的节点日志中有一条旧的集群配置 C，C 中记录集群当前配置为 {S1, S2, S3, S4} 四个节点。

S5 是新加入的节点，S1 是领导者，S1 将新的配置 D 写入本地存储，D 中配置为 {S1,S2,S3,S4,S5}，因此，领导者 S1 还会将旧的配置 C 和新的配置 D 复制给 S5，如图 4-48 所示。

1　Diego Ongaro "bug in single-server membership changes", 2015-07-10.

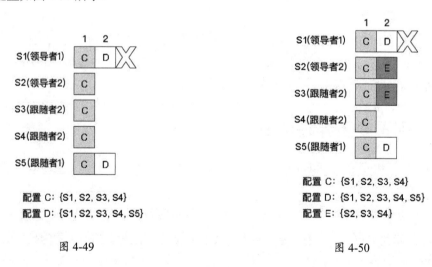

之后发生网络分区，领导者 S1 被隔离，于是 S2 发起了一轮选举，并获得了来自 S2、S3 和 S4 的选票，成为新的领导者。集群状态如图 4-49 所示。

此时 S2 也收到了一份新配置 E，E 的配置信息为 {S2, S3, S4}，S2 将配置 E 复制到 S3，此时节点配置如图 4-50 所示。

由于配置 E 只有三个节点，配置 E 已经复制到其中 2 个，满足多数派条件。此时 S2 认为可以提交该配置。

接着，网络分区恢复，S1 发起新的选举，获得来自 S1、S4 和 S5 的选票，成为任期 3 的领导者。但此时 S1 并不包含已提交的新配置 E，如图 4-51 所示。

新的领导者 S1 复制配置 D 到所有节点，覆盖已提交的配置 E 并提交，如图 4-52 所示。

<table>
<tr><td colspan="2">配置 C: {S1, S2, S3, S4}</td></tr>
</table>

配置 C: {S1, S2, S3, S4}　　　　　　配置 C: {S1, S2, S3, S4}

配置 D: {S1, S2, S3, S4, S5}　　　　配置 D: {S1, S2, S3, S4, S5}

配置 E: {S2, S3, S4}　　　　　　　　配置 E: {S2, S3, S4}

图 4-51　　　　　　　　　　　　　图 4-52

这样对于索引为 2 的日志条目，算法提交了两份不同的配置，这违反了日志安全性。

这个问题也可以通过 no-op 空日志来解决，新的领导者必须先提交一条 no-op 空日志，才能将配置写入日志。例如，当 S1 想成为任期 3 的领导时，S4 会存在一条任期为 2 的 no-op 空日志，于是拒绝给 S1 投票，S1 就无法成为新的领导者。

为了保证配置变更的正确性，一次配置变更需要提交一条 no-op 空日志和一条与配置相关的日志。

配置变更是最危险的操作之一，尤其是添加成员可能会改变达成多数派的数量，因此建议一次只增加或减少一个节点，并且推荐先减少成员来替换发生故障的节点。

为了提高可用性，Raft 算法还引入一个新的节点状态，被称为学习者，学习者加入集群但不参与投票，直到它的日志和状态追赶上了领导者，才开始参与决策。分布式存储 etcd 中实现了学习者[1]，用来减少配置变更时的可用性问题。

4.8.14　极端情况下的活性问题

Heidi Howard 和 Jon Crowcroft 发表论文[2]描述了 Raft 算法存在的一个问题，即 Raft 算法存在一种失去活性的极端情况：如果有一条网络连接不可靠，那么当前领导者会不断被迫下台导致系统实质上毫无进展。

1　etc Authors, "etcd learner design", etc v3.5 docs, June 14, 2021.

2　Heidi Howard and Jon Crowcroft: "Coracle: Evaluating Consensus at the Internet Edge," at Annual Conference of the ACM Special Interest Group on Data Communication (SIGCOMM), August 2015. doi:10.1145/2829988.2790010.

如图 4-53 所示的 4 节点 Raft 集群中有一个节点和其他三个网络不太稳定，假设它能发送消息给别的节点但收不到其他节点的消息，那么它就一直收不到心跳消息，这会导致该节点转为候选者，然后自增任期并发起新的选举。该节点发送的更大任期的 RequestVote 请求会导致集群当前的领导者下台并重新选举。这样的情况会一直反复，导致集群无法正常工作。

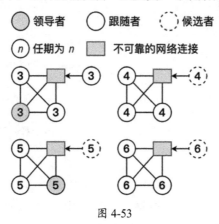

图 4-53

在 4.8.12 中节提到的 Pre-Vote 阶段可以用来解决该问题，分布式存储 etcd 中完整地实现了 Pre-Vote 阶段。etcd 将候选者状态又细分为预候选者（PreCandidate）和候选者，前者是发送 Pre-Vote 请求时的状态，不会增加自己的任期；后者是发送 RequestVote 请求时的状态，会增加自己的任期。增加了预候选者状态后 Raft 算法的状态转移图如图 4-54 所示。

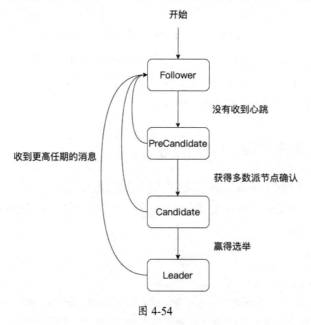

图 4-54

在 4.8.12 中节提到，收到 Pre-Vote 请求的节点同意重新选举的条件是：

- 参数中的任期更大，或者任期相同但日志索引更大。

- 至少一次选举超时时间内没有收到领导者心跳。

只有超过半数节点同意 Pre-Vote 请求，该节点才能真正去自增任期并发起新的选举。

在图 4-53 中，网络链路有问题的那个节点在 Pre-Vote 阶段会发现自己无法赢得超过半数节点同意自己发起选举（别的节点都能收到心跳），因此不会自增任期去干扰领导者工作。

可是，增加 Pre-Vote 请求 Raft 的活性问题就解决了吗？

问题并没有解决，只有 Pre-Vote 阶段还可能存在一种极端情况会导致 Raft 算法失去活性[1]，如图 4-55 所示。

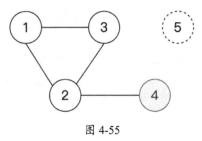

图 4-55

图 4-55 中是一个 5 节点组成的 Raft 集群，故障发生之前节点 4 是领导者。现在故障发生了，节点 5 宕机了，同时节点 4 只和节点 2 保持连接，节点 1、2、3 互相保持连接。这种情况下节点 1、3 收不到领导者的心跳，会发起 Pre-Vote 请求，但由于节点 2 能收到领导者节点 4 的心跳，所以节点 2 不会同意 Pre-Vote 请求，因此节点 1、3 无法满足超过半数节点同意 Pre-Vote 请求的条件，该请求以失败告终。

该集群的问题是无法选举出新的领导者，但旧的领导者的 AppendEntries 请求又只能到达两个节点（节点 2 和节点 4，日志复制无法满足多数派条件，整个集群无法取得任何进展，依然不满足活性。

图 4-55 中的 5 节点 Raft 集群明明可以容忍 2 个节点发生故障，但增加了 Pre-Vote 阶段后反而无法容忍仅仅 1 个节点故障，其实如果没有 Pre-Vote 阶段，那么节点 1 和节点 3 反而是有机会当选领导者推进整个系统正常工作的。也就是说，此种情况 Pre-Vote 阶段起了反作用。

因此 Raft 算法还需要增加一种机制来让领导者主动下台。

这个机制很简单：领导者没有收到超过半数节点的 AppendEntries 响应时就主动下台。这样，图 4-55 中的节点 1、2 和 3 都有机会当选新的领导者，整个集群依旧可以正常工作。

1　Heidi Howard, Ittai Abraham: "Raft does not Guarantee Liveness in the face of Network Faults" etcd 把这一优化叫作 CheckQuorum[1]。CheckQuorum 确保了如果当前领导者无法连接到多数派节点，那么它会下台并选举出新的领导者。Pre-Vote 确保一旦领导者当选，整个系统将是稳定的，领导者不会被迫下台。

通过 Pre-Vote 阶段和 CheckQuorum 优化就可以解决 Raft 算法的活性问题了。可见，Raft 算法仍有许多值得推敲的细节，想实现一个完整的工业级 Raft 算法也并非易事。

4.8.15　日志压缩

Raft 算法的日志在正常运行期间会不断增长，随着时间的推移，存储的日志会越来越多，不但占据很多磁盘空间，服务器重启或新服务器加入做日志重放也需要更多的时间。如果没有办法来压缩日志，则会导致可用性问题：要么磁盘空间被耗尽，要么花费太长时间才能启动一个新节点。所以日志压缩是必要的。

日志压缩的一般思路是，日志中的许多信息随着时间的推移会变成过时的，可以丢弃这些过时的日志。例如，一个将 x 设置为 2 的命令，如果在未来又有一个将 x 设置为 3 的命令，那么 $x=2$ 这个命令就被认为已经过时了，可以丢弃。状态机只关注最终的状态，一旦一个日志条目被提交并应用于状态机，那么用于到达最终状态的中间状态和命令就不再需要了，它们可以被压缩。

日志压缩后得到快照（Snapshot），快照也需要写入持久化存储。每个服务器会独立地创建自己的快照，快照中只包括已提交的日志。

和配置变化不同，不同的系统有不同的日志压缩方式，这取决于系统的性能考量，以及日志存储是基于硬盘还是基于内存。日志压缩的大部分责任都落在状态机上。

无论使用何种压缩方法，都有几个核心的共同点：

第一，不将压缩任务集中在领导者上，每个服务器独立地压缩其已提交的日志。这就避免了领导者将日志传递给已有该日志的跟随者，同时增强了模块化，减少了交互，将整个系统的复杂性最小化。对于日志量非常小的状态机，基于领导者的日志压缩也许才会更好。

第二，Raft 算法要保存最后一条被丢弃的日志条目的索引和任期，用于 `AppendEntries` 消息进行日志一致性检查。同时，也需要保存最新的配置信息，成员变更失败时需要回退配置，最近的配置必须保存。

第三，一旦丢弃了前面部分的日志，领导者就要承担两个新的责任：如果服务器重启了，则需要将最新的快照加载到状态机后再接收日志；需要向较慢的跟随者（日志远落后于领导者）发送一致的状态快照，使其跟上系统最新的状态。

1　xiang90, et al. "raft: implement leader steps down", GitHub, etcd-io/etcd issue 3866.

对于第三点，由于日志已经被丢弃，所以需要领导者直接发送快照给滞后的跟随者。Raft
算法新增了一个 InstallSnapshot RPC 接口，领导者通过 InstallSnapshot 消息将快照发送给
状态滞后的跟随者。

可以将 InstallSnapshot RPC 的请求参数和响应参数分别定义为结构体 InstallSnapshotArgs
和 InstallSnapshotReply，其具体定义如下：

```go
type InstallSnapshotArgs struct {
  // 领导者的任期号
    Term             int
    // 领导者的 id，用于重定向客户端请求
    LeaderId         int
    // 快照所包含的最后一个日志条目的索引
    LastIncludedIndex int
    // 快照所包含的最后一个日志条目的任期
    LastIncludedTerm  int
    // 这部分快照的字节偏移量
    Offset           int
    // 从偏移量开始的快照数据
    Data             []byte
    // 是否为最后一部分的快照数据，如果是，则为 true
    Done             bool
}

type InstallSnapshotReply struct {
  // 跟随者的任期号，以便领导者判断自己任期是不是最新的
    Term int
}
```

之所以需要偏移量参数 offset，是因为快照可能很大，无法一次性发送完毕，所以拆分成
多次请求发送。

4.8.16　基于内存的状态机的快照

状态机的数据集小于 10GB 的时候选择基于内存的（Memory-Based）状态机是合理的。

图 4-56 显示了基于内存的状态机的基本想法：对内存的数据结构（树形或 Hash 等）进行
序列化并存储，同时存储 Raft 算法需要的状态。最后一个日志条目的索引和任期分别记为
lastIncludedIndex 和 lastIncludedTerm，另外还要存储该索引处的最新配置。快照生成之后，

这个索引之前的日志都可以丢弃了。

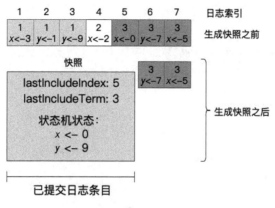

图 4-56

基于内存的状态机生成快照的大部分工作是序列化内存中的数据结构。

除此之外，基于内存的状态机如何生成快照，还要讨论一些具体实现问题，下面分三个方面来讨论：如何在正常运行期间生成快照，何时生成快照，以及实现快照时需要关注的问题。

1. 如何在正常运行期间生成快照

基于内存的状态机还需考虑生成快照的并发性。创建一个快照可能需要耗费很长时间，包括序列化和写入磁盘。例如，在今天的服务器上复制 10GB 的内存花费大约 1 秒，序列化它通常将花费更长的时间：1 秒仅能写入 SSD 大约 100MB 数据。

因此，序列化和写快照等操作都要与常规操作并发进行，避免服务不可用。写时复制（copy-on-write）技术允许进行新的更新而不影响写快照，一般可以使用操作系统的写时复制技术。例如，在 Linux 上可以使用 fork() 系统调用来复制父进程的整个地址空间，然后子进程就可以把状态机的状态写入快照并退出，整个过程中父进程都可以持续地提供服务。Raft 算法的开源实现 LogCabin 使用的就是这种方法。

2. 何时生成快照

Raft 算法还需要决定什么时候生成快照。如果太过频繁地生成快照，则会浪费磁盘带宽和其他资源；如果生成快照频率太低，则有存储空间耗尽的风险，并且重启服务需要更长的重放日志时间。

一个简单的策略是设置一个阈值，如果日志大小超过阈值则生成快照。然而，这会导致有些规模较小的状态机有着不必要的大日志。

一个更好的方法是引入快照大小和日志大小的比值，如果日志超过快照好几倍，那么就需要生成快照。但是在生成快照之前提前计算快照的大小是困难且繁重的，会引入额外负担。所以使用前一个快照的大小是比较合理的行为，一旦日志大小超过之前的快照的大小乘以扩展因子（Expansion Factor），服务器就生成快照。

扩展因子的设置需要权衡空间和带宽利用率。例如，如果扩展因子为 4，则会有 20% 的带宽用于生成快照，每 1 字节的快照写入有对应的 4 字节的日志写入。

生成快照时会导致 CPU 和磁盘的占用率突然升高，可以增加额外的磁盘来降低占用率。

最后，系统可以通过调度节点生成快照的任务，使得生成快照不影响系统处理客户端请求。系统需要协调保证在某一时刻集群只有一小部分成员同时在生成快照，只要这部分成员没有影响 Raft 算法的多数派达成，就不会影响请求的提交。轮到领导者生成快照的时候，领导者先要先"下台"，让其他服务器选出另一个领导者接替其工作。

3. 实现快照时需要关注的问题

快照的实现还有一些其他值得关注的问题。

（1）保存和加载快照。保存快照需要对其序列化并写入磁盘，而加载则是反序列化。通过流式接口（Streaming Interface）可以避免将整个快照缓冲到内存中。对流进行压缩并附带一个校验值比较好。LogCabin 的实现是，先把快照写入一个临时文件，当快照完全写入磁盘后，再修改文件名。这是为了避免服务启动的时候加载到部分的快照。

（2）传输快照。传输快照涉及如何实现 `InstallSnapshot` RPC 请求和响应。传输的性能通常不是很重要，一个需要这种动作的跟随者通常不会参与到日志提交的决策中，因此不需要立即完成快照加载。

（3）消除不安全的日志访问和丢弃日志条目。Raft 的作者最初设计 LogCabin 这一 Raft 实现的时候没有考虑日志压缩，因此代码上假定了如果日志条目 i 在日志中，那么日志条目 1 到 i - 1 也一定在日志中。有了日志压缩，这就不再成立了，前面的日志条目可能已经被丢弃了。这里需要仔细推理和测试。可能对一些强类型的系统做这些是简单的，编译器会强制检查日志访问并处理越界的问题。一旦我们使得所有的日志访问都是安全的，那么丢弃前面的日志就很直接了。在这之前，我们都只能单独地测试保存、加载和传输快照。

（4）通过写时复制并发地生成快照。写时复制可能需要重新设计状态机或使用操作系统的 fork。简单的方法是使用 fork，相比于线程交互性很差，要使其正确工作也有一定的难度。然而，它的代码量很小，而且不需要修改状态机的数据结构。百度开源的 braft 提到了另一种优化的思路，服务器生成快照时状态机是无法应用日志命令的，对于一些不支持写时复制的业务数据，为了避免影响服务的可用性，可以指定某个跟随者单独生成快照，生成快照之后另外发送通知，告诉其他节点来获取快照并截断日志。虽然这背离了领导者强势领导的原则，一般不会让领导者去获取跟随者数据，但在快照生成方面，这种背离被认为是合理的，因为快照只对已提交数据进行压缩，是一个安全的过程。

（5）决定何时生成快照。建议在开发的过程中状态机每应用一个日志条目就生成一个快照，这样便于快速定位问题。一旦实现完成，就需要增加一个更有效的机制来选择什么时候生成快照。

4.8.17　基于磁盘的状态机的快照

对于日志大小达到几十或上百 GB 的状态机，需要使用磁盘作为主要存储系统。对于每一个日志条目，当其被提交并应用到状态机之后，其实就可以被丢弃了，因为磁盘已经持久化存储了，可以理解为每条日志生成了一个快照。

基于磁盘的（Disk-Based）状态机的主要问题是，磁盘会导致性能不佳。在没有写缓冲的情况下，每应用一条命令都需要进行一次或多次随机磁盘写入，这会限制系统的整体吞吐量。

基于磁盘的状态机仍然需要支持向日志落后的跟随者提供最新的快照，生成快照时也要继续提供服务，所以仍然需要写时复制技术以在一定期间内保持一致的快照传输。基于磁盘的状态机也可以依靠操作系统的支持，比如 Linux 的 LVM 也可以直接用来创建快照。

另外，可以通过 Log Cleaning[1]或 LSM Tree（Log-Structured Merge Tree）[2]以增量的方式清理日志并生成快照，这种实现会更复杂，但有如下优点：

（1）每次只操作数据的一部分，所以压缩的负载是均匀的，不会因为生成快照而造成负载突然升高。

（2）写入磁盘的效率更高。它们使用大范围的顺序写入，顺序写入对于磁盘来说是非常高效的（见第 1 章）。增量清理的方法可以选择性地压缩磁盘中可回收空间最多的部分，基于内存的状态机的快照每次生成快照都需要全部重写到磁盘中，但增量清理的方法使向磁盘写入的数据减少。

（3）传递快照更为简单。因为它们不会以覆盖地方式修改磁盘的数据。

Log Cleaning 最初是在日志结构文件系统（Log-Structured File System）中引入的，其思路是，如果数据写入则直接追加，日志被切分为多个连续的段（Segments）。每一个段通过以下三个步骤进行压缩：

（1）选择要清理的段，这些段累积了大量废弃的日志条目。

（2）把有效的条目（Live Entry）从要清理的段中复制到日志的开头。

1　Rosenblum, Mendel, and John K. Ousterhout. "The design and implementation of a log-structured file system." ACM Transactions on Computer Systems (TOCS) 10.1 (1992): 26-52.

2　O'Neil, Patrick, et al. "The log-structured merge-tree (LSM-tree)." Acta Informatica 33.4 (1996): 351-385.

（3）释放清理的段的空间。

为了减少对正常操作的影响，这个过程应该并发地执行。由于将有效的记录转存到了日志的头部，日志会出现乱序，但可以包含附加的信息以在日志应用的时候重建正确的顺序。

另一种增量清理的方法使用 LSM Tree 存储引擎。LSM Tree 由 Google 引入 Bigtable（见第 7 章）而被广泛使用，在分布式系统领域，LSM Tree 可以说是最常见的存储引擎，LSM Tree 存储有序的键值对，它不以覆盖的方式修改磁盘上的数据，而是以顺序写的方式追加数据，由于磁盘顺序写性能远远高过随机写，所以 LSM Tree 是一种对写操作负载非常友好的存储引擎。开源的 LevelDB、RocksDB 和 Apache Cassandra 等 NoSQL 都使用 LSM Tree 作为存储引擎。

LSM Tree 将最近写入的数据保存在磁盘上的一个小的日志文件中，当日志文件达到一定的大小后，按照键值对的关键字进行排序后写入一个叫作 run 的文件。随着时间推移，此时会产生多个 run 文件。run 文件不会原地修改，而是周期性地将多个 run 文件进行合并和压实，产生新的 run 文件并丢弃旧的多个文件。由于 run 文件中的键值对是有序的，因此合并的过程就像归并排序一样非常高效。

把 LSM Tree 应用到 Raft 是直截了当的，因为 Raft 日志已经将最近的记录持久地存储在磁盘上，LSM Tree 可以将最近的数据保存在内存表（Memtable）中，提高查找的性能。并且当 Raft 日志达到指定大小的时候，内存表将按顺序写到磁盘中作为一个新的、不可变的 run 文件。传输状态的时候领导者需要把所有的 run 文件发送给跟随者（不包含内存表）。由于 run 文件都是不可变的，所以不必担心传输过程中 run 文件被修改。

把 Log Cleaning 应用到 Raft 就不是这么明显了。

作为案例，分布式数据库 TiDB 和 CockroachDB 的 Raft 日志存储在 RocksDB 中。基于这些成功经验，对于生产环境来说，推荐使用 LSM Tree 存储引擎作为日志存储和快照。

4.8.18　性能优化

下面介绍一些前文未提及的性能优化。

1. 批处理和流水线

在前面的实现中，领导者将日志写入磁盘后，再将该日志复制到跟随者，然后等待跟随者将该日志写到它们的磁盘上。这里出现了两次连续的磁盘写入等待，这将导致明显延迟。

领导者可以在向跟随者并行复制日志的同时将日志写入自己的磁盘，如图 4-57 所示。

如果多数派跟随者已经写入磁盘，那么领导者甚至可以在该记录写入自己的磁盘之前就提交，这仍然是安全的。

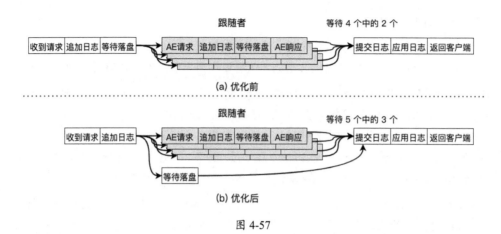

图 4-57

第二个优化是，Raft 算法支持批处理（Batch）和流水线（Pipeline），这两个优化对性能提升都很重要。

所谓批处理是指，领导者可以一次收集多个客户端请求，然后汇集成一批发送给跟随者，以此减少消息数量。当然，这也需要有一个最大发送数来限制每批最多可以发送的请求数据，LogCabin 使用 1MB 大小。

另外，为了确保日志持久化存储，每一个日志条目都会调用一次系统调用 fsync 来保证日志成功写入磁盘，但这样做开销是比较大的。可以用类似批处理请求的方式，先汇集一批日志再一起写入本地磁盘。对于熟悉 LevelDB 或 RocksDB 的读者，其原理类似于 WriteBatch，即一次写一批。

如果只是以批处理的方式发送消息，那么领导者还是需要等待跟随者返回才能继续后面的流程，对此可以使用流水线（Pipeline）来进行加速。前文提到，领导者会维护一个变量 nextIndex 来表示下一个给跟随者发送的日志位置，在大部分情况下，只要领导者与跟随者建立了连接，我们都会认为网络是稳定互通的，网络分区只是小概率事件。所以，当领导者给跟随者发送了一批日志消息之后，它可以直接更新 nextIndex，并且立刻发送后续的日志，不需要等待跟随者的返回。如果网络出现了错误，或者跟随者返回了一些错误，那么领导者可以重新调整 nextIndex 的值，然后重新发送日志。

AppendEntries RPC 对于日志一致性的检查保证了流水线的安全性。如果 RPC 失败或超时了，那么领导者就要将 nextIndex 递减并重试一次日志复制。如果 AppendEntries RPC 一致性检查还是失败，那么领导者可能进一步递减 nextIndex 并重试发送前一个记录，或者等待前一个记录被确认。

最初的线程架构阻碍了流水线的实现，因为它只支持串行地向每个跟随者发送一个 RPC 请求。想要支持流水线，领导者必须以多线程的方式与一个跟随者建立多个连接。

如果领导者不使用多线程,那么效果会是怎样的呢?其实这样的流水线和批处理没有多大区别,在 TCP 网络层面,消息已经是串行的了,TCP 本身就有滑动窗口来做批处理优化,同时单条连接保证了消息很少会乱序。

使用多线程连接是安全的。即使因为在多个连接中请求不能保证请求有序,但在大部分情况下还是先发送的请求先到达。即使后发送的请求先到达了,由于存在 AppendEntries RPC 的一致性检查,后发送的请求自然会失败,失败后重试即可。

Raft 算法系统的整体性能在很大程度上取决于如何安排批处理和流水线。如果在高负载的情况下,一个批处理中积累的请求数量不够,那么整体处理效率就会很低,导致低吞吐量和高延迟。另一方面,如果在一个批处理中积累了太多的请求,那么延迟将不必要地变高,因为早期的请求要等待后来的请求到达才会发送批处理请求。

2. 目击者节点

有时我们需要在多数据中心部署多个副本,这样在单个数据中心故障时能仍提供服务,可是这需要更多的服务器。

Raft 借鉴了 4.7.2 节提到的 Cheap Paxos 中廉价的接受者,也通过一类被称作目击者(Witnesses)的特殊节点来降低服务器成本。目击者是一个只参与选举的服务器,通常不参与日志复制,即不存储日志,而且根本没有状态机。当一个服务器发生故障时,目击者会介入,开始存储日志,直到该服务器恢复正常工作并替换目击者。可见,目击者的机器资源较低,可以节省成本。和 Cheap Paxos 一节中提到的一样,目击者不可长期服务。

3. Quorum 大小优化

在 4.7.6 节我们学习了 FPaxos 提出的优化方案,Quorum 的大小只需要满足 Q1 + Q2> N 即可,即第一阶段(领导者选举)和第二阶段(日志复制)的 Quorum 大小不需要都满足多数派,只要两者相加大于总的节点数量即可。这个优化同样可以用在 Raft 中。

例如,对于一个 5 节点的 Raft 集群,我们可以将领导者选举 Quorum 的数量设置为 4,那么日志复制需要的 Quorum 的数量可以设置为 2。这样设置之后,选举阶段可能领导者需要至少 4 个节点的选票,但日志复制时只需要两个跟随者的确认信息即可,如果生产环境中选举阶段的确很少发生,那么大部分时候都是复制日志,这一优化可以提升日志复制阶段的速度。

在 4.7.6 节中也提到,这样设置之后,系统的容错性就有所降低,只能容忍一个节点发生故障。

4. MultiRaft

最后一个优化适合比较大的 Raft 集群。Raft 算法中读写请求都由领导者处理,系统性能受限于领导者单机性能。另外,Raft 算法的领导者向跟随者发送的心跳间隔一般都较小,在 100ms 左右,当需要复制的节点数较多的时候,心跳包的数量就呈指数增长。因此,CockroachDB 提出一种优化方式[1]，即在系统中同时运行多个 Raft 组（Raft-Group），并称之为 MultiRaft。

MultiRaft 的实现不在本书讨论范围之内，感兴趣的读者可以参阅 CockroachDB 相关资源和源码。

另外，百度开源的 braft 提供了另一种解决心跳包过多的问题，即实现一个静默模式。其原理是，通常系统不需要频繁地切换领导者，我们可以将主动领导者选举的功能关闭，这样就不需要维护领导者的心跳了。Raft 算法依靠业务被动触发领导者的选举。

4.8.19　Raft 练习题

1. 请解释，Raft 进行领导者选举时，候选者为什么要先投自己一票？

参考答案：

假设有一个 3 节点构成的 Raft 集群，其中某个节点发生了故障，另外两个节点竞选领导者，如果候选者不先投自己一票，则永远无法选出领导者。

2. 计算机索引通常从 0 开始，为什么 Raft 日志索引从 1 开始呢？

参考答案：

这样做使得 Raft 算法的第一个 AppendEntries 消息能够用 0 作为 PrevLogIndex。通常第 0 个日志条目被认为是任期为 0 的空记录。

3. 如图 4-58 所示，（a）和（b）分别代表两个 Raft 集群，请问（a）和（b）中任期为 2 的日志能够安全提交吗？为什么？

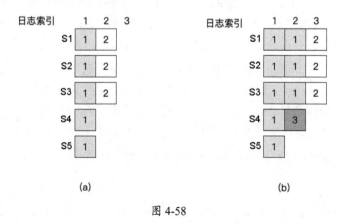

图 4-58

1　Ben Darnell, "Scaling Raft", cockroachlabs, Jun 12, 2015.

参考答案:

对于 (a) 来说,任期为 2 的日志可以安全提交。任期为 2 的日志不仅复制到了超过半数节点上,并且没有节点有更多更新的日志。

对于 (b) 来说,任期为 2 的日志不能安全提交。如果集群领导者发生故障,那么任期为 3 的日志可能覆盖任期为 2 的日志(见 4.8.7 节)。

4. 为什么领导者的 nextIndex 和 commitIndex 值不需要持久化存储?试讨论领导者记录的被应用到状态机的最高日志索引 lastApplied 是否需要持久化存储?

参考答案:

领导者的 nextIndex 值太大或太小都不会影响算法的正确性。如果 nextIndex 的值太小,那么领导者的 AppendEntries 消息不会影响跟随者的日志,同时,跟随者响应会告诉领导者应该增加其 nextIndex;如果 nextIndex 的值太大,那么日志一致性检查会失败,领导者会递减 nextIndex 值并重试。

无论哪种方式,这都是安全的行为,因为两种情况下都不会修改关键的状态。

领导者的 commitIndex 值不需要持久化存储,一旦领导者成功提交一个新的日志条目,它就能知道当前的 commitIndex 值。特别是实现了 no-op 空日志的 Raft 算法能够快速知道集群最大的 commitIndex 值(见 4.8.7 节)。

对于 lastApplied 值是否持久化需要看情况讨论。如果实现的是一个基于内存的易失性状态机,那么服务器重启后状态机的状态同样会丢失,需要重新应用一遍持久化存储的日志,这种情况下 lastApplied 值是不需要持久化存储的。如果实现的是一个基于硬盘的持久化状态机,服务器重启不影响状态机的状态,那么 lastApplied 值也应该要持久化存储。

值得注意的是,最初的 Raft 论文认为 lastApplied 值不需要持久化存储,后来作者特别说明了这一问题。

注:以下试题来自 Raft 算法的作者 Diego Ongaro 和 John Ousterhout。

5. 图 4-59~图 4-62 显示了一台 Raft 服务器上可能存储的日志(日志中的命令未显示,只显示日志的索引和任期号)。考虑每份日志都是独立的,下面的日志可能出现在 Raft 中吗?如果不能,请解释原因。

日志索引	1	2	3	4	5	6
任期	1	1	3	2	2	

图 4-59

日志索引	1	2	3	4	5	6	7
任期	1	1	2	2	2	2	3

图 4-60

日志索引 1 2 3 4 5 6
任期   1 1 3 3 5

图 4-61

日志索引 1 2 3 4 5 6 7 8
任期   1 1   2 2 3 2
                ↑
              日志空洞

图 4-62

答案：

图 4-59 不能：任期在日志中必须单调递增。写入日志的领导者 1 只能从当前任期≥3 的领导者 2 那里收到日志，所以领导者 1 当前任期也将≥3，那么它就不能写入。

图 4-60 可以。图 4-61 可以。

图 4-62 不能：日志不允许空洞。领导者只能追加日志，AppendEntries 中的一致性检查永远不会允许日志空洞。

6. 图 4-63 展示了一个由 5 个节点构成的 Raft 集群的日志。哪些日志条目可以安全地应用到状态机？请解释你的答案。

答案：

只有日志<1, 1>和<2, 1>可以安全地应用到状态机。

如果一个日志条目没有存储在多数派上，那么状态机就不能安全地应用这条日志记录。这是因为少数服务器可能发生故障，并且其他服务器（构成多数派）可以在不知道该日志记录的情况下继续运行。

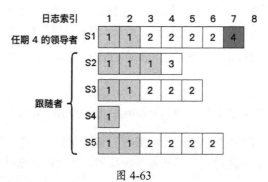

图 4-63

因此，我们只需要考虑记录<1, 1>、<2, 1>、<3, 2>、<4, 2>、<5, 2>是否安全。

由于领导者处理不一致日志是通过强制跟随者直接复制自己的日志来实现的，所以我们必须弄清楚哪些节点可以当选领导者，然后检查它们当选后是否会导致上述这些日志记录被删除。

S2 可以被选为领导者，它可以从 S3、S4 和 S5 获得选票。因为它当选可能导致<3, 2>、<4,

2>和<5, 2>被删除，所以这些日志记录不能被安全地应用。

所以只剩下<1, 1>和<2, 1>可以安全地应用到状态机。

S3 和 S4 不能被选为领导者，因为它们的日志不够完整。S5 可以被选举为领导者，但它也包含了日志条目<1, 1>和<2, 1>。

因此，只有日志条目<1, 1>和<2, 1>可以被安全地应用到状态机。

7. 每个跟随者都在其磁盘上持久化存储了 3 个信息：当前任期（currentTerm）、最近的投票（votedFor），以及所有接受的日志记录（log[]）。

a. 假设跟随者崩溃了，并且当它重启时，它最近的投票信息已丢失。该跟随者重新加入集群是否安全（假设未对算法做任何修改）？解释一下你的答案。

b. 假设崩溃期间跟随者的日志被截断（truncated）了，日志丢失了最后的一些记录。该跟随者重新加入集群是否安全（假设未对算法做任何修改）？解释一下你的答案。

答案：

a. 不安全。这将允许一个服务器在同一任期内投票两次，这样一来，每个任期就可以有多个领导者参与，这几乎破坏了一切。

例如，对于 3 台服务器：

（1）S1 获得 S1 和 S2 的投票，并且成为任期 2 的领导者。

（2）S2 重启，丢失了它在任期 2 中投过的票（votedFor）。

（3）S3 获得 S2 和 S3 的选票，并且成为任期 2 的第二任领导者。

（4）现在 S1 和 S3 都可以在任期 2 的同一位置的日志上提交不同的值。

b. 不安全。这将允许已提交的日志不被存储在多数派上，然后允许同一索引提交其他不同的值。例如，对于 3 台服务器：

（1）S1 成为任期 2 的领导者，并在自己和 S2 上追加写了 index=1、term=2、value=X，并设置 committedIndex=1，然后返回已提交的值 X 给客户端。

（2）S2 重启，并且丢失了其日志中的记录。

（3）S3（具有空的日志）成为任期 3 的领导者，因为它的空日志也至少与 S2 一样完整。S3 在自己和 S2 上追加写 index=1、term=3、value=Y，并设置 committedIndex=1，然后返回已提交的值 Y 给客户端。

8. 如前文中所述，即使其他服务器认为领导者崩溃并选出了新的领导者后，（老的）领导者依然可能继续运行。新的领导者将与集群中的多数派联系并更新它们的任期，因此，老的领导者将在与多数派中的任何一台服务器通信后立即"下台"。然而，在此期间，它也可以继续充当领导者，并向尚未被新领导者联系到的跟随者发出请求。此外，客户端可以继续向老的领导者发送请求。我们知道，在选举结束后，老的领导者不能提交任何新的日志记录，因为这样做需要联系选举多数派中的至少一台服务器。但是，老的领导者是否有可能执行一个成功AppendEntries RPC，从而完成在选举开始前收到的旧日志记录的提交？如果可以，请解释这种情况是如何发生的，并讨论这是否会给 Raft 协议带来问题。如果不能发生这种情况，请说明原因。

答案：可能。仅当新领导者也包含正在提交的日志时，才会发生这种情况，所以不会引起问题。

下面是一个在 5 台服务器发生这种情况的例子：

（1）带有空日志的 S1 成为任期 2 的领导者，选票来自 S1、S2 和 S3。

（2）S1 将 index=1、term=2、value=X 追加写到它自己和 S2 中。

（3）S2 的日志中包含 index=1、term=2、value=X，S2 成为任期 3 的领导者，选票来自 S2、S4 和 S5。

（4）S1 将 index=1、term=2、value=X 追加写到 S3 中。

（5）此时，S1 已经完成了对 index=1、term=2、value=X 的提交，即使它不再是当前任期的 Leader。

这种行为是安全的，因为任何新的领导者也必须包含该日志记录，因此它将永远存在。

该日志记录必须存储在给新领导者（记为 L）投票的服务器 S 上，并且必须在 S 给新领导者投票之前存储在 S 上，日志完整性判断：S 只能在 `L.lastLogTerm > S.lastLogTerm` 或者 `(L.lastLogTerm == S.lastLogTerm and L.lastLogIndex >= S.lastLogIndex)` 的情况下给 L 投票。

如果 L 是 S 之后的第一任领导者，那么我们必须处于第二个条件下，L 一定包含了 S 拥有的所有日志记录，包括我们担心的那个记录。

如果 L'是 S 之后的第二任领导者，那么 L'只有从 L 那里收到了日志，它最新的任期号才可能比 S 大。但是 L 在把自己的日志复制到 L'时也一定已经把我们担心的那条日志复制到 L'了，所以这也是安全的。

而且，这个论点对未来所有的领导者都成立。

9. 在配置变更过程中，如果当前领导者不在 C_{new} 中，一旦 C_{new} 的日志记录被提及，它就会"下台"。然而，这意味着有一段时间，领导者不属于它所领导的集群（领导者上存储的当前配置条目是 C_{new}，它不包括领导者）。假设修改算法，如果 C_{new} 不包含领导者，则使领导者在

其日志存储了 C_{new} 时就立即 "下台"。这种方法可能发生的最坏情况是什么？

根据对算法的理解，有两种可能的正确答案。

答案 1：假设一个不错的实现——一旦一个服务器不再属于其当前配置，它就不会再成为候选者。问题在于，C_{old} 中的另一台服务器可能会被选为领导者，在其日志中追加 C_{new}，然后立即 "下台"。

更糟糕的是，这种情况可能会在 C_{old} 的多数派服务器上重复。一旦超过半数 C_{old} 存储了 C_{new} 条目，它就不能再重复了。由于日志完整性检查，没有 C_{new} 这条日志记录的 C_{old} 中的任何服务器都不能当选（超过半数的 C_{old} 需要日志 $C_{old+new}$，不会再给没有 C_{new} 这条日志记录的服务器投票。）

在这之后，C_{new} 中的某台服务器必须当选，集群就会继续运行。所以最坏的情况其实只是运行了**最多**$|C_{old}|/2$ 次额外的选举和选举超时。

答案 2：假设一个朴素的（Naive）实现，仍允许一个不属于其当前配置的服务器成为候选者。最坏的情况是，领导者一 "下台" 就再次当选（它的日志仍然是完整的），然后再 "下台"，无限重复这个过程。

4.9　Paxos vs Raft

自 Raft 算法诞生并在许多分布式系统中取得成功后，越来越多的人好奇 Paxos 和 Raft 的差别到底是什么？作为一个架构师或开发者，应该选择 Paxos 算法还是 Raft 算法？

Paxos 几乎是分布式共识算法的代名词，但 Raft 正在以迅猛的速度追赶它，尤其是最近越来越多人选择基于 Raft 来构建系统。

2020 年剑桥大学的博士 Heidi Howard 和 Richard Mortier 发表论文对比了 Paxos 和 Raft[1]，他们试图比较哪个是更好的共识算法。然而，他们发现，Paxos（主要是 Multi-Paxos）和 Raft 其实非常相似，它们的共同点包括：

- 从所有节点中选出一个领导者，它接受所有的写操作，并将日志发送给跟随者。
- 多数派复制了日志后，该日志提交，所有成员最终将该日志中的命令应用于它们的状态机。
- 如果领导者失败了，则多数派会选出一个新的领导者。
- 两者都满足状态机安全性和领导完整性。状态机安全性是指，如果一个节点上的状态机

1　Heidi Howard and Richard Mortier. "Paxos vs Raft: Have We Reached Consensus on Distributed Consensus?" In: Proceedings of the 7th Workshop on Principles and Practice of Consistency for Distributed Data(Apr. 2020), pp. 1–9. doi: 10 . 1145 / 3380787 . 3393681.

应用了某个索引上的日志，那么其他节点永远不会在同一个索引应用一个不同的日志。

领导完整性是指，如果一个命令 C 在任期 t 和索引 i 处被领导者提交，那么任期大于 t 的任何领导者在索引 i 处存储同样的命令 C。

Heidi Howard 和 Richard Mortier 也对比了两者的不同点，得出 Raft 相对于 Paxos 的好处在于三点：表现形式（Presentation）、简单性（Simplicity）和高效的领导者选举算法。

首先是表现形式。Leslie Lamport 讲了一个关于 Paxos 的晦涩难懂的故事，这个故事把具体的算法内容隐藏得太深了。对比 Raft 论文，作者在论文中直截了当地表明，Raft 论文的主要目标是可理解性，尝试寻找一种比 Paxos 更容易学习和理解的方式来描述算法，同时希望算法对于实际构建系统的开发者来说是实用的。Raft 还给出了代码实现的相关逻辑。所以，Raft 的表现形式是更为友好的。

第二点是简单性。如果深入挖掘 Paxos 到底比 Raft 复杂在哪里，Heidi Howard 和 Richard Mortier 发现有两个方面体现了 Paxos 的复杂性。第一，Raft 按顺序提交日志，而 Paxos 允许日志不按顺序提交，但需要一个额外的协议来填补可能因此而出现的日志空洞。第二，Raft 中的所有日志的副本都有相同的索引、任期和命令，而 Paxos 中这些任期可能有所不同。

第三点是 Raft 具备了一个高效的领导者选举算法。Paxos 论文中给出的选举算法是比较服务器 id 的大小，在几个节点同时竞选时，服务器 id 较大的节点胜出。问题是，这样选出的领导者如果缺少一些日志，那么它不能立即执行写操作，必须先从别的节点那里复制一些日志。Raft 日志总能选出拥有多数派日志的节点，从而不需要追赶日志，虽然有时选举会因为瓜分选票而重试，但总体来说是一个更有效率的选举算法。

如果一个服务器非常落后，甚至落后了几天的日志，但却在某个时候当选了领导者，这将导致一定时间的阻塞。可在 Raft 算法中，永远不会选出日志落后的节点。

Heidi Howard 和 Richard Mortier 还得出一个结论，Raft 算法和 Paxos 算法其实非常相似，通常选择哪个并不重要，适用于一个算法的优化几乎同样适用于另一个算法。但 Raft 的领导者选举算法是一个非常高效的算法。

上海交通大学并行与分布式系统研究所（IPADS）也发表了关于 Paxos 和 Raft 的论文 [1] 并指出，近年来 Raft 已经逐渐超越了 Paxos，成为共识协议的首选。

笔者认为，Paxos 最大的问题是它留给读者的恐惧，由于 Leslie Lamport 在论文中模糊的表述，无论之后再怎样重新解释，都无法克服这一印象。另外，Raft 除了领导者选举和日志复制，配置变更和状态机部分都非常清晰，具体到了算法的实现细节。而 Paxos 算法有太多空白需要

---

1 Zhaoguo Wang, Changgeng Zhao, Shuai Mu, Haibo Chen, and Jinyang Li. 2019. "On the Parallels between Paxos and Raft, and How to Port Optimizations." In Proceedings of the 2019 ACM Symposium on Principles of Distributed Computing (Toronto ON, Canada) (PODC '19). Association for Computing Machinery, New York, NY, USA, 445--454.

开发者去思考和推敲，以至于实现出来的 Paxos 各有不同。亚马逊的 Michael Deardeuff 发现，GitHub 上许多 Paxos 的实现都有问题。对于一个底层基础应用来说，这是致命的，意味着你很难找到一个优秀的参考者。而 Raft 算法在 etcd 等系统中的成功实现，给了开发者足够的信心。笔者认为，在 Paxos 算法找到一个开源的"杀手级"工业应用之前，Raft 算法的赶超速度几乎是不可阻挡的。

4.10　拜占庭容错和 PBFT 算法

对于那些严格或开放的系统，拜占庭容错是必要的。航空航天之类的系统，如波音飞机的信息管理系统和飞行控制系统[1]，都考虑了拜占庭容错；一些航天器如 SpaceX 公司的龙飞船（Dragon）[2]也考虑了拜占庭容错；对于比特币这类去中心化的加密货币，天生就处于有人会故意破坏的网络环境，因此必须能够支持拜占庭容错。

Leslie Lamport、Robert Shostak 和 Marshall Pease 在拜占庭将军问题[3]的论文中讨论了 3 个进程互相发送未签名（论文中称为"口头的"）的消息，并证明了只要有一个进程出现故障，就无法容忍拜占庭错误。如果使用签名的消息，那么 3 个将军只要不超过 1 个出现故障，便能实现拜占庭共识。

Marshall Pease 将这种情况推广到了 N 个进程，在一个有 f 个拜占庭故障节点的系统中，至少有 $3f+1$ 个节点才能够达成拜占庭共识。即 $N \geqslant 3f+1$。

虽然在同步系统下对于拜占庭将军问题的确存在解，但是代价很高，需要 $O(n^f)$ 的信息交换量。

顾名思义，PBFT（Practical Byzantine Fault Tolerance）[4]算法是一种实用的拜占庭容错算法，1999 年由 Miguel Castro 和 Barbara Liskov 共同提出。PBFT 算法使用同步假设保证活性来绕过 FLP 不可能定理。PBFT 算法容错数量同样也是 $N \geqslant 3f+1$，但只需要 $O(n^2)$ 的信息交换量，即每台计算机都需要与网络中其他所有计算机通信。

PBFT 依然要实现状态机复制，为了实现拜占庭容错，PBFT 再增加一轮或多轮投票以获得多数派共识。拜占庭容错的要求是 $N \geqslant 3f+1$，也就是 $3f+1$ 个节点可以容忍 f 个节点故障，系统中节点 id 可以用 $\{0, \cdots, 3f\}$ 来表示。为了说明 PBFT 算法，我们假设系统有 4 个节点，根据拜占庭容错要求，4 个节点最多能容忍一个叛徒（会故意使坏的节点）。每个节点都有一个编号，

1　M., Paulitsch; Driscoll, K. (9 January 2015). "Chapter 48:SAFEbus". In Zurawski, Richard (ed.). Industrial Communication Technology Handbook, Second Edition. CRC Press. pp. 48–1–48–26. ISBN 978-1-4822-0733-0.

2　"ELC: SpaceX lessons learned [LWN.net]". Archived from the original on 2016-08-05. Retrieved 2016-07-21.

3　L. Lamport, R. Shostak, M. Pease, "The Byzantine Generals Problem", TPLS 4(3), 1982.

4　M. Castro and B. Liskov. Practical Byzantine fault tolerance. In Proc. of USENIX Symp. on OSDI, 1999.

图 4-64 中用 0 到 3 来表示。PBFT 算法中节点角色分为一个主节点（Primary）和多个备节点（Backups）。主节点也就是领导者，备节点也叫从节点，为了全书统一我们还是称之为从节点，其实没有差别。

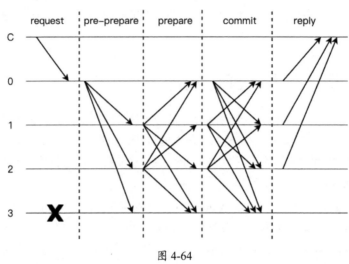

图 4-64

接下来介绍 PBFT 算法消息传递时会用到的一些基本概念：m 代表客户端请求消息；每次请求都会附加一个序列号（Sequence Number），用 n 表示。每个节点会通过摘要函数 $D(m)$ 计算出消息摘要 d。每个节点会记录 PBFT 算法当前的视图（view），用 v 表示，当主节点发生切换时，会生成一个新的视图。视图类似于 Raft 算法的任期，PBFT 将主节点变化的过程成为视图切换（view changes）。最后，每个节点共同使用一个签名算法，用来对消息进行签名验证。

参考图 4-64，PBFT 算法的完整流程包括一个三阶段协议，算上客户端请求和响应部分，一共分为 5 个步骤。我们来逐一了解 PBFT 算法如何实现拜占庭容错。

首先是客户端请求阶段。客户端 c 将请求消息<REQUEST，o，t，c>发送给主节点。请求中的 o（operation）代表状态机要执行的操作，t（timestamp）是客户端发起请求时的时间戳，用来保证精确一次语义，c（client）是客户端的唯一标识。主节点收到客户端请求后，开始执行 PBFT 三阶段算法。

第一阶段是预准备（Pre-Prepare）阶段。主节点先给请求分配一个唯一序列号 n，目的是唯一标识请求。然后广播经过签名后的预准备消息<<PRE-PREPARE，v，n，d>，m>给系统中的其他节点。其中 PRE-PREPARE 代表当前协议所属的阶段，v（view）代表主节点发送该消息时的视图，d（digest）是客户端消息的摘要，m（message）是客户端请求的消息内容。

从节点收到预准备消息后，会对消息进行以下检查：

（1）检查预准备消息的签名是否正确，同时检查 d 是不是 m 的摘要，以上两个检查确保消息正确，没有被篡改。

（2）检查当前视图是不是 v。

（3）从节点检查自己是否收到过相同的视图 v 和序列号 n，以及不同的摘要 d 消息。

（4）检查序列号 n 是否在区间[h, H]之内。

如果以上检查不通过，则从节点会丢弃消息，什么都不做。如果检查通过，则会将消息存储在本地，然后进入下一阶段。

第二阶段是准备（Prepare）阶段。上一步说到，从节点 i 检查无误后接收预准备消息，接着从节点 i 会向其他节点包括主节点发送经过签名的准备消息<PREPARE, v, n, d, i>，其中 i 是从节点的 id。

当主节点和其他从节点收到准备消息后，同样进行以下检查：

（1）检查准备消息的签名是否正确。

（2）检查当前视图是不是 v。

（3）检查序列号 n 是否在区间[h, H]之内。

如果检查不通过，则节点丢弃准备消息。如果检查通过，则节点将准备消息写入本地日志。对于从节点 i 来说，定义 prepared(m, v, n, i)条件为：

（1）消息 m 成功写入本地日志。

（2）消息 m 的预准备消息<PRE-PREPARE, v, n, d>成功写入本地日志。

（3）收到来自 $2f$ 个不同的从节点的准备消息<PREPARE, v, n, d, i>，并检查正确。注意，这里的准备消息必须从上一个条件的预准备消息中产生。由于从节点要接收 $2f$ 个其他从节点的准备消息，算上自己生成的准备消息，实际上一共有 $2f+1$ 条准备消息。

如果从节点 i 满足以上条件，则 PBFT 算法认为该该节点已经准备好接收该消息了。具体来说，对于图 4-54 中 $f=1$（容忍 1 个节点故障）的情况，从节点需要接收 2 个来自其他从节点的准备消息，图 4-54 中展示的正是如此。

这里之所以需要 $2f$ 个其他节点，是因为主节点并不参与准备阶段，这样整个系统除去主节点 1 个和可以容忍的恶意节点数量 f 个，剩下的正常节点数量为 $2f$ 个。

其实到这一步，才类似于 Paxos 的第一阶段完成，系统中的节点承诺接收视图 v 和序列号 n 的消息。

第三阶段是提交（Commit）阶段。从节点 prepared(m,v,n,i)条件为真的时候，从节点 i 向其他从节点广播经过签名的提交消息<COMMIT, v, n, D(m), i>，从节点收到提交消息后同样进行以下检查：

（1）检查准备消息的签名是否正确。

（2）检查当前视图是不是 v。

（3）检查序列号 n 是否在区间[h, H]之内。

如果检查失败，则丢弃该消息；如果检查提交消息满足条件，则从节点将提交消息写入本地日志。对于从节点 i 来说，定义 committed-local(m,v,n,i)条件为：

（1）f+1 个正常节点进入 prepared(m,v,n,i)状态；

（2）节点 i 接收了 2f+1 个节点的检查正确的提交消息。之所以需要 2f+1 个，是因为系统可以容忍 f 个故障节点，还剩下 2f+1 个正常节点。

如果节点 i 满足以上条件，那么节点 i 可以执行消息 m 中的请求。值得注意的是，所有序列号小于 n 的请求需要依照顺序依次执行，才能确保所有正常节点的状态机以相同的顺序执行请求中的命令。

最后一个阶段是回复（Reply）阶段。从节点在 committed-local(m,v,n,i)条件为真并且序列号小于 n 的请求都被执行之后，每个节点都向客户端发送经过签名的响应消息<REPLY, v, t, c, i, r>，其中 i 代表节点的编号，r 代表请求执行的结果。客户端需要等到至少 f+1 个具有相同结果的从节点响应，同时，响应消息也要验证签名、时间戳和执行结果是否正确，这样客户端才认为请求执行正确。

以上 PBFT 算法非常依赖主节点，万一主节点正好是叛徒呢？为了避免主节点正好是叛徒，故意给不同的请求附加相同的序列号，或者故意附加不连续的序列号，这就需要更换主节点以更换视图，来保证 PBFT 算法的正确性。一般通过超时检测来触发视图切换，如果节点发现一个请求超时，那么为了防止无限等待请求（可能此时有节点故意破坏），节点会触发视图切换，并将视图切换消息<VIEW-CHANGE,v+1, n, C, P, i>广播给所有节点。

PBFT 算法其实也是 Paxos 算法的一类变体，也被称作 Byzantine Paxos 算法。

经过以上分析，我们发现 PBFT 算法依赖于主节点，节点之间需要互相通信，并且需要知道系统中的节点数量，这导致 PBFT 并不是完全开放的共识算法，和比特币等基于工作量证明的共识算法不同，PBFT 算法中的每个节点都要经过许可（Permissioned）才能加入系统，这类区块链被称为许可链（Permissioned Blockchain）。

此外，PBFT 算法需要三阶段协议来完成，虽然网络通信不像工作量证明那般大量挖矿而消耗大量计算资源，但是通信量会随着节点数量的增加而急剧增加，信息交换量达到$O(n^2)$，这会造成网络规模方面的限制，导致扩展性较差。

综上所述，PBFT 算法适合作为权益证明（Proof of Stake 或 POS）算法，即通过抵押资金来创建新的区块，如果系统发现该节点异常工作，则会削减它的质押资金；如果正常工作，则会给予奖励。这样就避免了节点的恶意行为，同时不需要挖矿而浪费大量算力。PBFT 算法被应用在加密货币 Zilliqa 项目和 Hyperledger Fabric 项目中。

虽然 PBFT 已经有了一定的改进，但在大量参与者的场景中还是不够实用，不过在拜占庭容错上已经做出很重要的突破，一些重要的思想也被后面的共识算法所借鉴。这里介绍一些其他拜占庭容错共识算法，供感兴趣的读者阅读。

2006 年 Jean-Philippe Martin 和 Lorenzo Alvisi 共同提出了 Fast Byzantine Paxos 算法[1]，对 PBFT 算法进行优化，让客户端直接发送请求给接受者，这就消除了一轮消息延迟。这个优化类似于 Fast-Paxos 对 Multi-Paxos 的优化。

2011 年，Lamport 在论文 *Leaderless Byzantine Paxos*[2] 中提出了一个无领导者的拜占庭容错 Paxos 算法，不过 Lamport 大师依旧特立独行，这篇论文只有两页，仍有许多细节需要自己扩展。

除了 Paxos 算法，也有学者在 Raft 算法的基础上实现拜占庭容错。2014 年，Christopher Copeland 和 Hongxia Zhong 共同发表论文 *Tangaroa: a byzantine fault tolerant raft*[3] 提出 Tangaroa 算法，结合了 Raft 算法和 PBFT 算法，有着 Raft 算法的可理解性和易实现性，同时在拜占庭环境下也能实现安全性、容错性和活性。

2016 年，Yossi Gilad 和 Silvio Micali（获得 2012 年图灵奖）等人一起提出了 AlgoRand 算法[4]，利用密码学技术选择共识算法的验证者和领导者，AlgoRand 只需要极小的计算量，是一种快速、高效的拜占庭容错共识算法。

2017 年，Roy Friedman 和 Roni Licher 一起发表了名为 *Hardening Cassandra Against Byzantine Failures* 的论文[5]，探索如何强化分布式存储系统 Cassandra 以支持拜占庭容错。论文中研究了几种可选择的设计方案，并分别对这些方案进行了验证和性能测试。通过实验，两位学者发现，在最好的情况下，拜占庭容错的 Cassandra 的性能大约是普通（非拜占庭容错）Cassandra 的一半。

2019 年，Guy Golan Gueta 和 Dahlia Malkhi 等人提出 SBFT（Scalable Byzantine Fault Tolerance）[6] 算法，解决了 PBFT 算法的可扩展性、去中心化和跨全球地址位置复制的问题，号

1　Martin,J-P.,and Lorenzo Alvisi."Fast byzantine consensus."IEEE Transactions on Dependable and Secure Computing 3.3 (2006):202-215.

2　Lamport,Leslie."Brief announcement:Leaderless byzantine paxos." International Symposium on Distributed Computing.Springer,Berlin,Heidelberg,2011.

3　Copeland,Christopher,and Hongxia Zhong."Tangaroa: a byzantine fault tolerant raft."(2016):1-5.

4　Gilad,Yossi,et al."Algorand:Scaling byzantine agreements for cryptocurrencies."Proceedings of the 26th symposium on operating systems principles.2017.

5　Friedman,Roy,and Roni Licher."Hardening cassandra against byzantine failures."arXiv preprint arXiv:1610.02885(2016).

6　Gueta,G.G.,et al."Sbft:a scalable decentralized trust infrastructure for blockchains,2018."(1804).

称可以用来构建最先进的许可链。正常运行情况下吞吐量可达 PBFT 算法的两倍，延迟也更低。

2019 年，Dahlia Malkhi，Kartik Nayak 和 Ling Ren 一起提出 Flexible BFT 一个灵活的协议族[1]。Flexible BFT 可以让系统管理员指定他们需要容忍的故障阈值、是否支持同步网络等，然后选择协议族中的一个实例来支持和构建想要的系统。

4.11 本章小结

本章讨论了分布式系统中的共识问题。重点在于共识算法的学习，介绍了 Basic Paxos 算法，通过实验实现了一个简易版的 Basic Paxos 算法。本章还描述了如何从 Basic Paxos 扩展出 Multi-Paxos，包括如何批准某个位置的日志记录，如何通过领导者减少冲突、减少第一阶段请求来提升 Multi-Paxos 算法的效率，如何让所有的服务器都得到完整的日志，系统如何与客户端交互工作。最后，还讲解了如何通过 α 值来处理配置变更。

国内外一些互联网大厂都有自己的 Paxos 或 Multi-Paxos 实现。Google 的论文 *Paxos made live* 介绍了他们相关的工作，Google 的许多基础架构都基于文章描述的 Multi-Paxos 算法；微信作为国内首屈一指的应用，微信团队也开源了他们的 Paxos 实现，名为 phxpaxos；阿里巴巴 2021 年正式开源的 OceanBase 也使用了 Paxos 算法。读者可以参考各大企业的实现，进一步加深对 Paxos 算法的理解。

Basic Paxos 流程是比较容易理解的，但 Multi-Paxos 却非常棘手，尤其是实际使用的时候，需要一系列的优化，这一系列优化又是那么不容易理解和实施。这也是后来许多分布式系统纷纷转投 Raft 算法的原因之一，Paxos 的工程化实在令人头疼。

Raft 算法提供了一个更易于理解、更好实现的共识算法。本章花了大量篇幅来分析 Raft 算法，从一个简单的领导者选举算法开始，一步步增加约束，展开了 Raft 算法的全貌，并提及了许多优化，这些优化实际上都是非常有用的。对于 Raft 算法实现感兴趣的读者可以参考 etcd 这个标杆项目。实际上，很多分布式系统都参考了 etcd 的 Raft 算法实现。

参考 Heidi Howard 博士的论文，我们对比了 Raft 算法和 Paxos 算法，更直观地认识到 Raft 算法的优点在于其有效的领导者选举算法。但实际上两者是互通的，各种优化方法都可以互相使用。

我们还讨论了拜占庭容错的共识算法。近年来，随着区块链的火热，本来只在特殊领域使用的拜占庭共识算法，也越来越受到关注。

共识算法是本书的重点，也是分布式系统的重点与难点，笔者希望读者能够回顾以下术语

1　Malkhi,Dahlia,Kartik Nayak,and Ling Ren."Flexible byzantine fault tolerance."Proceedings of the 2019 ACM SIGSAC Conference on Computer and Communications Security.2019.

来重新复习共识算法，这些关键术语包括状态机复制（State Machine Replication，SMR）、日志、已提交的日志条目（Committed Entry）或已批准的日志条目（Chosen Entry）、领导者、多数派（或者更普遍的 Quorum）、提案编号和任期。

作为对分布式共识的总结，笔者在表 4-7 中整理了一些比较常见的共识算法，展示共识算法的现状。由于 Paxos 协议族的变体已经在 4.7 节展开讨论，故在此列出的大多属于拜占庭共识算法。共识算法不可胜数，曾有人调侃分布式领域的人发明了十亿种算法来达成共识。感兴趣的读者可以挑选表 4-7 中的共识算法进行研究。

表 4-7

协议名称	提出年份	是否支持拜占庭容错	基础算法	代表性应用
Paxos（族）	1989	否	无	Chubby、Spanner
PBFT	1999	是（<1/3）	BFT	Hyperledger
PoW	1999	是（<1/2）	无	Bitcoin
PoS	2011	是（<1/2）	无	Peercoin
Raft	2013	否	无	etcd、TiDB、CockroachDB
Ripple	2013	是（<1/5）	无	Ripple
Tangaroa	2014	是（<1/3）	Raft+PBFT	
Algorand	2016	是（<1/3）	PoS+BFT	ArcBlock
Scalable BFT	2016	是（<1/3）	Tangaroa	Kadena

第 5 章
分布式事务

通过第 3 章的介绍我们发现，分布式系统和数据是密不可分的。本章介绍分布式事务，事务和存储系统也是密不可分的。

1970 年 Edgar F. Codd 博士发布了数据库领域里程碑级别的论文[1]，提出了关系数据库的概念。随后，1974 年 IBM 开始了 System R[2]数据库的研发，System R 是一个开创性的项目，它第一次实现了结构化查询语言（SQL），并且提供了良好的事务处理。System R 的设计对后来的各类数据库产生了积极的影响。今天，几乎所有的关系型数据库和一部分非关系型数据库都支持事务，虽然它们的实现细节有些差别，但总体思路大同小异。

当系统从单体架构转向分布式架构时，所要面临的最常见的问题之一，便是如何把原来的单节点事务迁移到分布式系统中。当一个事务跨越多个节点时，我们如何让客户端无感知数据存储在多个节点上，同时保证整个分布式事务就像单节点事务一样？本章分析几种常见的分布式事务实现方式，探讨每种方案会遇到哪些问题，并对比每种解决方案的优缺点。

5.1　什么是分布式事务

在开始讨论分布式事务之前，我们先来回顾一下传统数据库的事务。我们可以这么理解事务：软件开发工程师有一系列的数据库操作，他们有时希望这些操作作为一个整体，不会因为

1　Codd,Edgar F."A relational model of data for large shared data banks."Software pioneers. Springer,Berlin,Heidelberg,2002.263-294.

2　Chamberlin,Donald D.,et al."A history and evaluation of System R." Communications of the ACM 24.10 (1981):632-646.

失败而被分割，不必担心"这个操作完成"但"那个操作失败"了；有时也希望不会被其他事务看到多个操作的中间状态，而是作为一个整体一起完成。事务能帮助开发者快速、方便地实现这一需求。事务处理系统会要求开发工程师标明事务的开始和结束，同时保证在事务的开始和结束之间的行为是可预知的。

一般认为事务必须遵从 ACID[1]。ACID 由四个属性的英文单词首字母组成，这四个属性分别是：

- 原子性（Atomicity）：一个事务所包含的所有操作，要么全部完成，要么全部不完成，不会在中间某个环节结束。即使事务在执行过程中发生错误，也会被回滚（Rollback）到事务开始前的状态，就像这个事务从来没有执行过一样，即事务中的操作不可分割。

- 一致性（Consistency）：在事务开始之前和事务结束以后，数据库的完整性没有被破坏。事务必须保证数据库可以从一个一致的状态转移到另一个一致的状态，这种一致性要求不仅指常见的数据库完整性约束（例如主键、外键、触发器、check 等约束），有时还需要由用户（应用程序）来保证，例如用户指定数据库字段 A 和 B 必须满足 A+B=100，如何保证该约束是用户层编写事务的程序员的职责。

- 隔离性（Isolation）：数据库允许多个并发事务同时对其数据进行读写和修改，隔离性可以防止在多个事务并发执行时，由于交叉执行而导致数据出现异常的情况。不同的隔离级别有着不同的保证，这在第 3 章有过详细讨论。

- 持久性（Durability）：事务结束后，对数据的修改就是永久的，即便系统出现故障也不会丢失数据。在实际项目中，这意味着数据库会将数据写入非易失性存储设备，如磁盘或 SSD。

> **注意**：在第 3 章中提到过，ACID 的一致性和 CAP 定理中的一致性是不一样的。ACID 中的 C 属于数据库事务领域的概念，具体含义如上所述；而 CAP 定理中的 C 指的是线性一致性。虽然它们的英文单词都一样，但必须清楚认识到两者是完全不一样的"一致性"。

银行转账是最经典的事务例子。假设用户 A 和用户 B 的账户最开始都有 100 元，并且假设用户 A 和用户 B 的账户都是一条数据库的记录。

为了更好地解释，我们假设有两个并发事务。第一个事务是，用户 A 要转 10 元给用户 B；另一个事务是，银行工作人员对银行的所有账户做审计，统计所有账户的总金额。因为在账户间转钱并不会改变所有账户的总金额，所以我们假设这两个事务是同时进行的。

1　Haerder,Theo,and Andreas Reuter."Principles of transaction-oriented database recovery."ACM computing surveys (CSUR) 15.4 (1983):287-317.

我们用伪代码来描述这两个事务。我们将第一个事务称为 T1，事务开始用 BEGIN 表示，事务结束用 COMMIT 表示，这样可以得到 T1：

```
T1:
BEGIN
    ADD(A, -10)
    ADD(B, 10)
COMMIT
```

我们将第二个事务称为 T2，在第二个事务中我们只是读取数据，我们用两个变量分别表示用户 A 和用户 B 的账户余额，读取后将它们都打印出来，最后提交事务。可以这样表示 T2：

```
T2:
BEGIN
    a = GET(A)
    b = GET(B)
    print(a, b)
COMMIT
```

我们复习一下在第 3 章学到的隔离级别，假设此时数据库的隔离级别是串行化，即并行执行的一系列事务与按照某种串行的顺序来执行这些事务得到的结果是相同的。在上面的例子中，对于 T1 和 T2 两个事务，只有两种串行执行的顺序，要么先执行 T1 后执行 T2，要么先执行 T2 后执行 T1，我们可以分别计算按这两种串行顺序执行事务后的结果。

第一种情况，先执行 T1 再执行 T2，数据库中的记录为 A=90、B=110，因为 T1 先执行，T2 后打印，所以按照这个顺序打印出来的结果是"90, 110"。

第二种情况，先执行 T2 再执行 T1，首先打印转账之前的数据，然后执行转账操作，所以最后的结果仍然是 A=90、B=110，但打印的结果是"100, 100"。

这两种情况都是合法的执行结果，打印的结果加起来都等于 200，这是符合逻辑的。如果同时执行这两个事务，却得到了以上两种结果之外的其他输出，则说明数据库的隔离级别并不是串行化。

这便是一个体现了原子性、隔离性的事务。事务之所以这么重要，是因为事务的出现简化了软件开发工程师的工作，我们可以将数据库事务理解为一个抽象的概念，事务使软件开发工程师不必再处理数据系统中所有可能出现的故障，不必再仔细斟酌各种意外情况，将这一系列责任从应用程序转移到了数据库，减轻了软件开发工程师的心智负担，减少了潜在的错误。

在分布式系统中，事务也十分有用。分布式事务不仅有单机事务中的好处，还隐藏了将数据分割在多台服务器上带来的故障处理等复杂问题。事务在分布式系统中同样非常重要——尤其是对于数据库来说，事务是必不可少的，于是许多分布式数据库想尽办法来实现分布式事务。

通常我们谈论分布式事务，可以将其理解为单机事务的两种变体。第一种变体是，同一份数据需要在多个副本上更新，一个分布式事务需要更新所有的副本，如果有的节点提交了事务，有的节点回滚了事务，那么这样的结果对于用户来说是无法接受的；第二种变体是数据进行了分区，例如上述的银行账户，可以转变为这样的分布式事务——用户 A 的账户存储在节点 N1，用户 B 的账户存储在节点 N2，我们需要将用户 A 的钱转到用户 B 的账户中，这样的事务跨越多个节点，还要同时保证整体数据一致和事务的 ACID 属性。第二种变体是分布式事务最常见的情况，因为第一种变体大多数时候可以通过单主复制来解决（见第 3 章），所以第二种变体也是我们重点讨论的情况。

本章的重点就在于如何实现分布式事务。与单机事务一样，分布式事务也需要遵从 ACID 四个基本属性，故我们先分析分布式系统如何实现事务的 ACID 属性。

实际上，无论是分布式系统还是单机系统，事务一致性和持久性的实现并没有太大的差别。为了实现一致性（再次注意，这里指数据库层面的数据完整性），系统可以在事务的前后引入一些额外的读写操作，以保证数据符合完整性约束，有时实现一致性不仅取决于数据库，还取决于应用程序的业务逻辑。长久以来对 ACID 中的一致性是充满争议的，这是一个需要应用程序和数据库一起控制的属性，分布式事务通常不讨论 ACID 中的一致性。

想要实现持久性，只需在向客户端返回响应之前，确保将数据存储在非易失性存储设备中即可，通常还会包括一些 WAL（Write-ahead Logging，中文为"预写式日志"或"预写日志"）或其他日志文件。虽然非易失性存储设备可能会损坏，但不考虑极端的情况（数据和备份全部损坏），通过备份就可以解决该问题。这里的总体解决思路和单节点事务没有太大差别。

可见，就一致性和持久性来说，分布式事务并不需要特殊的实现方式，基本与单机系统类似。

相比之下，原子性和隔离性在分布式系统中的实现就充满了挑战，所以本章重点讨论如何实现这两个属性，分布式事务原子性和隔离性的实现分别对应原子提交（Atomic Commit）和并发控制（Concurrency Control）。

原子提交：正如前面提到的银行转账的例子，事务先修改了节点 N1 上用户 A 的账户，当事务正要执行节点 N2 上的操作时，节点 N2 发生了故障，无法继续执行事务，此时我们需要回滚事务，将用户 A 的钱退回去。也就是说，哪怕分布式系统发生部分失效，事务照样需要具备回滚的能力。这显然比单节点事务复杂得多。

并发控制：主要通过隔离其他尝试使用相同数据的并发事务以实现隔离性，并发控制经常涉及锁和多版本并发控制。

5.2 原子提交

原子提交在分布式领域更普遍地被称为提交问题（The Commit Problem）。

事务的一大好处就是保证了原子性，所有的操作要么都执行，要么都不执行（All Or Nothing）。原子性可以说是事务最重要的特性，软件开发人员依靠事务的原子性，能够安全地将一系列相关的、不可分割的操作组合成一个整体，实现许多业务需求。

但保证原子性并非易事——不仅仅是在分布式系统中，在单机系统中亦如此。原因是原子性涉及了硬件和软件，而两者都可能出现意外故障。即使是向文件中写入一些简单的字节，也需要额外的工作来保证写入的原子性，保证即使硬盘在执行写入操作的时候出现故障，文件也不会被损坏。

我们先简单回顾单机事务的原子性的实现。

常见的机械磁盘一般可以保证 512 字节的原子写，所谓原子写也就是说，即便遭遇突然断电等意外情况，一般的机械磁盘也可以保证当前 512 字节的成功写入；如果写入的数据大于 512 字节，则原子写得不到保障。

为了在更通用的情况下实现原子性，常见方法是使用日志或 WAL 这类技术。简单地说，先将操作的元数据写入一个单独的日志文件，同时还有表示操作是否完成的标记。倘若系统在写入过程中发生故障，那么基于这些数据，系统恢复后依然能够识别出哪些操作在故障发生前已完成，然后通过撤销所有的操作来回滚事务；或者通过完成剩余未执行的操作来继续提交事务。基于硬盘原子写和日志文件来实现事务原子性的方法，在文件系统和数据库中广泛使用。

但分布式系统中的原子性问题更加复杂，因为节点分布在不可靠的网络中。此外，我们不仅需要确保一个操作在一个节点上的原子性，还要确保一个操作在多个节点上的原子性，也就是说，操作要么在所有的节点上都生效，要么不在任何一个节点上生效，每个节点提交或中止事务的操作要保持一致。

我们还是用银行转账来举例。假设一个分布式系统中的两台服务器，用户 A 的账户余额存储在服务器 N1 上，用户 B 的账户余额存储在服务器 N2 上，他们的账户上都有 100 元。

接下来用户 A 要转账 10 元给用户 B，事务需要同时修改用户 A 和用户 B 的数据。假设事务先给服务器 N2 上用户 B 的账户加上 10 元，再给服务器 N1 上用户 A 的账户减去 10 元。由于数据分布在两台完全不同的服务器上，很可能出现一些意想不到的故障，可能在给用户 B 的账户加上 10 元后，服务器 N1 宕机了，无法对用户 A 扣钱；甚至服务器没有宕机也可能触发异常，例如可能在请求服务器 N1 的时候发现用户 A 的账户余额已经不足 10 元了，不能再对用户 A 的账户减去 10 元（数据库约束账户不能为负数）。不管怎样，服务器 N1 没有完成它在事务中的那部分工作，但服务器 N2 又完成了它的任务。

分布式事务的原子性通过原子提交协议（Atomic Commit Protocol，ACP）来实现，原子提交协议也叫原子提交算法，原子提交协议必须满足以下三个特性[1]：

- 协定性（Agreement）。所有进程都决议出同一个值，相当于所有进程要么一起提交事务，要么一起中止事务，不存在两个进程一个提交事务另一个中止事务的情况。
- 有效性（Validity）。如果所有进程都决定提交事务并且没有任何故障发生，那么最终整个系统将提交事务；只要有一个进程决定中止事务，系统最终将中止事务。
- 终止性（Termination）。终止性又分为弱终止条件（Weak Termination Condition）和强终止条件（Strong Termination Condition）。弱终止条件是指，如果没有任何故障发生，那么所有进程最终都会做出决议（提交或终止事务）；强终止条件也称为非阻塞条件（Non-Blocking Condition），是指没有发生故障的进程最终会做出决议。

满足强终止条件的提交算法被称作非阻塞提交算法，而满足弱终止条件但不满足强终止条件的提交算法被称作阻塞提交算法。值得注意的是，协定性约束了两个进程不能决议出不同的值，因此，原子提交协议严格不允许一个出错的进程和一个正确的进程做出不同的决定。如果一个进程出错一段时间后又恢复，则会导致提交算法出现不一致。

其实从这三个特性可以看出，原子提交协议实际上解决了分布式共识问题（见第 4 章）的一个子类，即对事务的提交或中止达成共识。

5.2.1　两阶段提交

正如其名，两阶段提交（Two-Phase Commit，2PC）由两个阶段组成，是最经典的原子提交协议。两阶段提交的基本思想是，既然仅仅发送一个请求不足以知道其他节点能否成功提交事务，那么最直接的想法就是再增加一轮请求，先检查每个节点上的状态是否能够满足事务正确性，再进行事务操作。

两阶段提交包含两个角色：协调者（Coordinator）和参与者（Participants），它们的名字反应了它们在协议中的职责：协调者负责协调算法的各个阶段，而参与者则参与到事务中执行事务操作。值得一提的是，也可以选择其中一个参与者来同时扮演协调者。

一个两阶段提交事务包含两个阶段，如图 5-1 所示。

第一阶段称为准备阶段（Prepare Phase），也称为投票阶段（Voting Phase）。该阶段的执行步骤大致如下：

（1）协调者向所有参与者并行发送准备消息，询问参与者是否可以提交事务，并等待参与者响应。

1　Nancy Lynch. "Distributed Algorithms." Morgan Kaufmann Publishers, San Mateo, CA, 1996. ISBN: 978-0-08-050470-4.

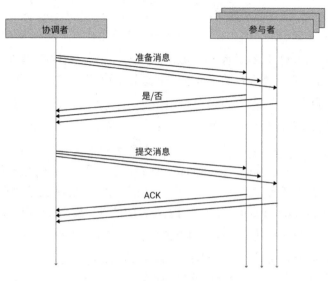

图 5-1

（2）参与者检查执行事务所需条件和资源（如权限验证、上锁等），一切都准备好后参与者执行事务的所有操作，并记录操作日志。

（3）参与者响应协调者发起的请求。如果参与者发现事务的所有操作都执行成功，则返回一条"是"消息；如果参与者发现所需条件和资源检查失败，或者事务操作执行失败，则返回一条"否"消息。

第二阶段称为提交阶段（Commit Phase）。协调者收到所有参与者上一阶段的响应，如果所有参与者都回复"是"，那么：

（1）协调者向所有参与者发送提交消息，指示参与者提交本次事务，等待参与者响应。

（2）参与者收到提交消息后，正式提交事务。完成事务提交操作后，清理占用的资源，例如释放锁等，并记录操作日志。

（3）参与者中止事务后响应协调者，协调者收到所有参与者消息后，确认事务完成。

只要有一个参与者回复了"否"，那么：

（1）协调者向所有参与者发送中止消息，指示参与者中止本次事务，等待参与者响应。

（2）参与者收到中止消息后，利用其第一阶段记录的日志回滚所执行的事务操作，并清理占用的资源。

（3）中止后参与者响应协调者，协调者收到所有参与者消息后，确认事务中止。

两阶段提交类似于投票，投票方（参与者）有一票否决权，只有全票通过，事务才能提交；否则事务中止。

无论是协调者还是参与者，都有可能在任何阶段发生故障，为了在它们恢复后仍能继续推进事务的执行，参与者与协调者都需要将事务相关的信息写入持久化存储设备（硬盘、SSD 等），以便能在重启后恢复事务的状态。这里和单机系统类似，通常使用 WAL 来存储事务元数据，所有修改操作在完成之前都要先写入 WAL，参与者重启后可以检查 WAL 文件，恢复到事务实际执行的操作状态，根据操作状态参与者可以决定是回滚已完成的操作还是继续完成还未执行的操作，或者是保持原样。

以上我们讨论的都是正常工作的情况。接下来我们开始在脑海里想象各个阶段都可能出现的故障，两阶段提交协议需要一定的容错性来预防各种问题。

第一种情况是，如果在第一阶段，参与者在回复协调者之前发生了故障，那么从协调者的角度来看，由于有一个参与者没有确认，所以也不能决定事务如何执行，只能一直等待故障的参与者回复。这时如果参与者无法恢复正常工作，则协调者会无限等待下去。

针对第一种情况，协调者可以设置一个超时等待时间来解决。如果参与者在超时时间内没有投票，协调者就认为这个参与者投了反对票，协调者将中止这次事务。系统可能会在稍后对该事务进行重试。

第二种情况是，如果在第一阶段，协调者在向参与者发送准备请求后立即发生故障，那么参与者将阻塞，一直等到协调者恢复正常后才能知道本次事务是要提交还是要中止。可见，协调者存在单点故障问题，再加上协议的阻塞性，如果协调者在特定阶段宕机，那么参与者将阻塞下去。如果此时数据库还锁定了事务相关的数据和资源，后续的事务也无法访问这些数据，则可能导致整个系统停顿——有时可能需要人工干预来解决。

从第二种情况可以得出，两阶段提交只满足弱终止条件，如果协调者发生故障，其他没有发生故障的参与者无法决定事务走向，则不满足强终止条件，所以两阶段提交是一种阻塞提交算法。

第三种情况，假设在第二阶段，协调者只发送了一部分提交消息，此时发生了网络分区，导致剩下的那部分参与者没有收到提交消息，也就是说，只有部分参与者提交了事务，如果恰好此时别的事务能够读取到中间结果，那么会发现整个系统出现数据不一致的情况。

最极端的情况，如果在第二阶段，协调者只将消息发送给一个参与者就立即宕机了，而收到这条消息的参与者也宕机了，那么此时即便选举出新的协调者，新协调者也无法知道此轮事务是要提交还是要中止，只有协调者和收到这条消息的参与者知道（但它们失效了）。此时新协调者不能直接中止事务，如果在失效的参与者上提交了事务，但在其他参与者上中止了，那么一旦参与者恢复，整个系统的数据将会彻底不一致；协调者也不能强制提交整个事务，因为最初的消息可能是中止消息，协调者并不打算提交这条事务，强制提交后参与者一旦恢复，整个系统的数据还是会不一致。

两阶段提交存在上述的同步阻塞问题、单点故障问题、数据不一致问题及提交阶段不确定问题，部分开发者认为两阶段提交无法达到需要的安全性保证，同时导致运维工作量增加、性能和可用性（两阶段提交存在多轮消息交互）下降等问题，因此，有些分布式存储系统为了保证性能，选择不实现分布式事务。

但还有一些分布式数据库不可避免地要实现原子性，这些系统还是会使用两阶段提交协议，或者基于两阶段提交进行改进。CockroachDB 提出一种优化两阶段提交的解决方案 Parallel Commits[1]，其思路是：第一阶段实际上协调者已经知道本次事务应该提交还是中止，只不过因为网络分区或节点故障可能导致算法阻塞或数据不一致，如果此时问题节点能去所有节点上查询第一阶段的状态，就能知道下一步应该做什么，这样我们就能在第一阶段结束后直接返回给客户端，然后异步执行第二阶段的提交，减少了一轮消息的往返时间。问题是怎样让其他节点知道第一阶段的状态呢？Parallel Commits 将第一阶段最终的节点和结果写到全局事务日志中，这样在问题发生的时候就有办法通过查询其他节点的结果来处理异常情况。不过，Parallel Commits 还要与共识算法一起工作，具体实现细节还需深入阅读 CockroachDB 代码和设计文档。

5.2.2　三阶段提交

在 5.2.1 节中提到，两阶段提交协议的一个瓶颈在于，协调者一旦发生故障，会使整个系统进入阻塞状态，故称两阶段提交为阻塞提交算法，这对于一些系统来说是不可接受的。为了解决这个问题，一个直接的想法是，在协调者失效后，能有一个节点以某种方式充当协调者，继续执行事务。显然可以让某个参与者来充当协调者，但是参与者并不知道其他参与者的状态，草率行动会破坏整个系统数据的一致性。

三阶段提交[2]是为解决两阶段提交协议阻塞性这一缺点而设计的。既然参与者不知道第一阶段的投票结果，三阶段提交就在两阶段提交的第一阶段和第二阶段之间插入了一个预提交（Prepare to Commit，Pre-Commit）阶段，在预提交阶段，协调者将第一阶段的投票结果发送给所有参与者，这样，如果在提交阶段协调者和收到消息的参与者发生了故障，则可以从剩下的参与者中选出一个来充当协调者，新的协调者可以根据预提交阶段的信息，判断是应该执行提交还是中止事务，继续安全地推进事务。三阶段提交算法的流程如图 5-2 所示。

第一阶段依然是准备阶段或投票阶段，不过和两阶段提交的准备阶段有一些细微差别，在三阶段提交的第一阶段并不会执行事务操作。该阶段的具体流程为：

（1）协调者向所有参与者并行发送准备消息，询问参与者是否准备好执行事务，并等待参与者响应。

1　VanBenschoten, Nathan. "Parallel Commits: An Atomic Commit Protocol For Globally Distributed Transactions." cockroachLabs, November 7 (2019).

2　Skeen, Dale (February 1982). A Quorum-Based Commit Protocol (Technical report). Department of Computer Science, Cornell University.

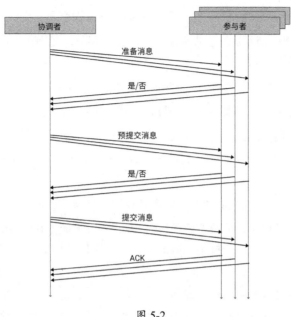

图 5-2

（2）参与者判断是否具备执行事务的条件。具体如何判断，不同的业务有着不同的计算方式。注意，如前所述，三阶段提交的第一阶段只确认是否具备基本的执行条件，并不会实际执行事务操作。

（3）参与者响应协调者发起的请求。如果参与者确认事务能够执行且提交，则返回一条"是"消息；如果参与者认为事务无法顺利完成，则返回一条"否"消息。

第二阶段称为预提交阶段（Pre-Commit Phase）。根据上一阶段的响应情况，可能有以下两种情况。如果协调者收到上一阶段的响应都是"是"，那么：

（1）协调者向所有参与者发送预提交消息，询问参与者是否可以执行并提交事务，并等待参与者响应。

（2）参与者收到预提交消息后，检查执行事务的必要条件和资源，条件满足后执行事务的所有操作，并记录操作日志。

（3）参与者响应协调者发起的请求。如果参与者发现事务的所有操作都执行成功，则返回一条"是"消息；如果参与者发现所需条件和资源检查失败，或者事务操作执行失败，则返回一条"否"消息。

如果准备阶段的响应中有一个参与者回复了"否"，或者等到超时都没有响应，那么协调者会向所有参与者发送中止消息，等待所有参与者中止事务并回复后，直接中止这次事务。

第三阶段仍然是提交阶段（Commit Phase）。协调者收到所有参与者预提交阶段的响应，如果所有参与者都回复"是"，那么：

（1）协调者向所有参与者发送提交消息，指示参与者提交本次事务，等待参与者响应。

（2）参与者收到提交消息后，正式提交事务。完成事务提交操作后，清理占用的资源，例如释放锁等，并记录操作日志。

（3）完成后参与者响应协调者，协调者收到所有参与者的消息后，确认事务完成。

如果预提交阶段的响应中只要有一个参与者回复了"否"，或者超时没有回复协调者，那么：

（1）协调者向所有参与者发送中止消息，指示参与者中止本次事务，等待参与者响应。

（2）参与者收到中止消息后，利用其预提交阶段记录的日志回滚事务操作，并清理占用的资源。

（3）参与者中止事务后响应协调者，协调者收到所有参与者消息后，确认事务中止。

三阶段提交与两阶段提交最大的不同是，三阶段提交是非阻塞协议，即使协调者发生故障，参与者仍然会选举出新的协调者来推进事务的执行。三阶段提交增加了可用性，防止协调者成为一个单点故障。

那么，三阶段提交是否解决了所有问题呢？并没有。三阶段提交增加的可用性是以正确性为代价的，三阶段提交协议很容易受到网络分区的影响。图 5-3 是一个网络分区导致三阶段提交出错的例子。在这个例子中，预提交阶段发生了网络分区，恰好将收到预提交消息的节点和没有收到预提交消息的节点一分为二，同时协调者发生了故障。在这种情况下，两边各自会选出一个新的协调者，收到预提交信息的一边会继续提交事务，而没有收到提交消息的另一边并不会执行事务提交，甚至有可能在超时时间过后，单方面中止事务——无论如何，这种情况下整个系统的数据会出现不一致。

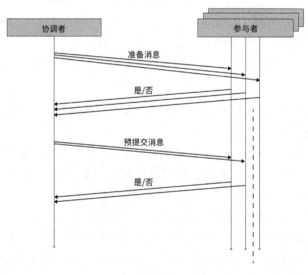

图 5-3

三阶段提交的另一个缺点是，一次事务至少需要三轮消息往返才能完成，这增加了事务的完成时间，导致较长的延迟。

综上所述，三阶段提交协议满足了强终止性，但是受网络分区影响并且通信代价较高，出于这个原因，两阶段提交仍然是实现事务原子性的第一选择。

另一种实现分布式事务原子性的思路是，前面我们提到，分布式事务也是分布式共识问题的一个子类，那么是不是可以将共识算法引入分布式事务？例如，使用 Paxos 算法来复制第一阶段的信息，实现一个多副本状态机，这样就不会做出互相冲突的决议。同时，Paxos 算法也可以通过实现选主来选出新的协调者。

下面详细分析如何将共识算法用于分布式事务中。

5.2.3　Paxos 提交算法

有一种解决两阶段提交协议协调者单点问题的方案是，准备一个备协调者，实时同步协调者信息，一旦协调者宕机，就将备协调者提升为真正的协调者，继续执行事务。该方案的问题是，假设协调者在某个时间宕机了，此时从节点被提升为真正的协调者，并发出提交或中止事务的消息，不巧的是，这时原来的协调者恢复了，也发出提交或中止事务的消息，如果同步数据产生延迟，甚至可能一个协调者发出中止事务的消息，而另一个协调者发出提交事务的消息。这种方法看起来解决了一些问题，但也引入了不少麻烦。据此可以联想到，能不能用三个节点组成一个 Paxos 实例，通过 Paxos 算法来同步数据及选出主协调者？这种将共识算法用到分布式事务中的算法确实存在，只不过具体的算法流程要比上面这种直观的想法稍微复杂一些。

2006 年 Jim Gray 和 Leslie Lamport 两位图灵奖获得者一起发表了论文，将 Paxos 算法用于原子提交协议[1]，并将这一提交算法称作 Paxos 提交（Paxos Commit）算法，旨在解决两阶段提交的单一协调者引出的各种致命问题，以及三阶段提交的正确性问题。该论文被 Google 的 Spanner 和 Megastore 等著名分布式存储系统引用，可以说是 Lamport 在分布式系统领域的又一大贡献。

Jim Gray 的全名是 James Gray，获得 1988 年度的图灵奖，是声誉卓著的数据库专家。这是图灵奖历史上，继数据库先驱 Charles W.Bachman 和本章开头提到的关系型数据之父 Edgar F. Codd 之后，第三位因为在数据库领域做出卓越贡献而获得图灵奖的学者。不幸的是，2007 年 Jim Gray 独自驾船前往法拉隆群岛，打算撒散母亲的骨灰，但他和他的船却一起失踪了。之后许多人竭

1　Gray, Jim, and Leslie Lamport. "Consensus on transaction commit." ACM Transactions on Database Systems (TODS) 31.1 (2006): 133-160.

力寻找他和他的船，但仍然没有发现这位天才的踪迹。2012 年，Jim Gray 在法律意义上被认定已经死亡。

这里笔者默认读者掌握基础的 Paxos 算法知识，如果对 Paxos 算法不了解，请读者先阅读第 4 章的内容。

Paxos 提交算法将节点分为三种角色：

- 资源管理者（Resource Managers，RM）。集群中有 N 个资源管理者，每个资源管理者代表一组 Paxos 实例中的提案发起者。资源管理者从客户端接收事务请求，或者有些系统资源管理者也作为客户端。总之，资源管理者发起事务，并创建 Paxos 提案，然后尝试和接受者运行 Paxos 算法来决议提交或中止事务。

- 领导者（Leader）。集群一般只有一个领导者，领导者用来协调整个 Paxos 提交算法，由于 Paxos 也具备选举能力，所以不存在单点故障问题，如果领导者发生故障，那么很容易再选举出一个新的领导者。

- 接受者（Acceptors）。接受者与资源管理者一起组成 Paxos 实例，接收者投票决定提交本次事务还是中止本次事务。资源管理者共享所有的接受者，即不同的资源管理者和同一组接受者组成不同的 Paxos 实例。系统为了容错，一般有 $2f+1$ 个接受者，这样能容忍 f 个接收者发生故障。特别的是，当 $f=0$ 时，Paxos 提交算法退化成两阶段提交算法。

整个流程如图 5-4 所示，可以看到有 2 个资源管理者和 3 个接受者，而领导者可以和某个接受者在同一个节点上。每个资源管理者和 3 个接受者组成一组 Paxos 实例，资源管理者共享 3 个接受者，所以图 5-4 中有两组 Paxos 实例。

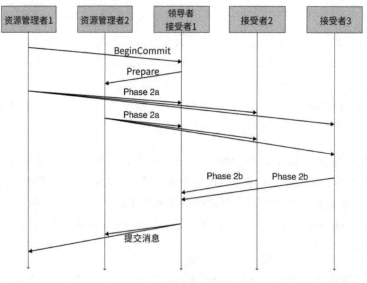

图 5-4

具体的 Paxos 提交算法的流程大致如下：

（1）Paxos 算法开始于某个资源管理器。首先，任何一个资源管理者决定提交事务后，发送 BeginCommit 消息给领导者，请求提交该事务。

（2）领导者收到消息后，向所有资源管理者发送 Prepare 消息。

（3）资源管理者收到 Prepare 消息后，如果一切准备就绪，决定参与本次事务的提交，就向所有接受者发送带有提案编号且值为 Prepared 的消息；反之，如果资源管理者认为条件不满足，要中止本次事务，就向所有接受者发送带有提案编号且值为 Aborted 的消息；这个阶段的消息统称为 Phase 2a 消息。

（4）接受者收到 Phase 2a 消息后，如果接受者没有收到任何比该消息中的提案编号更大的消息，则接收者接受该消息，并向领导者回复一条带有该提案编号和值的 Phase 2b 消息。如果接受者收到比提案编号更大的消息，那么忽略这条消息。

（5）对于每一组 Paxos 实例，领导者统计其收到的接收者的响应消息。如果领导者收到 $f+1$ 个值一样的消息，就认为该 Paxos 实例的多数派达成，那么根据 Paxos 算法，就认为这个资源管理者选定了这个值。

（6）当每一组 Paxos 实例都选定完毕后，领导者进行最终确认。如果最终每个资源管理者选定的值都为 Prepared，则代表所有资源管理者达成共识，一致认为该事务可以提交。领导者向所有资源管理器发送提交消息，资源管理器收到消息后提交事务。

（7）如果领导者发现最终所有资源管理者的值中有一个是 Aborted，则代表该资源管理者认为应该终止该事务。领导者向所有资源管理器发送中止消息，资源管理器收到消息后中止事务。

Paxos 提交算法还可以继续优化。首先，Paxos 提交算法需要的节点数量还是太多了，这样不利于实际实现。可以考虑将接收者和资源管理者放到同一台物理机上，由于本地传输消息快很多，可以忽略其延迟，相当于减少了一轮网络传输消息的开销。角色合并到一起后如图 5-5 所示。

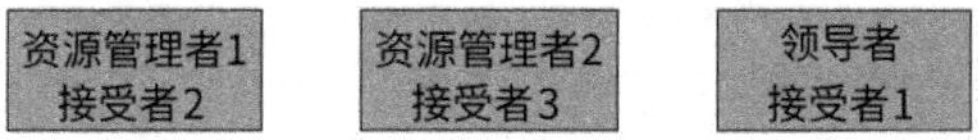

图 5-5

其次，因为一个接受者属于多个资源管理者，那么可以让接受者将多个 Paxos 实例的 Phase 2b 消息一次性发送给领导者，以减少消息数量。

第三，接受者可以直接将投票后的消息发送给原来的资源管理者，并不需要再次发送给领导者，最终由资源管理者根据接受者返回的消息来确定是否选定该值。这相当于省略了第（5）步。这样虽然减少了消息的延迟（少了一轮请求），但增加了总的消息数量，如图 5-6 所示。

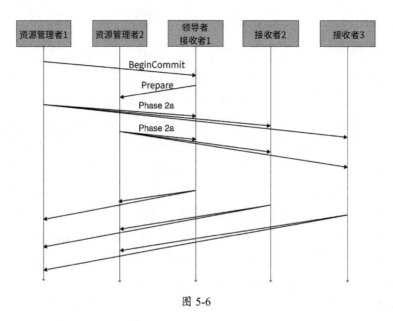

图 5-6

我们对比两阶段提交和 Paxos 提交相关的名词，可以看出两者的步骤类似，只是某些地方的术语不同，如图 5-7 所示。

两阶段提交	Paxos 提交
协调者	接受者/领导者
准备(Prepare)消息	准备(Prepare)消息
准备好"是"消息	Phase 2a 值为 Prepared 消息
提交消息	提交消息
准备失败"否"消息	Phase 2a 值为 Aborted 消息
中止消息	中止消息

图 5-7

Paxos 提交算法是一种基于复制的容错提交算法，Paxos 实际上在两阶段提交的基础上引入了多个协调者（接受者），所以其优点是，只要多数派（$f+1$ 个）接受者正常运行，就不会阻塞事务运行。但该算法将 Paxos 算法和两阶段提交紧密耦合在一起，在工程实现上颇具难度。

5.2.4 基于 Quorum 的提交协议

针对三阶段提交协议的正确性问题，在 5.2.3 节我们学习了基于 Paxos 的提交协议，除此之外，还有另一种解决思路，是由计算机科学家 Dale Skeen 在 1982 年提出的基于 Quorum 的提交协议[1]，也能解决三阶段提交的正确性问题。

我们在第 3 章已经介绍过基于 Quorum 机制的数据冗余控制，其实 Quorum 机制同样可以用来保证事务的原子性，因为对于一个多副本分布式系统，对副本一般只有读或写两种操作，而对于一个分布式事务也只有提交或中止两种动作。而 Quorum 机制本质上是一种投票算法，其核心思想是：执行某种操作之前，必须先获得足够的票数。Quorum 机制在数据冗余控制和原子提交中的应用是相似的。

对于一个分布式事务，由于事务要在多个节点上执行，需要保证在每个节点都执行相同的操作：提交或中止。在网络分区的情况下，节点之间可能无法通信，这就是 Quorum 机制在分布式事务中的用处，其基本思想是，只需要获得足够节点的赞同投票，就同意执行事务。

具体的基于 Quorum 机制的提交协议原理是，假设系统中每个节点对应一票，若系统中有 V 个节点，则总共有 V 票。事务提交或中止前，各个节点需要投票表明自己下一步的行为，事务的整体行为由投票结果来决定。我们定义：

- V_c：最小提交票数，事务要提交必须获得的最少票数，可知 $0<V_c\leqslant V$。
- V_a：最小中止票数，事务要中止必须获得的最少票数，可知 $0<V_a\leqslant V$。

规定 V、V_c 和 V_a 必须满足：

$$V_c+V_a>V$$

根据上面的公式，由于每个节点只能投一票且总票数只有 V 票，所以 V_c 和 V_a 不可能同时满足，故协调者不可能发生既提交又中止的冲突行为。

基于 Quorum 机制的提交协议由 3 个不同的子协议组成，在不同的情况下使用不同的协议。这 3 个子协议分别是：

- 提交协议（Commit Protocol）：在事务开始时使用。
- 中止协议（Termination Protocol）：当出现网络分区时使用。
- 合并协议（Merge Protocol）：当系统从网络分区中恢复过来的时候使用。

提交协议与三阶段提交中的预提交阶段非常相似，唯一的区别是，协调者在第三阶段结束时要等待 V_c 的票数才能继续提交事务。在这个阶段，如果发生了网络分区，那么协调者可能无法正确完成事务。基于 Quorum 的提交协议通过中止协议来解决这个问题。

如果预提交消息发送后正好发生网络分区，基于 Quorum 机制的提交协议会让网络分区两边的参与者分别执行**中止协议**，判断它们是否能够完成事务。中止协议有两个步骤：

第一步，和协调者失联的分区中的参与者通过选举算法选举出一个新的代理协调者。请注

1　Skeen, Dale. "A quorum-based commit protocol. Cornell University," 1982.

意，这里使用哪种选举算法并不重要，即使选出多个领导者，也不会违反协议的正确性。

第二步，由于代理协调者对原来的协调者所知甚少，而且系统中可能存在不止一个代理协调者，因此代理协调者需要检查所在网络分区的节点状态：

- 如果发现至少有一个参与者的事务处于已提交（或已中止）状态，那么协调者就会继续推进参与者提交（或中止）事务。

- 如果至少有一个参与者处于预提交状态，并且至少有V_c个参与者在等待提交事务的投票结果，那么代理协调者就会向参与者发送预提交消息，如果有超过V_c个参与者回复响应，那么代理协调者就会发送真正的提交消息。

- 如果没有处于准备提交状态的参与者，并且至少有V_a个参与者在等待中止事务的投票结果，那么代理协调者就会发送预中止（Prepare-to-Abort）消息，如果有超过V_a个参与者回复响应，那么代理协调者就会发送真正的中止消息。请注意，这两种消息不存在于提交协议中，只存在于中止协议中。

合并协议很简单，就是在网络分区恢复后，合并两个分区的协调者，重新进行一次选举选出新的协调者，然后执行一次中止协议。

让我们来看看三阶段提交发生网络分区时的例子在基于 Quorum 机制的提交协议中会如何运行。回顾三阶段提交一节中图 5-3 所示的情况，此时系统有三个参与者即 $V = 3$，我们假设协议使用$V_c=2$ 和$V_a=2$ 的 Quorum 计算方式。那么网络分区期间，收到预提交消息的参与者有两个，满足 Quorum 的条件，可以顺利提交事务；另一方面，没有收到预提交消息的参与者有一个，不满足 Quorum 条件，将不会行动。假设没有更多的网络分区发生，稍后，网络分区恢复时会执行合并协议，选出一个新的协调者，系统只满足提交的 Quorum 条件，于是会继续提交事务。

基于 Quorum 的提交协议看起来跟三阶段提交很像，这是因为三阶段提交和基于 Quorum 的提交协议都由 Dale Skeen 发明。不过基于 Quorum 的提交协议有一个有趣的特性，就是系统管理员可以动态调整V_c和V_a的值，使得该协议在网络分区的情况下选择提交事务或中止事务的倾向性有着很大的弹性。

基于 Quorum 的提交协议一大缺点是，如果系统发生多个连续的、小的网络分区，在这种极端情况下，基于 Quorum 的提交协议可能会长时间无法做出决议。另一个缺点和三阶段提交一样，基于 Quorum 的提交协议也存在多轮消息，同样会增加事务的完成时间，不适合对延迟敏感的业务。

5.2.5　Saga 事务

通过前面的分析可以发现，完整实现分布式事务原子性的代价是比较高的，通常需要多轮消息才能决议出整个系统的行为。此外，事务中的操作往往会占用一些系统资源，如上锁等，事务的持续时间越长，对系统的整体吞吐量的影响就越大。

事实上，有一类特殊的事务，称为长活事务（Long-Lived Transaction，LLT）。顾名思义，这种事务是持续时间较长的事务，持续时间通常以小时甚至以天为单位，而不是像通常的事务以毫秒为单位。这种事务经常用于处理大量数据的场景，例如以下几种情况：

- 一个批处理程序，用来计算大数据集相关的报告。
- 保险公司的理赔，包含各个阶段，中间可能还需要人工输入数据。

如果以常见的方法来处理此类事务，则性能会大大降低，因为它们都需要长时间锁住相关数据，但又不对数据进行任何操作。更重要的是，有时这些事务并不需要真正完全地隔离。因此，1987 年研究员 Hector 和 Kenneth 提出了一种新的事务——Saga 事务[1]，专门用来处理长活事务。

Saga 事务本质上由一连串的子事务 T1、T2、…、Tn 组成，可以与其他事务交错执行。然而，它依然要保证所有的事务要么全部成功，要么都不成功。每个子事务 Tx 都有对应的补偿事务 Cx，补偿事务在需要回滚的时候执行，例如，如果事务 T1 执行完后，到了 T2 时系统决定回滚事务，此时就需要执行 T1 的补偿事务 C1 来回滚整个长活事务。

由于事务常常与业务相关，补偿事务有时需要由业务方来实现，数据库并不能自己决定执行什么补偿事务。

Saga 事务的概念在分布式系统中非常有借鉴意义，分布式事务只能通过对性能或者可用性的妥协来实现。在有些情况下，比如我们对性能要求较高，不希望实现两阶段提交这样多轮消息的算法，但又希望一连串的操作能够原子提交或中止，这时可以考虑用 Saga 事务来代替分布式事务。简单地说，一个分布式系统可以应用堆栈或队列来实现 Saga 事务，在执行事务的同时将补偿事务写入堆栈或队列，一旦需要回滚整个事务，就可以直接从堆栈或队列中读取补偿事务并执行。但这里默认系统的可用性是比较高的，否则还要涉及一些重试之类的逻辑。

举个例子，假设一个电子商务应用，客户的每个订单都由几个步骤组成，如检查仓库库存、银行卡授权和支付、物品运输、发票创建等，然而在这种情况下，单一组件（如支付系统）的故障可能会导致整个系统的停顿。假如我们使用 Saga 事务替代，将订单的各个步骤分为一个个子事务，其中每个子事务都有一个补偿事务。例如，从客户银行卡扣款的事务，补偿事务就是将款项退回到客户银行卡中。我们可以按照步骤顺序执行事务，一旦其中一个事务执行失败，那么就执行对应的补偿事务，回滚已经执行的事务。

Saga 事务在分布式系统中的优点是，既满足业务需求，又保持系统松耦合架构，一些没有提供事务的存储系统可以借用 Saga 事务的方式由业务方实现分布式事务。

1　Garcia-Molina,Hector,and Kenneth Salem."Sagas."ACM Sigmod Record 16.3 (1987):249-259.

但 Saga 事务无法保证隔离性，这将导致一些问题。在上面的例子中，假如多个客户同时购买同一件商品，在检查商品数量的时候显示商品数量是足够的，可能到了支付的时候却发现商品已经卖光了。当然，通常来说这种违反隔离性的行为不会产生非常严重的后果；但在某些场景中，这种行为是无法接受的，那么就不能使用 Saga 事务。

分布式系统的 Saga 事务只能作为一种折中的选择，并不能提供完整的事务特性。

5.3　并发控制

除了原子性，分布式事务还需要实现隔离性。并发控制是一种隔离并发事务以保证数据正确性的机制。为了保证并发事务的准确执行，在设计数据库和存储引擎的时候就要着重考虑并发控制这一点。典型并发控制通过限制事务的访问顺序以满足串行化，但是限制数据访问意味着降低了并发性能，并发控制就是要在保证数据正确性的基础上提供尽可能高的性能。

本节主要讨论各类经典的并发控制，分布式事务依旧参考这些经典的并发控制来实现分布式并发控制，对于实现并发控制，分布式系统和一般系统其实没有很大的差别，只是分布式系统可能会需要一些特殊的组件，例如全局授时服务。

我们在第 3 章已经分析过各种隔离级别之间的差别，不同的并发控制机制用来实现不同的隔离级别。一般来说，可以将并发控制分为以下三类。

第一种是**悲观并发控制**（Pessimistic Concurrency Control，PCC），这种方法通常涉及锁。事务在使用任何数据之前，悲观地认为会有事务争抢，于是需要先获取数据的锁。如果一个事务持有了数据的锁，那么另一个事务必须等待前一个事务结束并释放锁，才能获取锁并使用数据。在悲观并发控制中，如果有锁争抢，比如多个事务同时访问同一个数据，就会造成事务等待。所以这里其实是为了正确性而牺牲了性能。该方法主要用来实现串行化的隔离级别。

第二种是**乐观并发控制**（Optimistic Concurrency Control，OCC）[1]，这种方法乐观地认为并发事务（尤其是并发写操作）是小概率事件，于是到事务结束时再检查事务是否正确。基本思想是，一个事务在执行时不考虑是否存在其他事务读写该事务正在操作的数据，只管继续执行读写操作。在事务提交的时候，再检查是不是有其他并发事务引起了冲突。如果没有冲突，那么这次事务就算完成了；如果最后检查发现事务操作的数据被其他并发事务修改并造成了冲突，那么必须中止当前事务，并在稍后重试事务。

第三种是**多版本并发控制**（Multi-Version Concurrency Control，MVCC 或 MCC）[2]，这种方

1　Kung,Hsiang-Tsung,and John T. Robinson."On optimistic methods for concurrency control."ACM Transactions on Database Systems (TODS) 6.2 (1981) 213-226

2　Bernstein,Philip A.,and Nathan Goodman."Multiversion concurrency control—theory and algorithms."ACM Transactions on Database Systems (TODS) 8.4 (1983):465-483.

法对每个数据项保存多个版本的数据，并保证每个事务的读操作读取到比该事务早的最后一次提交的数据。多版本并发控制主要用于实现快照隔离，快照隔离能避免绝大多数异常情况（见第 3 章），又能拥有比串行化更好的并发性能。所以，多版本并发控制有着非常广泛的应用，在常见的数据库管理系统（如 MySQL、PostgreSQL、Microsoft SQL Server、Oracle、HBase 和 etcd）中都有实现。

值得一提的是，对于多版本并发控制如何分类，不同的资料中有着不同的意见。有一些资料中将多版本并发控制归为乐观并发控制，因为多版本并发控制没有使用锁机制，同时体现了乐观并发控制的思想；另一类，例如普林斯顿大学和卡耐基梅隆大学将多版本并发控制独立作为一类并发控制。这里笔者按照后者进行分类。通过下文分析可以发现，多版本并发控制有着很好的扩展性和灵活性，可以和许多别的技术一起搭配实现不同的特性，开发者可以根据不同的场景，选择不同的实现方案。多版本并发控制是一种非常重要的并发控制技术，所以独立作为一类讨论。

为了更好理解这三种并发控制机制，本节将研究每一种并发控制的具体实现，并总结其优缺点。

5.3.1　两阶段锁

两阶段锁（Two-Phase Locking，2PL）[1]是一种悲观并发控制，它使用锁来防止并发事务对数据的干扰，以实现串行化的隔离级别（见第 3 章）。

为了方便所有读者理解两阶段锁，先回顾一下锁的机制。当事务 T 中的操作想要访问某个对象时，先尝试获取该对象的锁。如果该对象没有被其他事务锁住，则事务 T 将获得该对象的锁，操作继续执行；如果其他事务持有该对象的写锁，则事务 T 的操作必须等待，直到锁被释放。锁可以细分为以下两种类型：

- 读锁。读锁也被称为共享锁，读取记录时需要获得该锁。因为一个读锁不会阻止另一个事务的读取，所以可以同时获得多个读锁。但读锁会阻止另一个事务的写入，另一个事务必须等待读操作完成并且释放了读锁，才能获取写锁并执行写操作。
- 写锁。写锁也被称为排他锁，当要写入、更新或删除一条记录时，需要先获得写锁。写锁会阻止其他事务的读和写操作，因此，其他事务必须等待写操作完成并且释放写锁，才能尝试获得适当的锁进行操作。

两阶段锁表明了某个事务占有了一些记录，其他事务暂时不能对这些记录进行操作，通常

1　Bernstein,Philip A.,Vassos Hadzilacos,and Nathan Goodman."Concurrency control and recovery in database systems."Vol. 370. Reading: Addison-wesley,1987.

会在事务结束后清理事务持有的所有锁。

虽然名称类似，但两阶段锁与前面提到的两阶段提交是完全不同的协议，前者是并发控制协议，后者属于原子提交协议。

所谓两阶段锁，是根据获得锁和释放锁，将一个事务分为扩张阶段（Expanding Phase）和收缩阶段（Shrinking Phase）。在扩张阶段，事务不断上锁，但不允许释放任何锁；在收缩阶段，事务陆续释放锁，但没有新的加锁动作。

两阶段锁用于保证串行化的隔离性。除此之外，两阶段锁还有一些变种，用来提供额外的特性，如严格两阶段锁（Strict Two-Phase Locking，S2PL）和强严格两阶段锁（Strong Strict Two-Phase Locking，SS2PL）。

严格两阶段锁除了要求满足两阶段锁，还要求事务必须在提交之后方可释放它持有的所有排他锁，这个严格的要求保证了事务未提交时所更新的一切数据在事务提交之前都被排他锁独占，防止被其他事务读取到这些中间结果。

强严格两阶段锁也叫严密两阶段锁（Rigorous Two-Phase Locking，Rigorousness），要求事务只有在结束之后才能释放事务的所有锁。严格两阶段锁是强严格两阶段锁的一个子类。大多数数据库系统选择强严格两阶段锁实现串行化。

两阶段锁协议也有一些缺点，锁机制会引起死锁，在这种情况下，两个事务可能会互相等待对方释放锁，导致彼此都无法取得进展，可能造成整个系统停止运行。例如，我们有两个事务 T1 和 T2，事务 T1 加锁了记录 A，之后再加锁了记录 B；而事务 T2 先加锁了记录 B，之后再加锁了记录 A。不巧的是，如果它们按照下面顺序执行，就会导致死锁。

```
Lock-T1(A)→Lock-T2(B)→Lock-T1(B)→Lock-T2(A)
```

为了让系统正常运行，必须要解决死锁问题。解决死锁问题有三种手段，第一种是死锁避免（Deadlock Avoidance），即从根本上避免死锁的形成。一种避免死锁的方法是，事先判断事务是否真的需要所有的锁，尽量只获取必要的锁，并且以一种有序的方式去加锁，这种方式适合涉及数据量较少的情况。另一种避免死锁的方法是使用行级锁，保证只锁住必要的资源。

然而这些手段只是在一定程度上避免了死锁，并不能保证完全消除死锁，尤其是事务复杂且涉及大量数据的时候。死锁总是会在不经意间产生，这时就需要进一步的手段：死锁预防和死锁检测。

第二种手段是死锁预防（Deadlock Prevention），即如果发现获取的资源被锁住就尝试中止占有资源的事务，主要有两种方案，分别是等待—死亡和伤害—等待[1]，这两种预防死锁的方法

1　Rosenkrantz, aniel J.,Richard E.Stearns,and Philip M.Lewis."System level concurrency control for distributed database systems."ACM Transactions on Database Systems (TODS) 3.2(1978):178-198.

类似。假设有两个并发事务 T1 和事务 T2，事务 T1 和 T2 开始时的时间戳分别用 TS（T1）和 TS（T2）来表示。现在事务 T1 试图获取数据项 X 的锁，但是数据项 X 已经被 T2 中的某些操作锁住了。在这种情况下，预防死锁的方法分别是：

- 等待—死亡（Wait-Die）：如果事务 T1 先于事务 T2 开始执行，即 TS（T1）< TS（T2），那么事务 T1 就会等待事务 T2 先释放资源；否则，即 TS（T1）> TS（T2），就会保存事务 T1 的时间戳并中止它，稍后再用相同的时间戳重试事务 T1。
- 伤害—等待（Wound-Wait）：这种方法与等待—死亡正好相反，如果事务 T1 晚于事务 T2 开始执行，即 TS（T1）>TS（T2），事务 T1 会等待事务 T2 先释放资源；否则，即 TS（T1）<TS（T2），就会保存事务 T1 的时间戳并中止它，稍后再用相同的时间戳重试事务 T1。

例如，假设事务 T5、T10 和 T15 的时间戳分别为 5、10 和 15。对于等待—死亡方法，如果事务 T5 请求的数据项被事务 T10 锁住，则 T5 就要等待锁释放；如果事务 T15 请求的数据项被事务 T10 锁住，则 T15 就要被中止，稍后用同样的时间戳重试 T15。

对于伤害—等待方法，如果事务 T5 请求的数据项被事务 T10 锁住，则 T5 就要抢占 T10 的资源，事务 T10 将被中止（被伤害）；如果事务 T15 请求的数据项被事务 T10 锁住，则 T15 就要一直等待锁释放。

注意，被中止的事务会在稍后使用同样的时间戳进行重试，而不会另外获取一个时间戳。Google 的分布式数据库 Spanner 使用伤害–等待来预防死锁。

这两种方案都是中止可能会造成死锁的事务来避免死锁产生。可是这样也会造成事务不必要的重试，损耗事务处理的性能。

以上两种方案还需要给事务分配一个时间戳，另外有一些死锁预防方案是不需要时间戳的，例如：

- 无等待算法（No-Waiting Algorithm）。这种方法非常简单，如果一个事务无法获取资源的锁，那么它将立即中止，稍后重试。这种方法没有在等待锁的事务，所以不存在死锁的可能性。
- 谨慎等待（Cautious Waiting）。如果事务 T1 试图获取数据项 X 的锁，但此时数据项 X 被事务 T2 锁住，导致事务 T1 无法获取锁。在这种情况下进行判断，如果 T2 没有正在等待某个被其他事务锁住的数据项，那么就允许事务 T1 等待获取数据项 X 的锁。否则，中止事务 T1。

第三种手段是死锁检测（Deadlock Detection），如果通过死锁避免和死锁预防仍然没有杜绝死锁，就需要在事务运行过程中检测死锁，并从中干扰并打破死锁。死锁由于有着某种互相锁住对方请求资源的关系，因此可以将其转换为一个有向等待图（Wait-For-Graph，WFG），如果发现图中有环，如图 5-8 所示，那么就意味着当前存在一个死锁。这时可以选择造成死锁事务中的任意一个事务，通过中止它来打破死锁。

以上就是死锁问题三种的解决方案：死锁避免、死锁预防和死锁检测。

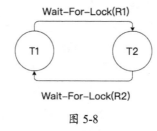

图 5-8

总的来说，两阶段锁通过先获取锁再访问数据的策略，为系统的数据提供安全保证。但是获取锁和释放锁会产生额外的开销，特别是对于只读操作类型的事务，虽然不会产生数据冲突，但仍然可能获取锁或者等待锁的释放。两阶段锁为了正确处理数据，增加了系统负载，降低了数据库或存储引擎的并发性能，且存在产生死锁的风险。

5.3.2 乐观并发控制

如前所述，两阶段锁限制了系统的并发性能，于是有人想到不用锁的实现，即乐观并发控制。乐观并发控制乐观地认为，大部分时候，事务冲突的可能性较小，事务顺利完成的可能性比失败的可能性要大。因此，乐观并发控制将重点放在事务提交时冲突检查上，而不是直接锁住数据不允许访问。

乐观并发控制算法主要有两类，一类是基于检查的并发控制，另一类是基于时间戳的并发控制。

基于检查的并发控制（Validation-Based Concurrency Control）为每个事务涉及的数据创建一个私有的副本，所有的更新操作都在私有副本上执行，再通过检查原来的数据是否有冲突来决定是否能够提交事务。具体流程包括以下 3 个阶段：

- 读取（Read）阶段。该阶段将事务涉及的数据复制一份副本，放到一个私有的工作空间（Private Workspace）中，之后执行读操作读取私有副本中的数据，写操作将被记录到私有工作空间的临时文件中，此时事务尚未提交，其他事务无法访问此私有工作空间中的任何数据。

- 校验（Validation）阶段。当事务准备提交时进入校验阶段，首先检查在此期间事务是否与其他事务产生冲突。如果没有产生冲突，则事务顺利提交；如果产生冲突，则中止事务。例如，如果事务 A 修改了数据并提交，但事务 B 在事务 A 提交之前又修改了该数据，那么就不允许事务 A 提交。

- 写入（Write）阶段。也有资料中称之为提交（Commit）阶段。如果校验阶段成功提交事务，那么该阶段将私有工作空间中的数据永久地写到数据库或存储系统中持久化存储，完成整个事务。

虽然基于检查的乐观并发控制提高了系统并发性，但是通过校验阶段的描述可以发现，事务在试图提交的时候，也需要等待一段检查时间。

基于时间戳的并发控制（Timestamp-Based Concurrency Control，Time Ordering 或 Basic T/O）通过使用时间戳来安全地处理并发事务。通过为每个事务和每个数据项分配时间戳来实现算法。首先为每个事务都分配一个开始时间戳，例如事务 T_i 的开始时间戳记为 $TS(T_i)$。当事务读写某个数据项时，系统会记录最近读取或写入该数据的事务的开始时间戳，即每个数据项会记录两个时间戳：

- 写时间戳，可以用 W-Timestamp(X)或 W-TS(X)表示，代表数据项 X 最近一次被写入的时间戳。
- 读时间戳，可以用 R-Timestamp(X)或 R-TS(X)表示，代表数据项 X 最近一次被读取的时间戳。

在事务提交的时候同样会进行校验，检查事务中的每个操作是否读取或写入了未来的数据，具体来说分为以下几个步骤。

第一步，对于读操作，如果事务的开始时间戳发生在数据项的写时间戳之前，即 $TS(T_i) < W\text{-}TS(X)$，意味着事务的读操作读到了未来的数据项，则中止事务；如果事务的开始时间戳大于数据项的写时间戳，则说明事务的读操作读到事务开始之前的数据项，符合要求。事务读取数据后，系统更新数据项的读时间戳，同时保存一份 X 的数据项副本，保证事务在结束之前总能读到相同的 X 值。

读操作可以用以下伪代码表示：

```
if TS(T_i) < W-TS(X) {
    abort(R_i(X))
} else {
    accept(R_i(X))
    R-TS(X) = TS(T_i)
}
```

第二步，对于写操作，如果事务的开始时间戳在数据项的读时间戳或写时间戳之前发送，即 $TS(T_i) < W\text{-}TS(X)$ 或 $TS(T_i) < R\text{-}TS(X)$ 中一个成立，意味着事务修改了已经被未来某个事务读取或写入的数据项，则中止事务；否则，意味着事务正在修改过去的数据项，符合要求。事务写入数据后，系统更新数据项的写时间戳，同时保存一份 X 的数据项副本，保证事务在结束之

前总能读到相同的 X 值。

写操作可以用以下伪代码表示:

```
if TS(T_i) < W-TS(X) || TS(T_i) < R-TS(X) {
    abort(W_i(X))
} else {
    accept(W_i(X))
    W-TS(X) = TS(T_i)
}
```

基于时间戳的并发控制的流程如图 5-9 所示。

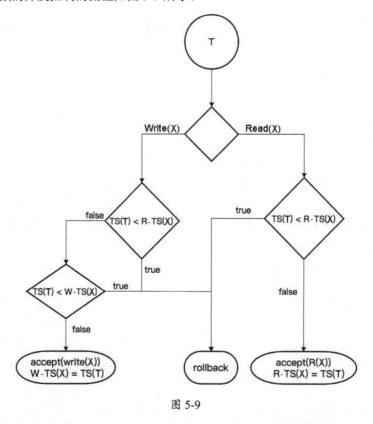

图 5-9

基于时间戳的并发控制可以解决常见的并发冲突,事务之间不必相互等待,且不会造成死锁;在单个事务读写的数据不多且事务之间涉及的数据基本没有交集的情况下,可以节省大量额外的成本,提升系统的并发性能。

基于时间戳的并发控制的缺点是,可能产生不可恢复的操作。例如,假设存在两个事务 T1

和 T2，事务 T1 的具体操作为：

```
BEGIN
    Read1(X)
    Write1(Y)
COMMIT
```

　事务 T2 的具体操作为：

```
BEGIN
    Write2(X)
    ...... // 后面是什么操作不重要
COMMIT
```

　我们假设事务 T2 在事务 T1 执行完 Write2(X) 之后才开始，整个操作的顺序是：

```
Write2(X) Read1(X) Write1(Y)
```

　这是一个合法的顺序，事务 T1 在事务 T2 修改了数据项 X 之后才开始读取数据项 X。但假如事务 T1 提交之后，事务 T2 因为某些原因被中止了，事务 T2 对于数据项 X 的修改即 Write2(X) 操作将一起回滚，那么事务 T1 根据读取的 X 值进行判断而修改的 Y 值则可能是一个完全错误的操作，即读取了一个不存在的 X 值并根据这个值做出了相关判断，而这个错误是无法恢复的。

　基于时间戳的并发控制在实现上的一大难点是如何保证精准的时间源。因为该算法强依赖于时间戳，如果时间戳不够精准，则可能导致事务的提交顺序不正确。例如，两个实际开始时间相差 2 毫秒的事务，由于时间戳不够精准，导致两个事务可能记录了相同的时间戳，甚至顺序相反的时间戳，产生一些奇怪的时间回退行为。分布式系统想要实现一个全局的、精准的时间戳是非常困难的，这又增加了分布式系统中实现基于时间戳的并发控制的难度。

　虽然基于时间戳的并发控制看起来没有锁，即在事务运行期间没有锁住任何数据项。但实际上，系统在修改数据项时间戳的时候，仍然可能获取锁以保证安全地更新数据项的读写时间戳，尽管这个锁的时间非常短暂。

5.3.3　多版本并发控制

　相比于乐观并发控制，多版本并发控制是一种使用更为广泛的并发控制机制。多版本并发控制可以看作在乐观并发控制的基础上增加了多个版本，即为每个数据项存储多个版本，每个事务读到的都是某个版本的数据项，写操作不覆盖已有的数据，而是新建一个新的版本，直到事务提交后才变为可见。这样一来，正在执行写操作的事务就不会阻塞需要读取相同数据的事务。因此，多版本并发控制有着非常好的读性能，适合实现快照隔离的隔离级别。

前面我们已经介绍了三种并发控制协议：两阶段锁、基于检查的并发控制和基于时间戳的并发控制，多版本并发控制可以在这三种实现方式的基础上增加多个版本，便衍生出现在主流的三种多版本并发控制，分别是多版本两阶段锁（Multi-Version Two-Phase Locking，MV2PL）、多版本乐观并发控制（Multi-Version Optimistic Concurrency Control，MVOCC）和多版本时间戳排序（Multi-Version Timestamp Ordering，MVTO）。

无论何种实现方式，一些用来存储额外信息的元数据（MetaData）是必不可少的。系统为每个版本的数据项创建一系列元数据，以元组（Tuple）的数据结构组织，并存储在数据项头部，系统使用这些元数据来实现多版本并发控制。参考 Yingjun Wu 等人的论文[1]和 Andrew Pavlo 的资料[2]，我们先介绍一些通用的元数据。

事务 T 开始时，系统会给该事务分配一个唯一的、单调递增的时间戳作为标识，称为事务开始时间戳，记为T_{id}。不同的实现有着不同的元数据，但通用的元数据包括：

- txn-id，该字段记录持有当前数据项写锁的事务的开始时间戳T_{id}。如果没有事务持有当前数据项的写锁，则该字段为 0，意味着当前数据项可以被安全访问。事务 T 可以通过比较并交换（Compare And Swap，CAS）操作来修改该字段，从而避免使用锁。

- begin-ts，创建该版本数据项的事务提交时的时间戳，提交时间戳用T_{commit}表示。

- end-ts，如果该数据项是最新版本，则 end-ts 等于无限大（用 INF 表示）；否则，该数据项等于相邻（上一个或下一个）版本数据项的 begin-ts。

begin-ts 和 end-ts 用来表示该版本数据项的生命周期，刚创建时它们都为 0，系统会在事务提交时对它们进行修改。

1. 多版本两阶段锁

多版本两阶段锁在两阶段锁协议的基础上增加了多个版本，每个数据项需要额外保存的元数据信息如下所示。

- txn-id。

- read-cnt，该字段记录当前数据项读锁的数量，代表读取了该数据项的事务数量。该字段非必要，可以将 read-cnt 和 txn-id 组合成一个 64 位整型值，然后通过一个 CAS 操作来同时更新这两个字段。

1 Yingjun Wu, Joy Arulraj, Jiexi Lin, Ran Xian, and Andrew Pavlo. 2017. "An Empirical Evaluation of In-Memory Multi-Version Concurrency Control." PVLDB 10, 7 (2017), 781--792.

2 Andrew Pavlo, "Multi-Version Concurrency Control", CMU 15-721. Apr 28, 2020.

- begin-ts。

- end-ts。

根据这些额外信息，多版本两阶段锁的具体实现是：对于事务中的读操作，假设读取数据项 X，系统会搜索数据项 X 的所有版本，找到事务可以读取的最新版本，即满足事务开始时间戳 T_{id} 大于或等于 begin-ts 小于 end-ts 的数据项，一旦找到一个有效版本 X_v，便判断其他事务是否持有该数据项的锁，即判断 txn-id 是否为 0，如果有其他事务持有该数据项的锁，则中止事务并回滚操作；否则，事务 T 读取数据，系统将 X_v 的元数据 read-cnt 加一。我们用以下伪代码更直观地表示：

```
find Xv where begin-ts(Xv) <= Ti < end-ts(Xv)
if txn-id(Xv) == 0 || txn-id(Xv) == Ti {
    read-cnt(Xv) += 1
    accept(Read(Xv))
} else {
    abort() and rollback(T)
}
```

对于写操作，先找到最新版本的数据项 X_v，即 end-ts(X_v) == INF 的版本。只有 X_v 元组中 txn-id 和 read-cnt 都等于 0 时，才能执行写操作。更新数据项前先获取 X_v 的写锁，即将 X_v 元组中的 txn-id 设置为 T_{id}。更新数据项不会直接覆盖，而是会创建一个新版本的数据项 X_{v+1}，同时将 X_{v+1} 的元组字段 txn-id 设置为 T_{id}，表示事务 T 还未提交，仍然持有该数据项的写锁，避免其他事务读到该数据项。伪代码为：

```
find Xv where end-ts(Xv) == INF
if txn-id(Xv) == 0 && read-cnt(Xv) == 0 {
    txn-id(Xv) = Ti
    new(Xv+1)
    txn-id(Xv+1) = Ti
    accept(Write(Xv+1))
} else {
    abort() and rollback(T)
}
```

事务 T 提交时系统会先分配一个提交时间戳 T_{commit} 用来进行最后的清理工作。事务 T 遍历所有被修改的数据项，将每个新建的新版本数据项的元数据 txn-id 设置为 0、begin-ts 设置为 T_{commit}、end-ts 设置为 INF，同时，将对应的上一个版本数据项的元数据 txn-id 设置为 0、end-ts

设置为T_{commit}。

另外，系统遍历所有读取过的数据项，将其中每个数据项的元数据 read-cnt 减一。

这样，提交后新版本数据项的 begin-ts 就是提交时间，end-ts 设置为 INF 表示是最新版本的数据。

以上提交流程的伪代码如下：

```
for all write data item {
    txn-id(Xv+1) = 0
    begin-ts(Xv+1) = Tcommit
    end-ts(Xv+1) = INF
    txn-id(Xv) = 0
    end-ts(Xv) = Tcommit
}

for all read data item {
    read-cnt(Xv) -= 1
}
```

实现多版本两阶段锁的关键是如何处理死锁，这一点在两阶段锁中介绍过。在这里无等待算法是可伸缩性最好的策略[1]。

Oracle、Postgres 和 MySQL-InnoDB 等都使用多版本两阶段锁来实现多版本并发控制。

2. 多版本乐观并发控制

多版本乐观并发控制是在基于检查的并发控制的基础上增加了多个版本，但和两阶段锁不一样，为了兼容多版本并发控制，需要稍微修改基于检查的并发控制[2]，不再维护一个存储私有副本的私有工作空间，因为数据项的元数据已经防止了其他事务访问到其不可见的数据项。

多版本乐观并发控制的数据项元组中存储的元数据有 txn-id、begin-ts 和 end-ts。

多版本乐观并发控制与基于检查的并发控制一样，还是分为 3 个阶段：

- 读取（Read）阶段。事务开始时进入读取阶段。对于读操作，和多版本两阶段锁一样，先搜索数据项 X 的所有版本，找到满足事务开始时间戳T_{id}大于或等于 begin-ts 且小于 end-ts 的数据项，判断其他事务是否持有该数据项的锁，如果有，则回滚事务；否则，事务 T 可以直接读取该数据项。对于写操作，会找到版本最新的数据项 X_v，如果 X_v

1　Yu, Xiangyao, et al. "Staring into the abyss: An evaluation of concurrency control with one thousand cores." VLDB, 2014.

2　Larson, Per-Åke, et al. "High-performance concurrency control mechanisms for main-memory databases." VLDB, 2011.

的元数据 txn-id 不等于 0，代表存在事务冲突，则拒绝写操作并回滚事务。更新数据项前先将 X_v 元组中的 txn-id 设置为T_{id}，表示持有该数据项的锁，然后创建一个新版本的数据项X_{v+1}，将X_{v+1}的元数据 txn-id 设置为T_{id}，表示事务 T 还未提交，仍然持有该数据项的写锁。

- 校验（Validation）阶段。当事务准备提交时进入校验阶段。系统先会为事务 T 分配一个提交时间戳T_{commit}，并判断读操作涉及的所有数据项的元数据有没有被其他事务修改，例如，如果发现数据线 X_v 的元数据中 begin-ts 被另一个事物修改了，即 begin-ts $> T_{id}$，那么中止事务并回滚所有操作。如果成功通过校验，那么事务进入第三阶段。

- 写入（Write）阶段。该阶段系统会让新版本数据项可见并提交事务。具体流程是，对于新版本数据项X_{v+1}，将其元数据 txn-id 设置为 0，begin-ts 设置为T_{commit}，end-ts 设置为 INF。同时对于前一版本的数据X_v，将其元数据 txn-id 设置为 0、end-ts 设置为T_{commit}。

综上所述，对于读操作可以用如下伪代码表示：

```
// 读操作
find Xv where begin-ts(Xv) <= Ti < end-ts(Xv)
if txn-id(Xv) == 0 || txn-id(Xv) == Ti {
    accept(Read(Xv))
} else {
    abort() and rollback(T)
}


// 写操作
find Xv where end-ts(Xv) == INF
if txn-id(Xv) == 0 || txn-id(Xv) == Ti {
    txn-id(Xv) = Ti
    new(Xv+1)
    txn-id(Xv+1) = Ti
    begin-ts(Xv+1) = INF
    accept(Write(Xv+1))
} else {
    abort() and rollback(T)
}


// 提交事务
for all read data item {
    if begin-ts(Xv) > Ti {
```

```
        // 数据项被其他事务修改过，读到了过期的数据
        abort() and rollback(T)
    }
}

for all write data item {
    txn-id(Xv+1) = 0
    begin-ts(Xv+1) = Tcommit
    end-ts(Xv+1) = INF
    txn-id(Xv) = 0
    end-ts(Xv) = Tcommit
}
```

MemSQL 等数据库使用多版本乐观并发控制来实现多版本并发控制。

3. 多版本时间戳排序

多版本时间戳排序是在基于时间戳的并发控制的基础上增加版本，是最早的并发控制算法[1]。

多版本时间戳排序也可以用类似多版本两阶段锁和多版本乐观并发控制的方式来实现。每个版本的数据项的元数据保存以下信息：

- txn-id。
- read-ts，该字段记录最近一次读取该数据项的事务的T_{id}。
- begin-ts。
- end-ts。

对于读操作来说，系统会先搜索数据项 X 的所有版本，找到满足事务时间戳T_{id}大于或等于 begin-ts 且小于 end-ts 的数据项，如果该数据项的元数据 txn-id 既不等于 0 也不等于T_{id}，那么事务不能读取该数据项，中止事务并回滚操作；如果满足条件，则事务读取数据项，并且如果数据项的元数据 read-ts 小于T_{id}，那么将该 read-ts 设置为T_{id}；如果元数据的 read-ts 大于T_{id}，则说明事务在读一个较旧版本的数据，不会更新 read-ts。伪代码为：

```
find Xv where begin-ts(Xv) <= Ti < end-ts(Xv)
if txn-id(Xv) == 0 || txn-id(Xv) == Ti {
    accept(Read(Xv))
    read-ts(Xv) = max(read-ts(Xv), Ti)
```

---

1 Reed,David Patrick."Naming and synchronization in a decentralized computer system."Diss. Massachusetts Institute of Technology,1978.

```
} else {
    abort() and rollback(T)
}
```

对于写操作，先找到最新版本的数据 X_v，即 end-ts(X_v) 等于 INF。如果没有其他事务正在持有 X_v 的写锁，且事务的 T_{id} 大于 read-ts(X_v)，则创建一个新版本的数据项 X_{v+1}，并将 X_{v+1} 的元数据 txn-id 设置为 T_{id}、read-ts 设置为 0。伪代码如下：

```
find Xv where end-ts(Xv) == INF
if txn-id(Xv) == 0 && Ti > read-ts(Xv) {
    txn-id(Xv) = Ti
    new(Xv+1)
    txn-id(Xv+1) = Ti
    read-ts(Xv+1) = 0
    accept(Write(Xv+1))
} else {
    abort() and rollback(T)
}
```

事务提交时，系统会将新版本数据项 X_{v+1} 的元数据 txn-id 设置为 0、begin-ts 设置为 T_{id}，同时，将上一版本数据项 X_v 的元数据 txn-id 设置为 0、end-ts 设置为 T_{id}。伪代码如下：

```
for all write data item {
    txn-id(Xv+1) = 0
    begin-ts(Xv+1) = Ti
    end-ts(Xv+1) = INF
    txn-id(Xv) = 0
    end-ts(Xv) = Ti
}
```

另外，多版本时间戳排序还可以按照在乐观并发控制一节的实现方式，将之扩展成多个版本：每个版本依旧包含两个时间戳——读时间戳和写时间戳，这里使用 R-TS(X_v) 表示数据项 X 的第 v 个版本最近一次被读取的时间戳；用 W-TS(X_v) 表示数据项 X 的第 v 个版本最近一次被更新的时间戳。多版本并发控制也会标记事务开始的时间戳，用 TS(T_i) 表示。

当事务 T_i 读取数据项 X 时，首先从数据项 X 的多个版本中挑选出写时间戳小于或等于事务开始时间戳且最新的数据项，即 W-TS(X_v)≤TS(T_i)) 的所有版本中 W-TS(X_v) 最大的那个版本，然后更新读时间戳，返回该版本的数据。

当事务T_i修改数据项 X 时，同样查找出版本最新的数据项，如果事务开始时间戳早于该版本的数据项的读时间戳，即$TS(T_i)<R\text{-}TS(X_v)$，则说明在事务开始之后有其他事务读取了该版本数据，不能贸然修改，因此中止操作并回滚事务。否则，事务T_i创建一个新版本的数据项，记为X_{v+1}，并将新版本的数据项的读时间戳和写时间戳都设置为事务开始时间。

4. 版本存储和垃圾回收

多版本并发控制的代价是，每个数据项都存储多个版本是需要一定成本的。随着时间推移，还需要一定的策略对过期的版本进行垃圾回收，以收回存储空间。

主要有以下三种版本存储策略。

第一种策略是仅追加存储（Append-Only Storage），这种策略将所有元组存储在同一个表中，新版本数据追加到现有元组列表末尾，然后修改指针指向新元组。具体追加的流程如图 5-10所示。

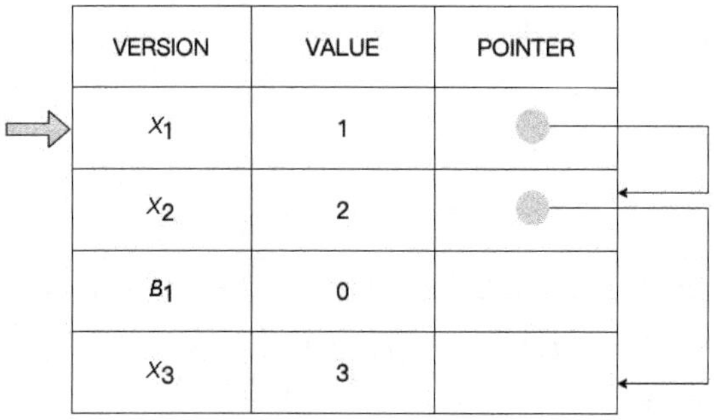

图 5-10

值得一提的是，指针的方向既可以从最老版本到最新版本（Oldest-to-Newest，O2N），如图5-10 所示。也可以是从最新版本到最老版本（Newest-to-Oldest，N2O），如图 5-11 所示。

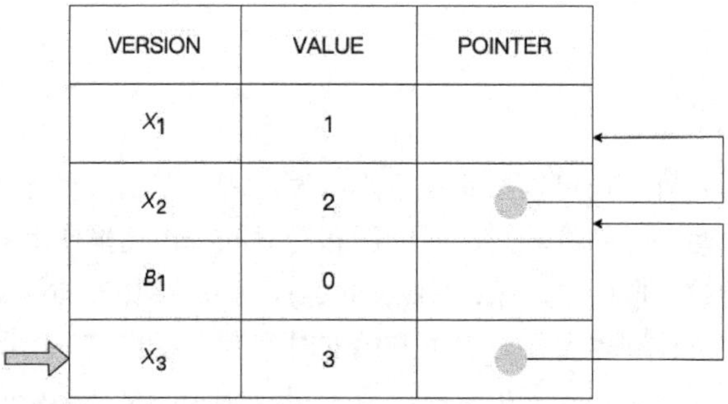

图 5-11

从最老版本到最新版本的优点是，添加元组的时候不需要修改索引的指针使其指向元组的最新版本。其缺点是，每次都需要耗费很长时间遍历链表才能找到元组的最新版本，又因为遍历操作会读取许多不需要的元组版本，CPU 的缓存也会被污染，所以这一操作会影响性能。从而得知，最老版本到最新版本的实现高度依赖系统清理旧版本的能力。

从最新版本到最老版本的优点是，因为绝大多数事务都是访问元组的最新版本，所以不必遍历整个链表。其缺点是，每次增加新版本的元组链表头都要变化，导致索引修改指针也要指向新版本。这个缺点可以通增加过一个间接映射来避免，但也增加了额外的存储开销。

仅追加存储面临的一个普遍问题是，假设一个有两个属性的表或键值对映射，一个属性是整型，另一个属性是 text 类型（或 BLOB 类型）。如果有个事务只更新整型数据项，那么仍然会复制一份完整的数据来作为新版本，如果恰好 text 类型的数据很大，那么复制冗余数据这一操作非常消耗性能。一种优化方法是让多个版本指向同一份这类很大的数据，系统维护该数据的引用计数来确保正确性。

仅追加存储在 Postgres、MemSQL 等系统中使用。

第二种版本存储策略是时间旅行存储（Time-Travel Storage），主要思想是单独用一个时间旅行表（Time-Travel Table）来存储历史版本，而最新版本的数据存储在主表中。新增一个新版本的元组时，先在时间旅行表中增加一行，然后将主表的数据复制到这个位置，最后修改主表中的最新版本。具体流程如图 5-12 所示。

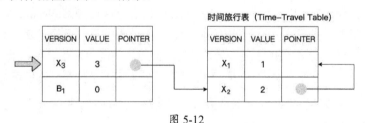

图 5-12

时间旅行存储同样会受到冗余大 text 类型复制的影响。

第三种版本存储策略是增量存储（Delta Storage），增量存储每次只将发生变化的字段信息存储到增量存储中。新增新版本时，系统将字段修改信息存储到增量存储中，注意，这里只存储修改的属性而不是完整的属性。最后，系统直接在原地修改主表信息。具体流程如图 5-13 所示。

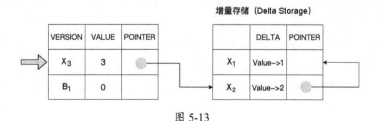

图 5-13

增量存储在 MySQL 和 Oracle 中被称为回滚段（Rollback Segment）。

增量存储的优势是,对于更新操作频繁的工作负载,可以减少内存分配。但是对于读操作频繁的工作负载,需要访问回滚段才能重新拼出需要的信息,开销会更高。

另一方面,存储的版本信息需要一定策略进行垃圾回收,清理出存储空间,以便存储更多的数据。清理的目标信息主要是两类,一类是已经没有事务访问的版本,另一类是被一个已经中止的事务创建的版本。实际上,垃圾回收最重要的工作就是找到过期的版本数据,并判断它是否能够安全回收。

垃圾回收策略从元组角度和事务角度可以分为两种垃圾回收方法。

第一种方法称为元组级别垃圾回收(Tuple-Level Garbage Collection),又细分为后台清理(Background Vaccuuming,VAC)和协同清理(Cooperative Cleaning,COOP)。后台清理通过一个后台线程周期性进行清理,如果后台线程检查到某个版本的 end-ts 小于当前所有活跃事务的T_{id},便将其删除;协同清理在执行事务的同时遍历之前版本的元数据,识别出过期的版本,并在事务的最后阶段将其清理。由于需要遍历之前版本的数据,所以这种方法只适合从最老版本到最新版本的版本存储方案。协同清理的另一个问题是,如果没有事务请求某个数据项,那么就无法清理与该数据项相关的过期版本,这种问题可以通过类似后台清理的方法,额外使用一个线程来解决。

第二种方法称为事务级别垃圾回收(Transaction-Level Garbage Collection),如果系统认为一个事务创建的版本已经不被任何活跃事务访问,则意味着该事务已经过期,系统就会根据该事务读写的数据集合(Read/Write Sets)清理相对应的版本。这种方法的优点是,策略简单,并且适合任何类型的版本存储方法;缺点是,系统需要额外为每个事务存储它所读写的数据集合。

后台清理的元组级别垃圾回收方案是最通用的实现方式。无论哪种方案,增加垃圾回收线程数都可以加速垃圾回收。

小结

多版本并发控制特别适合实现快照隔离(见第 3 章),而快照隔离最大的优势是写操作不会阻塞读操作,保证了事务中的读操作读到的数据和事务开始时数据库中的数据一致,只读事务无须持有锁就能读取数据。多版本并发控制非常适合以读请求为主要负载的系统,因此,主流数据库都实现了多版本并发控制。

但快照隔离毕竟不是串行化,快照隔离仍然会发生写偏斜(见第 3 章)这种异常情况。针对这一问题,2008 年,Michael J. Cahill 等人提出了一种改进多版本并发控制的算法,称为串行化的快照隔离(Serializable Snapshot Isolation,简称 SSI)[1],可以防止写偏斜异常,提供具有串

---

1 Cahill,Michael J.,Uwe Röhm,and Alan D. Fekete."Serializable isolation for snapshot databases." ACM Transactions on Database Systems (TODS) 34.4 (2009):1-42.

行性的快照隔离，并在 PostgreSQL 9.1 中被采用[1]。

串行化的快照隔离的思想是，通过跟踪事务之间的读写操作，按照时间戳生成一个图，如果检测到图中存在环，则违背了串行化，需要中止其中一个事务来实现串行化。

开源分布式数据库 CockroachDB 在其 pre-1.0 版本中实现了无锁、分布式、串行化的快照隔离级别[2]，不过最新的 CockroachDB 已经切换到串行化（SERIALIZABLE）隔离级别。

至此，本节总共介绍了四种多版本并发控制实现方式，它们被一些著名的数据库系统采用。读者可以结合自身系统架构和负载类型来选择实现方式。

5.4　Percolator

本节介绍 Google 上一代分布式事务解决方案 Percolator[3]，以便加深读者对于分布式事务的理解。Google 在 2010 年将 Percolator 的架构设计作为研究论文发表，其构建于 Bigtable 的基础上，主要用于网页搜索索引等服务。作为一个分布式事务解决方案，Percolator 结合了两阶段提交和快照隔离的隔离级别。

我们在第 7 章会详细分析 Bigtable，这里暂且认为 Bigtable 就是一个常见表结构存储的数据库，但是 Bigtable 只支持单行级别的事务，不支持多行事务等更复杂的事务，Percolator 的诞生主要就是为了解决这个问题。

除了 Bigtable，Percolator 还依赖一个单点授时、单时间源的授时服务，简称为 TSO（Timestamp Oracle），用来给事务分配时间戳。由此可见，在前面提到的几种多版本并发控制的实现中，Percolator 使用了多版本时间戳排序来实现快照隔离。

Percolator 同样需要通过额外的元数据实现快照隔离，Percolator 将元数据存储到一个表中，元数据包含的字段和作用如图 5-14 所示。实际上元数据还包含一些用来通知的字段，但与本节内容无关，故在此略去。

列名	作用
lock	锁信息
write	事务提交时间戳
data	数据

图 5-14

1　Ports,Dan RK,and Kevin Grittner."Serializable snapshot isolation in PostgreSQL."arXiv preprint arXiv:1208.4179 (2012).

2　Matt Tracy, "Serializable, Lockless, Distributed: Isolation in CockroachDB", May 4, 2016.

3　Peng,Daniel,and Frank Dabek."Large-scale incremental processing using distributed transactions and notifications."(2010).

Percolator 论文中给出了一个详细的伪代码实现，本节将参考 Percolator 伪代码，一步步解释其工作原理。Percolator 对于一次事务的处理流程分为以下几个步骤。

第一步，分配事务开始时间戳：start_ts = oracle.GetTimestamp()。与之前介绍的多版本并发控制实现一样，开始时间戳决定了该事务看到的数据版本。

第二步，将事务中所有写操作（写入、更新和删除）缓冲（Buffer）起来，直到提交时再一并写入。提交协议是基本的两阶段提交，由客户端负责协调。

```
void Set(Write w) {
    writes_.push_back(w);
}
```

第三步，预写（PreWrite）阶段。预写阶段即两阶段提交的第一阶段。预写阶段从所有写操作中挑选一个作为主（Primary）锁，其他的写操作为次（Secondary）锁。主锁可以随机挑选，论文中固定使用第一个写操作作为主锁。预写阶段需要用主锁来锁住事务中写操作涉及的所有数据。主锁还用来进行客户端恢复等容错处理。具体伪代码执行流程如下：

（1）启动一个 Bigtable 单行事务，对应第 29 行。

（2）读取写操作涉及的行的 write 元数据信息，检查是否有其他事务在该事务开始后（即时间范围为[start_ts, ∞]）提交并修改了该行的数据，如果有，则中止事务；否则，继续下一步，对应第 32 行。

（3）读取写操作涉及的行的 lock 列，检查是否有其他事务持有该行的锁，如果有，则代表存在写冲突，Percolator 不等待锁释放，而是直接中止事务（即前面提到的无等待的死锁预防策略）；否则，继续下一步，对应第 34 行。

（4）顺利通过冲突检查后，事务开始更新数据，以事务开始时间戳作为 Bigtable 的时间戳，将数据写入 data 这一列，对应第 36 行。因为是多版本并发控制，这里的 Write() 函数并不会直接覆盖原来的数据，而是新建一行然后将数据写入该行，下同。

（5）更新完数据后，将获取对应行的锁，同样以事务开始时间戳作为 Bigtable 的时间戳，但以主锁的{primary.row, primary.col}作为值，写入 lock 列，对应第 37 行。

（6）进入提交事务阶段。对应 39 行。

```
27 bool Prewrite(Write w, Write primary) {
28     Column c = w.col;
29     bigtable::Txn T = bigtable::StartRowTransaction(w.row);
30
31     // 如果事务开始后该数据被修改，则中止事务
```

```
32    if (T.Read(w.row, c+"write", [start_ts , ∞])) return false;
33    // 尝试获取锁
34    if (T.Read(w.row, c+"lock", [0, ∞])) return false;
35
36    T.Write(w.row, c+"data", start_ts , w.value);
37    T.Write(w.row, c+"lock", start_ts ,
38        {primary.row, primary.col});
39    return T.Commit();
40 }
```

第四步，提交事务。

（1）获取提交时间戳。对应第 48 行。

（2）对主锁涉及的行启动一个单行事务，对应第 51～第 52 行。接着检查事务是否还持有 lock 列的锁，如果检查失败，则中止事务，对应第 53～第 54 行。

（3）如果事务仍然持有锁，则以提交时间戳作为 Bigtable 的时间戳，以开始时间戳作为 write 列的值更新数据，使得该数据对其他事务可见，对应第 55～第 56 行。

（4）释放事务持有的主锁，对应第 57 行。检查事务主锁的写操作是否对其他事务可见，如果检查失败则中止事务，对应第 58 行。

（5）主锁的写操作提交后 Percolator 认为整个事务已完成，进入原子提交的第二阶段。第二阶段更新所有的次（Secondary）锁的写操作，写完后释放次锁，这一步可以异步执行，对应第 61～第 64 行。

```
41 bool Commit() {
42    Write primary = writes_[0];
43    vector<Write> secondaries(writes_.begin()+1, writes_.end());
44    if (!Prewrite(primary, primary)) return false;
45    for (Write w : secondaries)
46        if (!Prewrite(w, primary)) return false;
47
48    int commit_ts = oracle .GetTimestamp();
49
50    // 先提交主锁的写操作
51    Write p = primary;
52    bigtable::Txn T = bigtable::StartRowTransaction(p.row);
53    if (!T.Read(p.row, p.col+"lock", [start_ts , start_ts ]))
```

```
54        return false;
55    T.Write(p.row, p.col+"write", commit_ts,
56        start_ts );
57    T.Erase(p.row, p.col+"lock", commit_ts);
58    if (!T.Commit()) return false;
59
60    // 第二阶段：更新所有次(Secondary)锁的写操作
61    for (Write w : secondaries) {
62        bigtable::Write(w.row, w.col+"write", commit_ts, start_ts );
63        bigtable::Erase(w.row, w.col+"lock", commit_ts);
64    }
65    return true;
66 }
```

对于读操作，第一步先检查时间戳在[0, start_ts]内是否有其他事务持有该行的锁。注意，根据快照隔离的要求，允许 start_ts 之后的其他事务持有该行的锁，因为发生在 start_ts 的事务读操作只能读到 start_ts 之前的数据版本，而对于 start_ts 之后的数据修改并不关心。如果检查发现[0, start_ts]内存在冲突的锁，则读事务必须等待，直到锁被释放（第 12～第 15 行）。

如果没有发现冲突的锁，则读取[0, start_ts]内的所有版本，并判断能否找到最新的版本。如果不存在，则表示找不到可读的数据，返回 false；如果存在，则该记录就是要读取的记录，返回 true，对应第 19～第 23 行。

```
8  bool Get(Row row, Column c, string* value) {
9    while (true) {
10     bigtable::Txn T = bigtable::StartRowTransaction(row);
11     // 检查是否有并发写入的锁
12     if (T.Read(row, c+"lock", [0, start_ts ])) {
13       // 存在锁，尝清理并等待锁释放
14       BackoffAndMaybeCleanupLock(row, c);
15       continue;
16     }
17
18     // 找到小于开始时间戳的最新写入版本
19     latest_write = T.Read(row, c+"write", [0, start_ts ]);
20     if (!latest_write.found()) return false; // 没有找到
21     int data_ts = latest write.start_timestamp();
22     *value = T.Read(row, c+"data", [data_ts, data_ts]);
```

```
23    return true;
24    }
25 }
```

Percolator 结合本章提到的各种分布式事务技术，实现了多版本时间戳排序并发控制，使用两阶段提交来提交事务，还用到了无等待的死锁预防策略。遗憾的是，Percolator 论文缺失了如何对过期版本数据进行垃圾回收的细节。

Percolator 的优点是有着很松的耦合，不用对底层存储做任何改动，这对于一些多数据中心的 OLTP 工作负载是非常有用的，例如 Gmail、Google 日历等。

另一个使用 Percolator 作为分布式事务方案的例子是 TiDB[1]，TiDB 是一个兼容 MySQL 的分布式 HTAP（Hybrid Transactional/Analytical Processing，混合事务/分析处理）数据库。

Percolator 的缺点是，由于使用单点授时服务（见第 6 章），并且一个事务需要与授时服务通信两次（开始时间戳和提交时间戳），所以授时服务的可扩展性和可用性是一个大问题，可能成为性能瓶颈。

另外，Percolator 使用懒惰（Lazy）的方式处理事务留下来的锁，这种方法简单易行，但也可能使事务提交延迟数十秒，这么长的延迟对于一些 OLTP（联机事务处理）的系统是不可接受的。另外，Percolator 没有一个死锁检测手段，这增加了冲突事务的延迟。

Percolator 的限制性使它不适合强调低延迟的分布式事务，于是 Google 启动了另一个项目——Spanner 的研发，作为其下一代分布式数据库。至于 Spanner 如何实现快照隔离，我们将在第 7 章进行介绍。

5.5　本章小结

本章重点讨论分布式系统中的事务，特别是分布式事务的原子性和隔离性。对于原子性，一共介绍了 4 种原子提交算法，其中两阶段提交最为经典，实现也最简单。三阶段提交企图解决两阶段提交的遗留问题，但也造成了消息轮次过多和无法容忍网络分区的问题。Paxos 提交是一种结合了共识算法的原子提交算法，能够解决两阶段提交和三阶段提交的各种问题，但工程实现难度较大；基于 Quorum 的提交算法和 Saga 事务只是作为一种解决思路，很少会用在严格的生产环境中；最后以 Saga 事务为灵感实现的分布式事务的耦合性较低，有时会作为一种不严谨的选择，但该实现往往不满足事务的 ACID 属性。综上所述，在工程实践中，两阶段提交还是大部分系统的首选。

1　Huang, Dongxu, et al. "TiDB: a Raft-based HTAP database." Proceedings of the VLDB Endowment 13.12 (2020): 3072-3084.

对于隔离性，我们介绍了悲观并发控制、乐观并发控制和多版本并发控制。一般来说，如果事务冲突频繁，那么使用悲观并发控制会更好，虽然锁带来了一些额外的开销，但使用乐观并发控制或多版本并发控制，大量冲突可能导致大量的事务重试，相比之下锁是可以接受的；如果事务之间没有太多冲突或者读请求远远多于写请求的情况下，那么使用乐观并发控制或多版本并发控制会更好，因为它避免了每次操作都获取锁带来的性能开销，通常来说获取锁和释放锁的代价是比较高的。

不过并发控制的分类向来有些混乱，除了本文的分类方式，另一种分类方式是按照具体的实现方式分类，例如多种并发控制可以分为两阶段锁（2PL）和时间戳顺序（T/O），而时间戳顺序又可以分为基于时间戳顺序的并发控制（Basic T/O）、乐观并发控制（OCC）和多版本并发控制（MVCC）。这种分类方式把乐观并发控制作为一种具体的算法而不是一类思想。

原子提交算法和并发控制必须结合起来，以保证分布式事务的完整特性。本章具体介绍了Google 的 Percolator 如何结合两阶段提交和多版本时间戳排序并发控制。一个典型的支持分布式事务的存储系统的架构如图 5-15 所示，图 5-15 中的分布式事务层构建在通过共识算法或复制算法进行同步的多个副本之上。

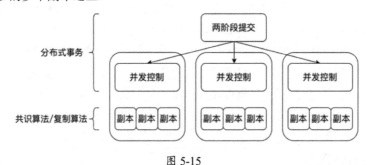

图 5-15

综合对比前面介绍的各种算法，不难发现其中有些算法要么引入了单点故障或阻塞问题，要么给系统带来了很多额外的复杂性。可见，在分布式系统中实现事务的开销较高，常常以性能或可用性为代价，这也是为什么许多分布式系统不提供对 ACID 事务的完全支持，例如 Bigtable 和微信团队开源的 PaxosStore[1]都没有实现完整的分布式事务。在设计一个分布式系统时，如果应用程序对事务没有强烈需求，则可以设计成不需要事务的架构。

分布式事务对程序员来说是非常有用的，因此像 Google 这样的公司不得不想尽办法实现分布式事务。尤其是 2012 年 Google Spanner 论文的发表给分布式数据库发展注入了动力，越来越多的研究员和开发者注意到分布式事务问题，近些年学术上和工业界诞生了不少分布式事务解

1 Zheng,Jianjun,et al."PaxosStore:high-availability storage made practical in WeChat." Proceedings of the VLDB Endowment 10.12 (2017):1730-1741.

决方案。

2013 年 Tim Kraska 等人发表了 *MDCC: Multi-Data Center Consistency*[1]，提出了 MDCC 原子提交协议，通过 Generalized Paxos 将更新操作复制到多个数据中心的多个节点上，当每个节点都复制了更新操作时，就会返回成功响应给协调者。协调者认为事务可以提交时，会异步通知各个节点执行更新操作。论文称 MDCC 以最终一致性代价实现了强一致性。

2013 年 Hatem Mahmoud 等人发表了 Low-Latency *Multi-Datacenter Databases using Replicated Commit*[2]，该论文提出在不同数据中心多次运行两阶段提交协议来代替复制事务日志，并使用 Paxos 算法对事务是否应该提交达成共识。

2015 年 Irene Zhang 等人发表了 *Building Consistent Transactions with Inconsistent Replication*[3]，以不同的思路解决原子提交或者 Paxos 等算法带来的昂贵通信代价。论文提出了 TAPIR 分布式事务，底层通过不一致复制（Inconsistent Replication）协议满足容错性等基本保障，事务层便可允许系统在一次消息往返中提交事务。

2018 年 Xinan Yan 等人提出了 *Carousel: Low-Latency Transaction Processing for Globally-Distributed Data*[4]，减少了广域网（WAN）环境下原子提交算法和复制其结果所需的网络往返次数，同时保证了串行化。

2021 年 Zhihan Guo 等人提出了 Cornus 提交算法[5]，思路和前面提到的 Parallel Commits 类似，即将第一阶段信息完整记录后便可返回给客户端，第二阶段可以异步执行。

以上介绍的分布式事务解决方案属于学术界较新的成果，这些解决方案对前面介绍的经典算法提出了自己的优化方案，一般适用于某些特定的场景，在此只做介绍，感兴趣的读者可以自行通过参考资料深入了解。

1　Kraska, Tim, et al. "MDCC: Multi-data center consistency." Proceedings of the 8th ACM European Conference on Computer Systems. 2013.

2　Mahmoud, Hatem, et al. "Low-latency multi-datacenter databases using replicated commit." Proceedings of the VLDB Endowment 6.9 (2013): 661-672.

3　Zhang, Irene, et al. "Building consistent transactions with inconsistent replication." ACM Transactions on Computer Systems (TOCS) 35.4 (2018): 1-37.

4　Yan, Xinan, et al. "Carousel: Low-latency transaction processing for globally-distributed data." Proceedings of the 2018 International Conference on Management of Data. 2018.

5　Guo, Zhihan, et al. "Cornus: One-Phase Commit for Cloud Databases with Storage Disaggregation." arXiv preprint arXiv:2102.10185 (2021).

第 6 章
时间和事件顺序

2012 年 6 月 30 日深夜，一些知名互联网公司的系统管理员仍在加班"救火"，事发原因是从 6 月 30 日 23 时 59 分 59 秒开始，全球时钟都增加了 1 秒（即"闰秒"），这导致 Reddit、Gawker、LinkedIn 和 Yelp 等网站都遭遇了技术故障。当时一些版本较低的 Linux 操作系统和 Java 应用都无法处理这"多出来的一秒"，导致这些公司都遇到了由"闰秒 Bug"引起的问题，即使重启服务器也无法解决该问题。当时问题最严重的当数 Amadeus 公司，该公司的大型票务预订系统也出现了故障，使澳航等一些航空公司不得不临时中断了飞行计划。

一秒的调整对于人们而言，不会对生活产生任何影响，但上面的事故告诉我们，对软件应用来说，快一秒或慢一秒有很大的不同。

发生这次著名的大范围技术故障后，闰秒问题引起了技术人员的广泛关注，随后各类软件着手修复这个问题。目前闰秒对这些基础软件的影响已经微乎其微。可这未必能让开发者高枕无忧，如果开发者在编写代码时不小心，那么仍然会埋下致命的 Bug，网络服务企业 Cloudflare 就因为没有小心处理时间相关代码，在 2017 年又遭遇了大规模故障，后面我们会详细分析该故障。

开发者在设计软件时，默认状态和流程的演进是随着时间流动方向进行的。上述事故亦反映出，如果时钟走时出问题，则会给软件带来意想不到的灾难。分布式系统同样离不开时间，例如第 5 章并发控制一节介绍的，想要实现多版本并发控制就需要一个全局的授时服务。

可是，分布式系统的时间问题可能比上述"闰秒"问题还要糟糕。一台计算机很容易通过记录事件发生的时间戳来决定事件的先后顺序；但分布式系统中，每台机器都有自己的时钟，我们该如何保证各台机器的时间相同？即使各台机器的时钟走时真的完全相同，由于网络延迟有快有慢，事件未必按照正确的顺序执行，我们该如何精确比较不同节点的两个事件谁先谁后？

在分布式系统中，我们需要重新审视时间这个概念。对于一直在开发单体应用的开发者来说，一些平常习惯的原则和假设，在分布式系统中并不成立。

本章讨论分布式系统中的时间问题，首先回顾物理时钟的发展历程，以及经典的计算机是如何进行时钟同步的。时钟同步也算一种分布式系统，也是两台机器通过网络传递消息来完成时钟同步的任务，本章会分析 Cloudflare 的故障案例并提醒开发者在时钟同步的情况下需要注意的事项。之后，我们会重点回顾分布式系统如何解决错综复杂的时间和事件顺序问题，研究经典的技术，对比每种技术的优缺点。同时再次强调，没有一种技术能够解决所有问题，软件架构本质上是在做取舍。

6.1　物理时钟

人类使用时间来决定万物的顺序，为了准确测量时间，人类经历过几个时期。我们先从日常生活中最常见的计时工具开始介绍，计算机领域把传统的计时工具统称为物理时钟或墙上时钟（Wall Clock）。生活中常见的物理时钟主要分为两类，基于钟摆原理的机械时钟和基于石英晶体的石英时钟。

15 世纪发条驱动的机械时钟出现，使得家用机械钟成为可能，但由于成本和工艺限制，早期的"家用机械钟"也只出现在皇室富豪家中，作为一种身份象征。随着钟表业制作工艺不断发展，钟表才进入寻常百姓家。

20 世纪后，时钟进入石英化时代。石英钟表便宜、重量轻且易于保养，比机械时钟走时更准，现在大多数腕表、计算机、智能手机或家用电子设备都使用石英钟显示时间。今天，传统的机械钟表更像装饰品而非单纯的计时工具。

当然，石英钟表走时也存在一定误差。影响石英钟表走时不准的因素很多，首先，制造商和制造工艺各有不同；其次，石英晶体的老化也会产生误差；最后，石英钟虽然在室温下非常稳定，但较高或较低的温度也会导致石英钟产生误差。所以我们经常会见到，两台设备上显示的时间各不相同。

机械时钟和石英时钟的精度有限，只适合日常生活使用。在一些需要更高精度的场景，会选择使用原子钟（Atomic Clock）来计时。原子钟以原子共振频率标准来计算时间，以及保持时间的准确，是世界上已知最精准的时间测量和频率标准，也是国际时间和频率转换的基准，用来控制电视广播和全球定位系统卫星的信号。但原子钟价格昂贵，无法在日常生活设备中搭载，主要用于社会生产、科学研究和国防建设等场景。

另一种获得高精度时间的方法是依靠 GPS 卫星定位系统，每个 GPS 卫星上都有 2 到 3 个高精度的原子钟，这几个原子钟互为备份的同时也互相纠正。地面的控制站会定期发送时钟信号，和每一颗卫星进行时钟校准。为获得准确的 GPS 时间，GPS 时钟先接收至少 4 颗 GPS 卫星的信号，计算出自己的三维位置。得出具体位置后，GPS 时钟只要收到一颗 GPS 卫星信号就能保证时钟走时的准确性。为了解决卫星信号传送到地面的延迟问题，GPS 信号中自带了误差纠正码，接收端可以通过计算把传输延迟去掉。另外，对于一个数据中心，由于有太多的电磁干扰，无法获得良好的信号，所以常见的 GPS 接收器都装在数据中心大楼的屋顶。

不同精度的计时工具为不同的场景服务。可这样又有一个新的问题，这些计时工具走时各不相同，我们以什么为标准来定义时间呢？

根据如何定义秒这个基本单位，国际上有着不同的时间标准，以地球自转为基准的时间尺度称为世界时，以原子特性为标准的时间尺度称为国际原子时。

但是，原子的共振频率周期并不永远稳定，国际原子时的误差为每日数纳秒；而由于潮汐、地震和一系列因素的影响，地球的旋转速度也不是恒定的，世界时的误差为每日数毫秒。可见这两种时间并不精确匹配。对于这种情况，一种称为 UTC（Coordinated Universal Time，世界协调时间）的世界时间标准于 1972 年面世。

UTC 是最主要的世界时间标准，UTC 基于国际原子时，并通过不规则地加上正或负闰秒来抵消地球自转变化的影响。UTC 在时刻上尽量接近于格林尼治标准时间（Greenwich Mean Time，GMT）。对于大多数用途来说，UTC 时间可以与 GMT 时间互换，但科学界已基本弃用 GMT 时间。

如果本地时间比 UTC 时间快，例如中国的时间比 UTC 时间快 8 小时，就会写作 UTC+8，俗称东八区。相反，如果本地时间比 UTC 时间慢，例如夏威夷的时间比 UTC 时间慢 10 小时，就会写作 UTC-10，俗称西十区。UTC 广泛应用于许多互联网和万维网的标准中，例如，网络时间协议（Network Time Protocol，NTP）就是 UTC 在互联网中使用的一种方式。

除了 UTC 时间，另一种在计算机中频繁使用的时间是时间戳（Timestamp）。时间戳代表一个特定的时间点，常见的 UNIX 时间戳计算从 UTC 1970 年 1 月 1 日 0 时 0 分 0 秒开始经过的总秒数，不考虑闰秒。之所以不考虑闰秒，是因为时间戳支持计算未来的某个时间的时间戳，而现有技术无法知道未来某个时间内地球自转是否会加快或减慢，也就不可能知道是否需要调整闰秒。

UNIX 时间戳这种忽略闰秒的方法，通常来说几秒的差别是可以接受的。如果对闰秒处理不当，正如本章开头提到的，就会导致服务出现故障。目前主要通过"降速"来增加正闰秒（或者通过"加速"来增加负闰秒），具体解决方案是，当正闰秒发生时，不是将其直接插入 23:59:59 和 00:00:00 之间，而是在闰秒引入前后的 10 小时内故意放慢（或加快）时钟的速度，此种做法将在二十小时内使得时钟增加 1 秒。

是不是闰秒问题解决了，就可以放心地使用服务器本地时间呢？并非如此，任何时钟都可能出现走时不准的问题。想象一下，如果在分布式系统中，所有的服务器都各自使用自己的本地时间，那么整个系统是否还能正常工作？举个例子，如果一栋大楼里每个摄像头录像记录的时间各不相同，调取监控取证的时候，时间走时不一致，那么如何还原事件的真相呢？

绝大多数时间，我们还是希望一个系统内所有计算机的时钟尽可能准确。但不可能给每台计算机配备一个原子钟，因此计算机还是会采用石英钟，然后通过时钟同步不时地调整时钟来纠正石英钟发生的误差。最常见的时钟同步方法是使用 NTP。

6.2　时钟同步

NTP 是一个时钟同步的网络协议，1985 年由特拉华大学的 David L. Mills 设计。NTP 是目前主流的时钟同步协议，几乎所有计算机、智能手机和其他移动设备等电子设备都使用 NTP 进行时间同步。

NTP 是一个典型的客户端/服务器（Client/Server，C/S）架构，NTP 服务器通过网络不停地纠正多个 NTP 客户端的时间。由于网络延迟和 CPU 处理速度会有很大的变化，为了精确同步时钟，NTP 客户端必须计算其时间偏移量和来回通信延迟。

如图 6-1 所示，NTP 客户端先向服务端发送一个 NTP 包，其中包含了该包的发送时间戳 t_0；当 NTP 服务器收到该包时，填入接收包的时间戳 t_1；然后立即把包返回给客户端，填入发送包的时间戳 t_2。客户端在收到该响应包时，记录接收包的时间戳 t_3，并解码取出包中包含的之前三个时间戳。根据这四个时间戳，可以通过以下方法计算客户端的时间。

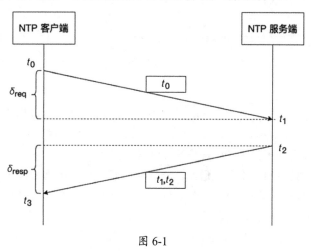

图 6-1

根据图 6-1 可以得出，NTP 客户端的时间应该等于 t_2 加上响应包的传递时间 δ_{resp}。

因为网络延迟并不固定，所以为了更准确，NTP 不只简单计算响应包的传递时间，而是计算请求和响应整个阶段的时间，称为往返延迟"δ"，计算公式如下：

$$\delta = (t_3 - t_0) - (t_2 - t_1)$$

NTP 认为往返延迟除以 2 就是一趟消息的延迟时间，这个延迟时间再加上t_2就得到了 NTP 客户端的时间。NTP 把 NTP 客户端应该设置的时间称为时间偏移，用 θ 来表示，计算公式为：

$$\theta = t_2 + \frac{\delta}{2} = \frac{(t_1 - t_0) + (t_2 - t_3)}{2}$$

具体的算法会更复杂一些。NTP 客户端通常会定期轮询三个或更多服务器，将计算得到的往返延迟和时间偏移通过过滤器并进行统计分析，剔除异常值，并从最好的三个候选结果中计算出时间偏移。然后调整时钟频率以逐渐减小时间偏移，达到纠正时钟的目的。NTP 通常可以在公共互联网保持几十毫秒的误差，在局域网环境中误差通常小于 1 毫秒。

然而，使用 NTP 同步时间也会产生新的问题，系统时钟很可能在某个时间与 NTP 同步，然后突然向前或向后调整时间，这对于任何需要测量时间长短的软件都有重要影响。

2017 年 1 月 1 号新年的零点，知名网络服务厂商 Cloudflare 遭遇了服务故障。次日，Cloudflare 发布了故障报告[1]，分享了这次故障的原因，主要问题产生于如下 Go 语言编写的代码：

```
if !start.IS_zero() {
    rtt := time.Now().Sub(start)
    if success && rcode != dns.RcodeServerFailure {
        s.updateRTT(rtt)
    } else {
        s.updateRTT(TimeoutPenalty * s.timeout)
    }
}
```

代码最重要的问题存在于第二行，Go 语言的 time.Now()是一个读取本地当前时间的函数，Cloudflare 发现经过 time.Now().Sub(start)计算后的变量 rtt 居然为负数！按照正常逻辑，随着时间正常推移，代码是正常工作的，变量 start 是之前的某个时间，time.Now()函数是运行此行时的时间，时间只会向前不会倒退，time.Now()怎么可能小于 start 呢？问题就在于，如果运行此代码的计算机突然做了时钟调整，例如，正好要同步闰秒而调整时钟，或者 NTP 服务器发现这台服务器时钟走快了，将其回拨了一些，那么 time.Now()就会小于 start，这时计算出来的变量 rtt 的值将是负数。Cloudflare 就是受此影响，将一个负的时间变量 rtt 向下传递，造成了系统性故障。

通过 Cloudflare 的例子，可以发现时间问题可能隐藏在某个难以察觉的角落，有时代码运行几个月甚至几年都没有问题，直到某时不小心触发并导致故障，才定位到问题所在。其实

---

1 John Graham-Cumming, "How and why the leap second affected Cloudflare DNS", The Cloudflare Blog, 2017/01/02.

Cloudflare 的问题在软件开发中十分常见，可能大多数开发者都没有意识到。举个例子，我们经常会在某段程序前后记录时间戳，用来计算这段程序的执行时间。例如下面这段代码，笔者使用 Java 语言举例而不是 Go 语言是有原因的，下面会阐述原因。

```
long startTime = System.currentTimeMillis();
doSomething();  // 如果 NTP 此时正好进行同步
long endTime = System.currentTimeMillis();
long estimatedTime = endTime - startTime; // 结果可能为负数
```

如代码注释所示，如果在程序运行过程中 NTP 客户端恰好发生了同步，倘若发现系统时钟走慢了，那么 NTP 客户端会增加当前时间，结束时间戳和开始时间戳之间的差值就会比实际经过的时间要多——这还没有很大影响。倘若 NTP 发现系统时钟走快了，则 NTP 客户端要减少当前时间，回退到过去某个时间，如果程序运行的时间比回退的时间还要短，那么计算结果甚至是负数——这和 Cloudflare 遇到的问题类似。

针对这个问题，很多语言或操作系统提供单调时钟（Monotonic Clock）来解决。在 Java 中 `System.nanoTime()` 函数就是一个单调时钟。在 Linux 系统中可以通过 `clock_gettime(CLOCK_MONOTONIC)` 函数来计算单调时钟。

单调时钟不受 NTP 的影响，它以某个时间点为起点——可能以程序开始时为起点，或者以计算机启动时为起点，然后计算函数执行时经过的时间，以保证返回的时间严格单调增长。所以上述代码可以修改为：

```
long startTime = System.nanoTime();
doSomething();
long endTime = System.nanoTime();
long estimatedTime = endTime - startTime; // 结果一定大于 0
```

读者也许会问，那么 Cloudflare 为什么不用单调时钟呢？这在于当时 Go 语言没有暴露单调时钟函数[1]，所以 Cloudflare 只能通过判断结果是否小于或等于 0 来解决问题，如果判断计算出来的值小于或等于 0，就直接让它等于一个默认的值，而不是将负值传递下去。

单调时钟不仅可以用来计算事件经过的时间，还可以用来判断两个事件发生的先后关系。我们可以用单调时钟记录事件发生的时间，然后按从小到大排列，这样就可以消除时钟同步等其他原因对事件排序的影响。

但是这样的单调时钟只能在单机系统中使用，在分布式系统中有着很大的局限性。前面提到，单调时间以自身所在计算机的某个时间点为起点，也就是说，只有来自同一个节点的单调

1　"time: use monotonic clock to measure elapsed time", GitHub Golang/Go, issue 12914, 13 Oct 2015.

时间才有意义，否则计算出来的是以不同起点为参考的结果，这样的时间戳对比没有任何意义——而在分布式系统中难以找到某个起点，节点随时可能因为故障而被替换。

尽管技术在不断进步，但想要在分布式系统中使用时间来判断事件发生的前后顺序依然很困难，虽然通过原子钟或者 GPS 时钟可以获得比较准确的时间，但由于网络延迟的差异，我们依然无法根据时间戳来判断事件发生的先后顺序。

既然单机的单调时钟行不通，那么我们能不能根据单调时钟的思想，发展出分布式系统的"单调时钟"呢？这里又要提到我们的老朋友 Lesile Lamport。Lesile Lamport 开创性地提出了逻辑时钟的概念，尝试通过逻辑时钟对分布式系统中的事件进行排序，从而得到分布式系统中所有事件的顺序。

6.3　逻辑时钟

1978 年 Lamport 在论文 *Time，Clocks，and the Ordering of Events in a Distributed System*[1]中提出逻辑时钟（Logical Clock），是最早提出逻辑时钟的人，因此逻辑时钟也被称为 Lamport 时钟（Lamport Clock）或 Lamport 时间戳（Lamport Timestamp）。这篇论文影响深远，成为分布式系统领域被引用次数最多的论文之一，并在发表 20 多年后获得 2000 年 PODC（Principles of Distributed Computing，分布式计算原理）最具影响力论文奖，以及在 2007 年获得 ACM SIGOPS 名人堂奖——足以证明这篇论文的影响力。

需要说明的是，很多资料中对这篇论文的认识都停留在如何计算逻辑时钟，认为这是一篇用来确认因果关系的论文。笔者尽力由浅入深地剖析这篇基石级别的论文，揭开逻辑时钟的面纱，将这篇论文的真正面貌展现给读者，以理解这篇论文为什么如此重要。

通过前面的讨论发现，即便存在原子钟或 GPS 时钟等精准时钟，网络延迟误差还是让我们难以确认分布式系统中的事件顺序。Lamport 的解决方案是，既然物理时钟有这么多限制，并且物理时钟难以解决网络延迟问题，那么我们就不通过物理时钟来判断事件的先后顺序，另外发明一种时钟来计算分布式系统中事件的顺序。据 Lamport 自述，他是从狭义相对论中获得了逻辑时钟的灵感。不考虑狭义相对论是什么，我们简单一点进行思考，生活经验告诉我们，事件通常不是孤立存在的，正所谓"事出必有因，有因必有果"，两个事件之间往往可能存在某种因果关系。还记得我们在第 1 章对分布式系统的定义吗？分布式系统是一个其组件分布在不同的、联网的计算机上，组件之间通过传递消息进行通信和协调，共同完成一个任务的系统。消息传递就可以看作分布式系统中事件之间构成因果关系的桥梁。

具体地说，在一个分布式系统中，我们可以将发送消息的事件看作"因"，将接收消息的事

1　Lamport,Leslie."Time,clocks,and the ordering of events in a distributed system."Concurrency: the Works of Leslie Lamport.2019.179-196.

件看作"果",因为没有发送事件必然不可能有接收事件,以此可以判断出发送事件肯定发生于接收事件之前,那么发送事件之前的事件也可以确认在接收事件之前发生。将此扩散到每个节点,我们不需要任何物理时钟,依然得出了一部分事件的顺序。

Lamport 在论文中将上面的关系定义为一种"发生于……之前(Happens-Before)"关系,并给出了形式化的表述:将"事件 a 发生于事件 b 之前"的关系定义为 a→b,即"→"表示"发生于……之前"。

逻辑时钟定义,如果 a→b,则事件 a 和事件 b 满足以下三个条件:

(1)如果事件 a、b 在同一个进程中,事件 a 发生于事件 b 之前,那么 a→b。

(2)如果 a 是发送一条消息的事件,而 b 是收到这条消息的事件,那么 a→b。

(3)假如 a→b 成立,且 b→c 成立,那么 a→c 成立。如果两个事件 a、b 不满足 a→b 或者 b→a,那么认为 a、b 这两个事件是并发的(可以用 a∥b 来表示并发事件)。

"发生于……之前"关系代表了潜在的因果关系,即 a→b 可以得出事件 a 和事件 b 存在潜在的因果关系,之所以称为潜在的因果关系,是因为事件 a 不一定直接影响了事件 b,事件 a 可能是间接导致或影响了事件 b。

有了"发生于……之前"关系,我们可以计算出不依赖物理时钟的逻辑时钟。定义时钟条件(Clock Condition)为:对于任意两个事件 a 和 b,如果 a→b,那么 $C(a) < C(b)$。反之并不成立,即 $C(a) < C(b)$ 不能推出 a→b。一句话总结:时钟条件的逆命题并不成立。

基于时钟条件,逻辑时钟的计算方法如下:

- 每个进程都记录自己的逻辑时钟,初始值为 0。
- 如果进程 i 内部发生一个新的事件,那么将其逻辑时钟加一,即 $C_i = C_i + 1$。
- 如果进程 i 向进程 j 发送消息,进程 i 先将其逻辑时钟加一,即 $C_i = C_i + 1$,然后将 C_i 和消息一起发送给进程 j,进程 j 更新自己的逻辑时钟为 $C_j = \max(C_i, C_j) + 1$。

为了更好地理解逻辑时钟的工作原理,让我们来看一个例子,如图 6-2 所示,

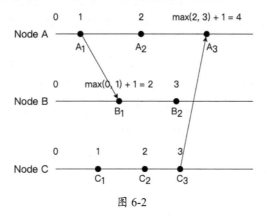

图 6-2

在图 6-2 所示的分布式系统中，我们有三个节点 A、B 和 C，它们或是在本地执行事件，或是与系统中其他节点交换信息。图 6-2 中的逻辑时钟按照我们上述的算法更新。一开始每个节点的逻辑时钟都为 0，每发生一个事件，节点都会更新自己的逻辑时钟，每次消息传递也会更新发送节点和接收节点的逻辑时钟。例如节点 A 发送消息给节点 B，将发送事件记为A_1，接收事件记为B_1，A_1的逻辑时钟 $C(A_1)=0+1=1$，而B_1的逻辑时钟如图 6-2 所示，是A_1的逻辑时钟和节点 B 原本的逻辑时钟中的最大值加一，即 $C(B_1) = max(0,1)+1=2$。

现在我们要考虑一个问题。我们已经知道事件A_1发送了信息给事件B_1，事件A_1发生在事件B_1之前。从图 6-2 中也可以看到C_2的逻辑时钟小于B_2的逻辑时钟，但由于时钟条件的逆命题不成立，因此我们并不能得出C_2和B_2这两个事件有因果关系，事件B_2可能发生在事件C_2之前或之后；对于事件B_2和C_3我们也无法判断两者的先后顺序。

由此可见，逻辑时钟并不能得到完整的时间顺序，这是逻辑时钟和物理时钟最大的不同。物理时钟和逻辑时钟的建模是不一样的，在日常生活中我们使用物理时钟时，如果想要对一系列的事件进行排序，则可以将事件发生的具体时间一一记录下来，然后将事件按物理时间排序，得到所有事件的先后顺序，这样的顺序是全局的，排序后的任意两个事件都可以通过对比发生时间来确认先后顺序。而目前的逻辑时钟很难确认全局的先后关系，我们只得到具体的某两个事件的先后顺序，即一个局部的先后顺序，并不能比较任意两个事件的逻辑时钟来判断先后顺序。

这两种不同的事件排序方式，分别称为全序关系（Total Ordering）和偏序关系（Partial Ordering）。

简言之，全序关系是指全部元素可比较的关系，即集合中的任意两个元素是可以互相比较并确认大小的。偏序关系是指部分元素可以比较，只是部分元素有序，并不是全部元素都可以比较。目前的逻辑时钟计算出来的是事件的偏序关系。而相比于偏序关系，我们当然更希望能得到系统的全序关系。

那么如何将偏序关系扩展成全序关系呢？Lamport 的方案是在逻辑时钟上附加进程编号，同时定义进程的全序关系，默认情况下使用逻辑时钟排序，逻辑时钟相同的情况下按照进程的全序关系进行排序。

为了方便理解，我们具体化"进程的全序关系"这一概念，其实就是对比两个进程的优先级，这个优先级由架构师来任意定义。这里，我们定义进程的优先级如下：对于两个进程P_i和P_j，如果 $i<j$，那么进程P_i的优先级就低于进程P_j，例如进程P_1的优先级小于进程P_2。

据此将上述全序关系转换成数学语言。进程P_i上发生的事件 e 的逻辑时钟附加上进程号表示为$C_i(e)$，分布式系统事件的全序关系用=>来表示，a≥b 意味着事件 a 在全序关系上发生于事件 b 之前。定义 a≥b 满足：

- $C_i(a)<C_j(b)$。

- 或者，$C_i(a)=C_j(b)$ 并且 $i<j$。

注意，进程的优先级可以任意定义，这里只是方便理解定义了以进程号大小作为优先级。逻辑时钟的全序关系其实在偏序关系的基础上，通过定义一个任意的优先级，最终得到全序关系。

有了进程优先级后，我们回顾图 6-2 的例子，定义图 6-2 中节点 A、节点 B 和节点 C 之间的优先级是 A<B<C，那么对于 C_2 和 B_2 这两个事件，很明显 $C_c(C_2) < C_B(B_2)$，所以 C_2=>B_2，即 C_2 先于 B_2 发生。而对于 B_2 和 C_3 这两个事件，$C_c(C_3) = C_B(B_2)$ 且 B<C，推断出 B_2=>C_3，即 B_2 先于 C_3 发生。以此类推，我们就得到了图 6-2 中的全序关系。

综上所述，逻辑时钟提出了一种"发生于……之前"的关系来确定偏序关系，打破了分布式系统中用物理时间来确认事件顺序的困局，再通过某种优先级关系扩展出事件的全序关系，从而得到了分布式系统的全序关系。但不可忽视的是，这种全序关系的推断是比较随意的，并不一定符合实际情况。同样的逻辑时钟，进程的优先级选择不同，会得到不同的全序关系。

前面提到 Lamport 从狭义相对论中获得了灵感。狭义相对论表明，时空中没有一个不变的、确定的事件顺序，不同的观察者可能对两个事件的顺序持不同意见。这里的思想和逻辑时钟的确很相似。

那么，逻辑时钟到底有什么用呢？现在我们来看一下如何应用逻辑时钟解决分布式互斥（Mutual Exclusion）问题，这也是论文中给出的例子。

考虑一个分布式系统，其中有多个进程和一个资源，我们希望一个时刻只有一个进程使用资源，所以需要某种进程间同步算法来避免资源争抢。该算法必须满足：

- 条件 1，获得资源的进程释放了资源，其他进程才能够获得资源（等同于 Mutex）。
- 条件 2，资源的授予顺序必须按照请求发生的顺序进行分配。
- 条件 3，如果每个被授予资源的进程最终都释放了资源，那么每个请求最终都能够获得资源。

我们假设：

- 任意两个进程 P_i 和 P_j，进程 P_j 收到的消息顺序和进程 P_i 发送消息的顺序一致。
- 所有的消息都会被收到（可以引入消息序号和重传机制）。
- 任何一个进程都能直接向所有的其他进程发送消息。

这些假设不是必须的，一个分布式系统很容易实现上述三个假设，论文中这样假设只是为避免陷入细节讨论。

首先，采用一个中心化的进程来统一分配资源是不可行的。假设进程 P_0 是分配资源的进程。进程 P_1 向进程 P_0 发送申请资源的请求，再向进程 P_2 发送消息；另外，进程 P_2 收到消息后，也向进程 P_0 申请资源。如果进程 P_2 申请资源的请求早于进程 P_1 的请求到达进程 P_0，那么资源将分配给 P_2。可是根据逻辑时间，进程 P_1 在发送申请资源请求之后，发送给进程 P_2 一条消息，说明进程 P_1 的请求是早于进程P_2的请求发送的，这违反了条件 2，中心分配资源进程没有按消息发生顺序授予资源。所以采用中心化分配的方式是行不通的。

论文中通过逻辑时钟来实现一种去中心化的算法。每个进程维护一个消息队列，消息内容表示为T_0：P_0，代表进程P_0请求申请资源，请求时进程P_0的逻辑时钟为T_0。算法分为以下 5 步：

（1）为了申请资源，进程P_i发送请求资源消息T_m：P_i给所有其他进程，并将消息放入自己的消息队列，T_m代表消息的时间戳（逻辑时钟）。

（2）进程P_j收到请求消息T_m：P_i时，将其放入自己的请求队列，并回复一个带有时间戳的ACK 给进程P_i。

（3）释放资源时，进程P_i将所有的消息T_m：P_i从自己的消息队列移除，并发送一条带有时间戳的释放资源消息给所有其他进程。

（4）进程P_j收到进程P_i的释放资源消息时，也将所有T_m：P_i消息从自己的消息队列中移除。

（5）若同时满足以下两个条件，则进程P_i获得资源：第一个条件是按照全序关系排序后，资源请求消息T_m：P_i排在进程P_i的消息队列的最前面；第二个条件是进程P_i收到所有其他进程一条时间戳大于T_m的消息。

需要注意的是，所有进程的队列中的消息必须按照全序关系排序，即按照消息中的时间戳进行排序，否则会违反条件 2。也就是说，进程的队列入队操作并不一定是从队头或队尾插入，也有可能从中间插入。另外，算法的第（5）步中的两个条件只需在P_i本地进行验证。

下面通过一个示例来展示上述算法。如图 6-3 所示，进程P_0在逻辑时间为 3 的时候请求资源，发送消息 3：0 给其他进程，其中 3 代表时间戳，0 代表进程P_0；进程P_1在逻辑时间为 1 的时候请求资源，向其他进程发送请求消息 1：1。两个进程将消息写入自己的队列。

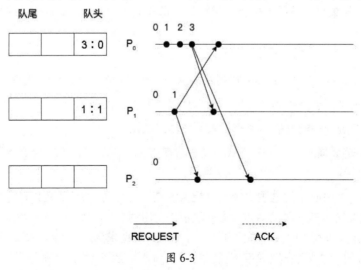

图 6-3

所有进程收到消息后，将消息插入自己的消息队列，并回复 ACK，如图 6-4 所示。注意，进程P_0收到进程P_1的消息后，发现时间戳 1 小于自己队列中的时间戳 3，所以将收到的消息插入队头而不是队尾。进程P_1收到两个 ACK 消息后，开始确认：第一，排在队头的消息是 1:1，满足条件；第二，收到的消息的时间戳都大于 1，也满足条件。因此，进程P_1获取资源。而进程P_0虽然也收到了时间戳都大于 3 的 ACK 消息，但是队头消息并不是 3:0，因此进程P_0并不能获取资源。

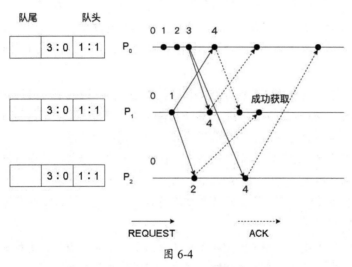

图 6-4

进程P_1使用完资源后，在某个时刻释放资源，删除队列中的消息，并将释放资源消息广播给所有其他进程。其他进程收到释放资源的消息后删除本地 1:1 消息，如图 6-5 所示。此时，进程P_0的队列队头是消息 3:0，满足条件，进程P_0可以获取资源。

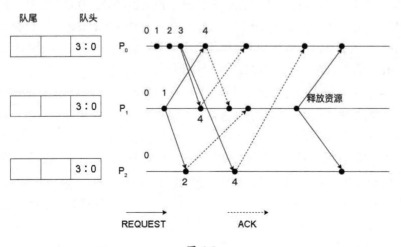

图 6-5

显然，这个算法没有中心化节点，也没有中心存储设备，每个进程都遵循规则独立地运行。

更进一步发散思维，将该方法通用化，如果把消息队列看作日志，那么是不是非常像在第 4 章 Raft 算法中学习到的状态机复制呢？该状态机包含命令集合 C 和状态集合 S，以及一个函数 e: $e(C, S) = S'$，代表处于状态 S 的状态机执行命令 C 后，会使状态机的状态转移到 S'。每个进程独立地运行状态机，所有状态机按照命令的逻辑时间进行排序，如果命令相同，则所有状态机最终的状态也相同。上述的状态机复制能够解决分布式互斥问题。

逻辑时钟可以帮助我们在分布式系统中实现多进程状态同步，这需要所有进程都互相进行通信，进程之间互相传输命令。回顾 Paxos 算法和 Raft 算法，它们都通过日志复制消息来传递日志（逻辑时钟）。

作为实现状态机的例子，让我们回顾 Raft 共识算法。Raft 论文中写到，任期在 Raft 中扮演了逻辑时钟（原文：Terms act as a logical clock in Raft）的角色。虽然不同的节点可能会处于不同任期，但最终服务器会检测到过期的信息，如过期的领导者。每个节点上的任期编号就是逻辑时钟，任期单调递增，通过心跳来交换当前的任期。如果一个节点发现自己的当前任期比另一个节点的小，那么就更新自己的任期为最新值；如果一个节点的请求来自一个任期过期的节点，那么请求将被拒绝——这些算法和逻辑时钟多么相似！可以说，Raft 的选举算法、日志和状态机等思想都源自这篇经典的论文。

这篇论文除了提出逻辑时钟，更重要的是还提出了，任何一个分布式系统都可以被描述为一个特定顺序的状态机，状态机不依赖物理时钟，可以用来解决网络延迟、网络分区和容错等问题。Lamport 写下这篇文章，讨论如何实现一个分布式状态机，他举了一个最简单的例子——一个分布式互斥算法。

也许是因为关于状态机的内容被 Lamport 放到了最后面，导致这篇论文存在很多质疑，这种争论声在学术界也不少。据 Lamport 回忆，数据库领域大师 Jim Gray 曾告诉他，关于这篇论文有两种截然相反的观点，一种观点认为这篇论文微不足道，另一种观点则认为这篇论文是卓越的。Lamport 自己表示他无法反驳前者，也不愿意与后者争论。

但 Lamport 自己也"吐槽"，他说："这是我最常引用的论文，许多计算机科学家都声称读过这篇论文，但我却很少遇到有人意识到这篇论文提到了关于状态机的内容。人们似乎认为这篇论文是关于分布式系统中事件的因果关系，或是分布式互斥问题。人们坚持认为，论文中没有关于状态机的内容。我甚至不得不回去重读一遍，以说服自己，我真的记得我写过什么。"

以上资料都来自 Lamport 自己对这篇论文的说明。直到这里，逻辑时钟的真面目也彻底被揭开，因果关系也好，分布式互斥问题也罢，其背后最重要的思想是如何构建分布式系统的状态机。Lamport 非常喜欢用状态机来解释分布式系统问题，著名的 Paxos 共识算法和分布式快照算法，其思想都来源于这篇论文。至此，这篇论文的重要性已经不言而喻。

不过，笔者认为逻辑时钟还是存在一些缺点的。最主要的问题是，论文全篇的讨论都是基于理想环境下得出的结论，而现实情况是错综复杂的，如果消息丢失怎么办？如果消息重传怎么办？更致命的，进程之间有着优先级关系，那么进程失效之后，新加入的进程的优先级会不会影响现有的全序关系？太多可用性、容错性和扩展性的问题没有仔细讨论，虽然 Lamport 自己强调是不想陷入这些细节讨论的，但这确实给工业实践造成了困难。相比之下，Paxos 算法和 Raft 算法展示了分布式状态机完整的实现细节。

6.4　向量时钟

向量时钟（Vector Clock）[1,2]是在逻辑时钟的基础上改进而来的。通过 6.3 节的讨论，我们发现逻辑时钟的每个节点只有自己的本地时钟，没有其他进程的时钟，从而导致仅仅通过逻辑时钟依然无法计算出某些事件，必须另外指定一个进程的优先级。向量时钟的主要思想是，让每个进程都能够知道系统中其他所有进程的时钟，这样就无须额外指定进程的优先级。向量时钟依旧只能得出分布式系统中的事件的偏序关系，不过向量时钟包含了其他节点的信息，通常用于数据冲突检测。

向量时钟和逻辑时钟的原理几乎一样，只不过对于每个节点或者进程而言，它维护的不只是自己的时间戳，而是一个由所有节点的时间戳构成的向量。向量的维度就等于分布式系统中节点的数量，向量时钟也因此得名。

向量时钟的具体定义是：在一个由 N 个节点组成的分布式系统中，每个节点的逻辑时钟的数据结构是 N 维的向量，表示为 $[C_0, C_1, \ldots, C_{n-1}]$。其中，第 i 个节点的向量时钟可以表示为 $[C_{i,0}, C_{i,1}, \ldots, C_{i,n-1}]$，而时钟 $C_{i,i}$ 代表第 i 个节点自己的逻辑时钟。

在计算方法上，向量时钟的算法和逻辑时钟的算法也基本一致，只不过需要扩展到 N 个维度。计算方法如下：

- 每个进程的向量时钟的初始值全部为 0。
- 如果进程 i 内部发生一个新的事件，那么将其自己的向量时钟加一，即 $C_{i,i} = C_{i,i} + 1$。
- 如果进程 i 向进程 j 发送消息，进程 i 先将自己的向量时钟加一，即 $C_{i,i} = C_{i,i} + 1$，然后进程 i 将自己本地的向量时钟 C_i 和消息一起发送给进程 j，进程 j 更新自己的向量时钟：对 $[0, N)$ 上每一个整数 k 执行 $C_{j,k} = \max(C_{i,k}, C_{j,k})$。

由此可见向量时钟和逻辑时钟在更新时钟时的区别，在收到信息的时候，除了要更新自己

1　Fidge,Colin J."Timestamps in message-passing systems that preserve the partial ordering."(1987).

2　Mattern,Friedemann."Virtual time and global states of distributed systems."Univ., Department of Computer Science, 1988.

的逻辑时钟，还要更新自己本地记录的所有节点的向量时钟。逻辑时钟只关注自己，而向量时钟需要关注整个系统。

同样，由于单个逻辑时间换成了向量时钟，所以我们判断"发生于……之前"的关系也需要变化。在向量时钟中，对于任意两个事件 a 和 b，如果 a→b，那么：

- 对于所有的下标 k，都有 $C_{a,k} \leqslant C_{b,k}$。

- 在 $[0, N]$ 中存在至少一个 l，使得 $C_{a,l} < C_{b,l}$。

向量时钟的数学表达有些抽象，我们通过具体的例子来理解算法。还是使用 6.3 节中图 6-2 的例子，但在这里改为使用向量时钟，如图 6-6 所示。

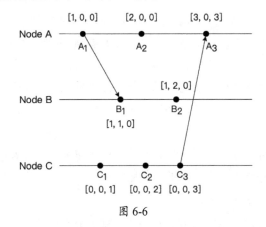

图 6-6

还是由节点 A、B 和 C 组成的分布式系统，每个节点都维护一个向量时钟，其中第一个元素代表节点 A 的逻辑时钟，第二个元素代表节点 B 的逻辑时钟，第三个元素代表节点 C 的逻辑时钟。图 6-6 中事件 A_1 发生后节点 A 的向量时钟为 $[1, 0, 0]$。另外，由于 $A_1 \rightarrow B_1$，所以 A_1 的向量时钟比 B_1 的向量时钟小。对于没有因果关系的事件，例如 $B_2 \parallel C_2$，可以看到 B_2 的时钟既不比 C_2 的时钟大，也不比 C_2 的时钟小，这种情况下我们可以认为这两个事件是并发的，可以以任何顺序发生。

有一种与向量时钟非常相似的算法，叫作版本向量（Version Vector）。无论是数据结构还是算法流程，版本向量与向量时钟都非常相似。但它们的用途略有不同。在一些应用中，没有必要为分布式系统中的每个事件都记录向量时钟。例如，对于一个存储系统，我们往往只关注那些改变了数据副本的事件，如更新数据操作，而发送消息事件或接收消息事件等则不再增加自己的向量时钟，只是对收发双方做向量同步。

除了上述的改变，版本向量的向量同步规则也有所改变，对于向量时钟，只有接收者更新其向量时钟；而对于版本向量，发送者也要同步更新其向量时钟。所以版本向量的计算流程为：

- 每个节点的向量时钟的初始值全部为 0。

- 当节点 i 发生更新事件的时候，$V_{i,i}=V_{i,i}+1$。
- 每当节点 i 和节点 j 发生消息交换时，对 $[0, N)$ 上每一个整数 k 执行 $V_{i,k}=V_{j,k}=\max(V_{i,k}, V_{j,k})$。

综上所述，版本向量与向量时钟相比，只做了两点改变：只有更新操作会增加逻辑时钟；同步向量时接收方和发送方都要进行同步。

向量时钟或者版本向量适合于分布式存储应用，每个数据项都有一个版本向量的标签。当发生网络分区时，数据的多个副本可能会同时做不同的更新操作，这时，数据项的版本向量可以帮助客户端识别需要解决的冲突数据。

之前提到的亚马逊公布的 Dynamo 架构就是使用向量时钟（版本向量）来检测数据冲突的，我们来看一下向量时钟在 Dynamo 中的实践。

整个流程如图 6-7 所示。

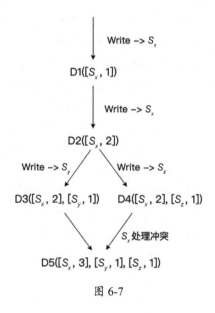

图 6-7

具体流程如下：

（1）客户端发起写请求，处理这个请求的节点 S_x 新建向量时钟 $[(S_x, 1)]$，记为 D1。

（2）客户端再次发起写请求，还是节点 S_x 处理这个请求，此时向量时钟为 $[(S_x, 2)]$，D1 更新为 D2。

（3）客户端再更新两次数据，但这两次请求分别由 S_y 和 S_z 处理，此时在 S_y 和 S_z 上分别存有 D3 和 D4，向量时钟分别为 $[(S_x, 2), (S_y, 1)]$ 和 $[(S_x, 2), (S_z, 1)]$。

（4）客户端在读取数据的时候，读到了 D2、D3 和 D4 三个冲突的版本的数据，通过向量时钟判断 D3 和 D4 是并发事件，检测到存在数据冲突，此时将由客户端解决冲突，将冲突合并后的数据和向量时钟一起发送给S_x节点执行协调写（Coordinates The Write）。S_x会更新自己的版本向量，最终生成数据 D5 的向量时钟：$[(S_x, 3), (S_y, 1), (S_z, 1)]$。

向量时钟或版本向量的问题是，向量的维度至少是 N，有些场景下甚至需要跟随客户端数量一直增长[1]，节点越多向量时钟越大，同时向量时钟会随着时间无限制地增长，这会导致向量时钟不仅需要大量的磁盘和内存空间，还需要更长的时间来计算和比较。

6.5 分布式快照

分布式系统领域还有一个与时间密切相关的基本问题：如何记录一个由多节点组成的分布式系统的快照，这个快照不仅可以在故障发生时将系统恢复到过去某个正常状态，还可以通过分析快照来调试代码运行逻辑，定位系统是否存在内存泄漏、死锁等一系列问题。Chandy-Lamport 算法[2]就是著名的生成分布式快照的算法，它以两位作者的名字共同命名。

提到 Chandy-Lamport 算法就不得不提一下这个经典算法的由来。据 Lamport 回忆，当时 Lamport 去得克萨斯大学拜访 Chandy，吃饭的时候 Chandy 向 Lamport 提出了分布式快照问题，但是当时两人喝了太多的酒，没有仔细思考解决这个问题的具体方案。饭后各自回了住处。到了第二天早上，Lamport 起床洗澡的时候想起了昨晚的问题，就在洗个澡的短暂时间里，Lamport 便想到了解决方案！于是，洗完澡后 Lamport 便前往 Chandy 的办公室找他继续聊昨晚的问题及自己想到的解决方法。没想到的是，Chandy 也想到了同样的解决方案，正在办公室等着 Lamport 过来！

Lamport 轻描淡写地讲述了这个故事，却让人不得不感叹两位大师在分布式领域的造诣。

让我们了解一下算法的具体内容。分布式快照的目的就是要用一种方法得到系统的全局快照（Global Snapshot），全局快照也可以理解为全局状态（Global State）。由于快照会用于系统故障恢复，所以必须保证生成的是一个可用的快照，否则让系统恢复到一个错误的状态并没有任何意义。

但是想捕捉分布式系统的全局状态并不容易，"爱讲故事的大师" Lamport 又在论文举了一个例子，状态检测算法就像一个摄影师想要拍摄全景、动态的照片——比如一个满是候鸟的天空。这个场景是如此之大，大到无法用一张照片拍下来。所以，摄影师必须拍摄好几张照片，最后把它们拼凑在一起，以形成完整的全景。问题在于，没有足够的摄像机同时拍摄这些照片，而在拍摄多张不同照片的时候摄影师又无法让候鸟保持不动，那么该如何去拍摄才能完整拼凑出这张照片呢？

---

1 Justin Sheehy, "Why Vector Clocks Are Hard," Riak Blog, April 5, 2010.

2 Chandy,K.Mani,and Leslie Lamport."Distributed snapshots: Determining global states of distributed systems."ACM Transactions on Computer Systems (TOCS) 3.1(1985):63-75.

上述例子非常生动地描述了这个问题，即分布式快照想要捕捉整个系统的全局状态，但是又不能让系统停止工作。

Chandy-Lamport 算法首先对系统进行建模。为了定义分布式系统的全局状态，先将整个系统定义为一个有向图，有向图中的一个顶点代表一个节点或进程，边代表管道（Channel），节点通过管道发送和接收消息。对于这样一个有向图，出边代表发送消息的管道，入边代表接收消息的管道；同时假设管道是一个容量无限大的队列。如图 6-8 所示是一个由两个节点组成的简单的分布式系统，将其抽象成了一个有向图，系统包含两条边即两个管道。

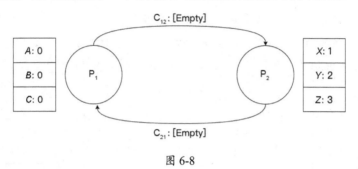

图 6-8

由于系统一直在运行，因此两个节点的状态可能一直在变化。Chandy-Lamport 算法认为，节点状态最主要的影响因素是来自其他节点的消息，一条消息可以改变发送消息节点和接收消息节点的状态。如图 6-9 所示，如果此时进程P_1发送一条指定 X 的值等于 4 的消息给进程P_2，则进程P_2收到此消息后将 X 的值更新为 4。

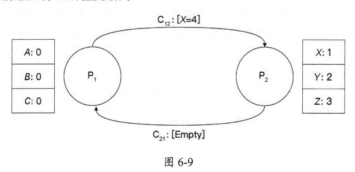

图 6-9

因此，Chandy-Lamport 算法不仅要记录一个节点的状态，还要记录这个节点的管道中的消息，这样就得到一个局部快照。而全局快照就是将所有节点的局部快照合并起来。

对于一个正常运行的、状态不断变化的分布式系统，Chandy-Lamport 算法旨在不打断系统运行，不干扰消息发送，通过传播一个额外的、不包含任何改变进程状态信息的 marker 消息来记录每个进程的快照。Chandy-Lamport 算法的具体流程为以下三个步骤：

（1）初始化快照。假设从进程P_i开始初始化快照，P_i先记录自己的状态，然后将 marker 消息通过出边管道广播给系统中的其他进程，同时进程P_i记录自己所有入边C_{ji}（其中 j 不等于 i）收到的消息。

（2）传播快照。任意进程P_j从入边C_{kj}第一次收到 marker 消息时，P_j记录自身状态，并将管道C_{kj}状态记为空，然后将 marker 消息广播给其他进程，同时开始记录其他入边C_{lj}（其中 l 不等于j或k)的消息。如果收到的消息不是 marker 消息，则一直记录这些消息，直到收到 marker 消息。

（3）终止快照。所有进程从所有的入边都收到了 marker 消息时，相当于所有进程都记录了自己的快照。之后，某个控制服务器会收集每个进程的局部快照，构建出一个全局快照。

我们还是以图 6-8 中的系统举例，加深理解。首先，如图 6-10 所示，由进程P_1开始初始化分布式快照，进程P_1先记录自身的状态。在图 6-10 中，我们用灰色背景色表示已经记录的状态。

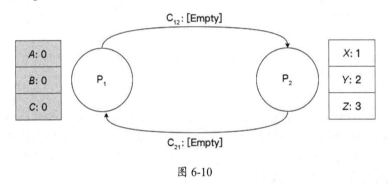

图 6-10

进程P_1记录好状态后，开始广播 marker 消息。由于此时系统只有两个节点，所以进程P_1通过管道C_{12}发送 marker 消息给进程P_2。我们假设此时进程P_2恰好也发送了一条消息 M 给进程P_1，如图 6-11 所示。

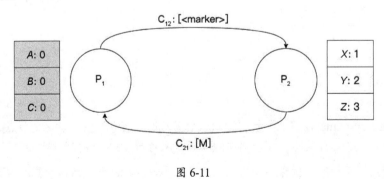

图 6-11

进程P_2收到 marker 消息后，记录自身状态，同时广播 marker 消息，即将 marker 消息通过管道C_{21}发送给进程P_1，如图 6-12 所示。

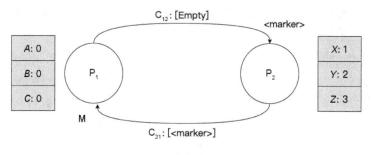

图 6-12

进程P_1已经发送了 marker 消息，所以它的任务只需要记录所有入边的消息，即记录 M 这条消息，直到收到进程P_2的 marker 消息，到这一步所有的节点都从自己的所有入边收到了 marker 消息，局部快照就已经记录完毕，如图 6-13 所示。

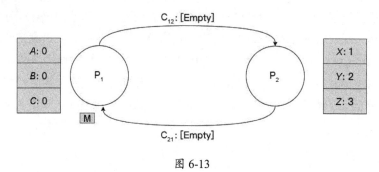

图 6-13

那么，全局快照就是图 6-13 中灰色背景色部分，一共记录了进程P_1的状态、进程P_2的状态和消息 M。

Chandy-Lamport 算法通过将分布式系统建模为有向图，展示了一种简单、有效的分布式快照算法。分布式流处理框架 Flink 基于 Chandy-Lamport 算法，设计了异步生成的轻量级分布式快照算法，我们会在 7.8 节详细介绍此算法。

6.6　本章小结

本章我们讨论了物理时钟、NTP 时钟同步、逻辑时钟和分布式快照。首先简单介绍了计算机时间标准，以及计算机之间如何通过 NTP 进行时钟同步，在时钟同步的情况下开发者需要注意的事项。其次重点讨论了逻辑时钟算法，并一步步揭开了逻辑时钟其实是用来实现分布式状态机的面纱。接着介绍了向量时钟，这是一种主要用来检测数据冲突的算法。最后通过示例展示了 Chandy-Lamport 分布式快照算法。

无论是逻辑时钟还是向量时钟，都需要两个节点互相通信才能够更新时钟。我们在第 7 章

Spanner 一节会看到，在有的场景中，虽然两个节点没有互相通信，但系统却要迫切地知道两个节点上的事件的先后顺序。

于是，在分布式数据库这类系统中，为了实现分布式事务，还需要一个全局的物理时钟，这个全局的物理时钟也叫作全局授时服务。最简单的全局授时服务是 Timestamp Oracle（TSO），最初指通过一台 Oracle 服务器为集群统一分配时间。后来很多单点授时机制也使用 TSO 缩写来命名。第 5 章介绍的 Percolator 分布式事务技术就采用了 TSO 集中授时。但 TSO 也存在单点瓶颈、可扩展性差等问题，授时服务节点容易成为系统性能瓶颈。

计算机科学家想到了一些其他办法来实现分布式授时。一种是基于物理时钟来优化算法，例如 Google 就在分布式数据库 Spanner 中实现了一个叫作 TrueTime 的物理时钟。TrueTime 基于原子钟和 GPS 时钟来实现全局授时，在第 7 章 Spanner 一节我们会重点讨论 TrueTime 的实现原理和应用。

另一种叫作混合逻辑时钟（Hybrid Logical Clocks，HLC）[1]，顾名思义，就是混合使用物理时钟和逻辑时钟。混合逻辑时钟旨在解决逻辑时钟需要节点通信问题，以及物理时钟精确性问题。分布式数据库 CockroachDB 和 YugabyteDB 选择使用混合逻辑时钟作为授时方案。

总的来说，逻辑时钟的重点是分布式状态机，如果你的分布式系统真的需要一个全局授时服务，那么还是需要选择 TSO、基于物理时钟的算法（类似 TrueTime）或者混合逻辑时钟。

1 Kulkarni,Sandeep S.,et al."Logical physical clocks." International Conference on Principles of Distributed Systems. Springer,Cham,2014.

第 7 章
案例研究

前六章我们介绍了许多分布式系统的基础知识，笔者希望这些成体系的知识能够丰富读者的工具箱，这样就不必在面对一个复杂艰难的任务时气馁，也不会听不懂或者看不懂分布式系统领域的词汇。

实践是检验真理的唯一标准，工具总是要拿出来用的。本章将研究那些成功的、影响深远的案例，这些案例不仅是大家争相学习的对象，还给开发者指明了道路，启发了无数开源分布式应用，使得今天市面上分布式系统百花齐放。这些案例展示了一些公司重要的基础设施，其架构往往涉及不止一种分布式技术，并展示了如何结合各种分布式技术构建出一个健壮的系统。

7.1　分布式文件系统

第一个案例来自 Google "三驾马车" 之一的 GFS（Google File System）[1]，这篇论文发表于 2003 年，距今已有些年头，也许不少读者都听过或看过 GFS 相关资料或论文。本章会再复习一遍 GFS 的架构设计，探讨 GFS 的缺点，以及如何解决相关的问题。

分布式存储（包括文件系统）是构建分布式系统的关键，许多其他分布式应用都建立在分布式存储之上。

为什么设计一个分布式存储系统会如此之难？我们在第 3 章说过：

1　Ghemawat, Sanjay, Howard Gobioff, and Shun-Tak Leung. "The Google file system." Proceedings of the nineteenth ACM symposium on Operating systems principles. 2003.

（1）设计分布式存储系统的出发点是提高性能，当单机数据量太大时，需要在多台服务器上对数据进行分区。

（2）由于有多台服务器，因此系统可能出现更多的故障。如果有数千台服务器，也许每天都有机器发生故障，所以我们需要系统能够自动容错。

（3）为了提高容错性，需要复制数据到多台服务器上，一般一个数据项在整个集群中会有2到3个数据副本。

（4）数据的复制会导致数据潜在的不一致。

（5）为了提高一致性，往往会导致更低的性能，这与我们的初衷恰恰相反！

这个循环突出了分布式系统的挑战。GFS 讨论了上述循环涉及的主题：并发性能、容错、复制和一致性，并给出了 Google 在生产环境下进行权衡的方案。

虽然 GFS 有些地方在今天看来已经有些过时，Google 内部也早已用下一代文件系统替换了GFS。但 GFS 论文的内容直观，容易理解，是一篇非常优秀的系统论文。

7.1.1　GFS 的目标

作为一个分布式文件系统，GFS 主要的设计目标包括：

- 大型。大容量，需要存放大量的数据集。
- 高性能。自动分片（Auto-Sharding），有着良好的扩展性。
- 全局。不只为一个应用而定制，适用于各种不同的应用。
- 容错。自动容错，不希望每次服务器出现故障都要手动去修复。
- 面向大文件。主要面向大量包含追加写操作的工作负载。

还有一些其他的特性，比如：

- GFS 只能在一个数据中心运行，理论上可以跨机房，但更复杂。
- 面向内部的，不开放销售。
- 面向顺序读写大文件的工作负载（例如下面介绍的 MapReduce）。

GFS 实现的是非标准的 POSIX 文件系统 API 接口，但依然支持常见的新建文件 create、删除文件 delete、打开文件 open、关闭文件 close、读取文件 read 和写入文件 write 等文件操作。GFS 提供两个特殊的操作：snapshot 用来生成快照，record append 允许多个客户端并发追加数据到相同的文件并且保证每个客户端追加的原子性。

我们重点关注读取文件 read、写入文件 write 和 record append 这三个操作。

7.1.2 架构

如图 7-1 所示，一个 GFS 集群包括一个 Master 节点和多个 ChunkServer 节点，并且若干客户端会与之交互。

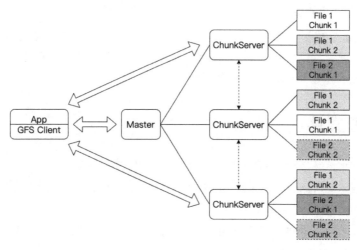

图 7-1

GFS 的主要组件和作用如下：

- Chunk。存储在 GFS 中的文件被分为多个 Chunk，单个 Chunk 的大小为 64MB。每个 Chunk 在创建时 Master 会为其分配一个不可变且全局唯一的 64 位标识符（称作 Chunk Handle）。默认情况下，一个 Chunk 冗余存储 3 个副本，分别存储在不同的 ChunkServer 上。

- Master 节点。Master 主要负责维护整个系统的元数据（MetaData）。Master 知道文件被分割为哪些 Chunk，以及这些 Chunk 的存储位置；它还负责 Chunk 的迁移、负载平衡和垃圾回收；此外，Master 通过心跳与 ChunkServer 通信，向其传达指令并收集状态。

- 客户端。首先向 Master 询问文件元数据信息，然后根据元数据中的位置信息去对应的 ChunkServer 上获取数据。

- ChunkServer 节点。实际存储 Chunk 的服务器。客户端和 ChunkServer 不会缓存 Chunk 数据，以防数据出现不一致。

为了简化设计，GFS 只用一个 Master 节点进行全局管理。这样做的好处是易于实现，但也带来了致命的问题，我们会在最后讨论这样做的缺点。

为了容错，Master 和 ChunkServer 都被设计成在几秒内就能恢复状态和重启，另外 Chunk 会被复制成多个副本并存储在多台机器上。最后，为了避免 Master 单点问题，Master 也会被复制来保证可用性，称为 Shadow-Master，在 Master 发生故障后接替 Master 的工作。

Master 将所有元数据保存在内存中以加快客户端请求元数据的速度。但 Namespace（目录层次结构）、文件名、文件名到 Chunk Handle 数组的映射、Chunk Handle 和数据版本号的映射，这些数据都要持久化存储。至于 ChunkServer 的位置信息和租约信息不需要持久化存储，在 Master 启动后向集群中查询即可。

Master 会在本地磁盘存储日志，而不是存储到数据库中。原因是：数据库的本质是某种 B 树或者哈希表数据结构，相比之下，追加日志会非常高效。而且，通过在日志中创建一些 Checkpoint，恢复和重建 Master 状态也会更快。

7.1.3 读取文件

如图 7-2 所示，客户端从 GFS 上读取文件分为以下步骤：

（1）客户端将要读取的文件名和偏移量（Offset）转换为 GFS 的文件名和对应的 Chunk 索引（Chunk Index），向 Master 发起请求。

（2）Master 在内存中的元数据查询对应 Chunk 所在的 Chunk Handle 和 Chunk 副本位置（Chunk Location），返回给客户端。

（3）客户端将 Master 返回给它的位置信息缓存起来，用文件名+Chunk Index 作为关键字（注意：客户端只缓存元数据，不缓存 Chunk 数据）。

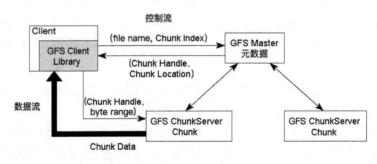

图 7-2

（4）客户端会选择网络上最近的 ChunkServer 通信（在 Google 的数据中心中，IP 地址是连续的，所以可以通过 IP 地址的差异判断网络位置的远近），发送 Chunk Handle 和 Chunk 字节范围（byte range）请求读取所需的数据。

客户端会通过 GFS 的库来向 GFS 发起请求，如果应用程序想要读取超过 64MB 的数据（超过一个 Chunk），或者就是读取 2 字节的数据但是却跨越了 Chunk 的边界，那么这个库会检查到这次读请求会跨越 Chunk 边界，因此会将一个读请求拆分成两个读请求再发送到 Master 节点。

7.1.4 写入文件

如果每次写文件都请求 Master，那么 Master 很容易成为性能瓶颈。GFS 通过租约来缓解这个问题。Master 找到存储所需 Chunk 副本的 ChunkServer 节点，并给其中一个 ChunkServer 授予租约，拥有租约的 ChunkServer 称为 Primary，其他没有租约的 ChunkServer 叫作 Secondary，之后：

- Master 会增加版本号，并将版本号写入磁盘，然后向 Primary 和 Secondary 服务器发送消息告诉它们，谁是 Primary，谁是 Secondary，最新的版本号是什么。
- 在租约有效期内，对该 Chunk 的写操作都由 Primary 负责。
- 租约的有效期一般为 60 秒，租约到期后 Master 可以自由地授予租约。
- Master 可能会在租约到期前撤销租约（例如，重命名文件时）。
- 在写 Chunk 时，Primary 也可以请求延长租约有效期，直至写完 Chunk。

如图 7-3 所示，我们通过一次具体的流程解析有了租约以后的写文件过程。

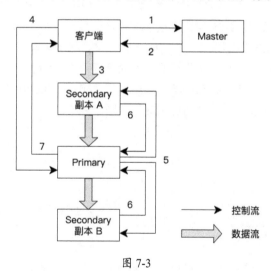

图 7-3

（1）客户端向 Master 询问要访问的 Chunk 的 Primary 和 Secondary 位置。如果还没有 ChunkServer 持有租约，则 Master 选择一个授予租约。

（2）Master 返回 Primary 和 Secondary 的信息，客户端缓存这些信息，只有当 Primary 不可达或者租约过期时客户端才会再次联系 Master。

（3）客户端将数据发送到每一个 ChunkServer（不仅仅是 Primary），ChunkServer 先将数据写到 LRU 缓存中（不是直接写入硬盘）。

（4）一旦客户端确认每个 ChunkServer 都收到数据，客户端就向 Primary 发送写请求。Primary 可能收到多个连续的写请求，会先将这些操作的顺序写入本地。

（5）Primary 执行完写请求后，将写请求和顺序转发给所有的 Secondary，让它们以同样的顺序写数据。

（6）Secondary 完成后应答 Primary。

（7）Primary 收到 Secondary 的响应后，应答客户端成功或失败。如果出现失败，则客户端会重试。但在重试整个写之前，客户端会先重复步骤（3）～（7）。

7.1.5　一致性模型

只有数据修改操作才会影响分布式系统的一致性，GFS 中有三种修改操作：修改元数据、写数据和追加数据（Record Append，记录追加）。

对于元数据（例如 Namespace）修改，GFS 保证是原子的。因为元数据只存储在 Master 上，其操作都由 Master 来处理，读写操作通过锁保护，并且记录到日志文件中，可以保证一致性。

对于修改文件中的数据，GFS 保证宽松的一致性模型（Relaxed Consistency Model），可以理解为是弱一致性的。GFS 并不保证一个 Chunk 的所有副本是相同的。表 7-1 总结了 GFS 中写操作和追加操作的一致性保证。和键值对的一致性保证不同，GFS 除了我们已经学习过的一致（Consistent）和不一致（Inconsistent），表 7-1 中多了已定义（Defined）和未定义（Undefined）这两个属性。我们需要先解释下一致和已定义的区别。

表 7-1

	写（Write）	记录追加（Record Append）
顺序成功	已定义（Defined）	已定义但部分不一致（Defined Interspersed With Inconsistent）
并发成功	一致但未定义（Consistent But Undefined）	
写入失败	不一致（Inconsistent）	

一致是指，Chunk 的所有副本数据都相同，所有客户端不论从哪个副本中读取同一份文件，得到的结果都是相同的；与此相对就是不一致。

已定义是指，一个客户端可以读到它写入的全部内容。反之，就是未定义。举个例子，在并发写入的情况下，某个客户端写入的内容被其他客户端的写入覆盖了，该客户端再去读，发现读不到自己写入的数据，这就属于是未定义。但是这些互相覆盖的数据在所有副本上都是相同的，每个客户端都可以读到一样但混乱的数据，这是一致的。综合起来，这种情况就是一致但未定义。

如表 7-1 所示，如果一个写操作或者追加操作失败了，之后的重试也失败了，最后可能有部分副本成功，而另一部分失败，那么副本自然就会不一致，这是写入失败的情况。

对于写操作，在没有并发的情况下，由 Primary 来处理写操作的顺序，写入不会互相干扰，是已定义的，也隐含了是一致的。在并发写入的情况下，多个客户端可能同时向同一个文件中写入不同的数据，写操作完成后，文件内剩下混乱的数据片段，但这些数据在所有副本上都相同，所以是一致但未定义的。所有客户端读到相同的数据，但可能读不到自己写入的那部分数据（可能被覆盖了）。

对于记录追加操作，GFS 保证至少一次（At Least Once）追加成功。追加操作也会重试，但与写操作重试不同，追加操作不会在原来的偏移（Offset）上重试，而是在失败的记录后面重试，这样就会在文件中留下永久的不一致的数据，因此说追加记录是定义但部分不一致的。

我们通过例子来看一下。首先，我们用[x x]表示向文件中追加的数据。对于顺序追加，客户端想要追加一个数据 x，该操作在 Primary 和 Secondary A 上都成功了，用[x]来表示；但是在 Secondary B 上失败了，用[*]表示。得知失败后，GFS 会重试该追加操作，不过继续在文件末尾追加，加入的重试操作在所有副本上都成功了。最后，所有副本上的数据变成：

```
Primary:      [x x]
Secondary A:  [x x]
Secondary B:  [* x]
```

此时符合已定义的要求，即客户端能读到写入的全部内容（已定义不管这些内容是不是重复）。但显然，三个副本上的数据并不一致，并且这种不一致是永久的。

并发追加的情况类似，假如两个不同的客户端，一个追加数据 x，另一个追加数据 y，在 Primary 和 Secondary A 上写入成功且顺序是[x y]，但在 Secondary B 上失败了，用[*]表示。此时再重试追加同样会造成副本数据已定义但不一致的情况。

所以，对于追加操作来说，顺序成功或并发成功都有可能造成副本数据已定义但不一致的情况。

综上所述，GFS 只提供弱一致性，如何处理上述的不一致或未定义的异常情况，取决于应用程序。

GFS 并不是强一致性的，如果要转变成强一致性的设计，则几乎要重新设计系统，需要考虑：

- 可能需要让 Primary 重复探测请求。
- 如果 Primary 要求 Secondary 执行一个操作，那么 Secondary 必须执行而不是返回一个错误。
- 在 Primary 确认所有的 Secondary 都追加成功之前，Secondary 不能将数据返回给读请求。

- 可能有一组操作由 Primary 发送给 Secondary，Primary 在确认所有的 Secondary 收到请求之前就宕机了。Primary 宕机之后，需要从 Secondary 中选举出一个新的 Primary。

可见，想要从弱一致性转变成强一致性，需要更复杂的设计。

GFS 的弱一致性会导致应用程序很难处理 GFS 奇怪的语义。为什么 Google 最初选择弱一致性呢？这并没有明确的解释，但可以猜测其考量是，如果通过搜索引擎搜索某个关键字，返回的 20000 个搜索结果中丢失了一条或者搜索结果排序是错误的，并没有人会注意到这些，不影响用户体验。这类系统对于错误的接受能力好过类似于银行这样的系统。当然这并不意味着所有的网站数据都可以是错误的。如果有的搜索结果通过广告向别人收费，那么还是需要保证其搜索结果是正确的，通常收费的结果不是很多，可以额外存储和展示这部分结果。

7.1.6 其他

1. Chunk 的大小为什么是 64 MB

GFS 选择 64 MB 作为一个 Chunk 的大小主要是因为：

- 较大的 Chunk 减少了客户端与 GFS 的通信次数。
- 客户端能够对一个块进行多次操作，这样可以通过与 ChunkServer 保持较长时间的 TCP 连接来减少网络负载。
- 减少了 MetaData 的大小。

这样的选择也带来一个问题：Chunk 越大，可能部分文件只有 1 个 Chunk，对该文件的频繁读写可能会造成热点问题。

值得一提的是，GFS 的继任者 Colossus 分布式文件系统将 Chunk 大小下调到了 4MB。

2. 快照

GFS 通过 Snapshot 操作来创建一个文件或者目录树的快照，它可以用于备份文件或者创建 Checkpoint（用于恢复）。GFS 的快照操作可以瞬间完成，并且通过写时复制（Copy-On-Write）和引用计数来生成快照，同时几乎不会对系统正常处理请求产生影响。

当 Master 收到一个 Snapshot 请求后：

（1）Master 取消即将做快照的 Chunk 的租约，这相当于让后续的写操作都需要先向 Master 发送请求，Master 利用这个机会创建快照。同时，增加 GFS 中 Chunk 的引用计数，表示这个 Chunk 被快照引用了。

（2）Master 等待 Chunk 的租期被取消或过期后，将快照操作写入磁盘日志文件。

（3）Master 复制一份新的元数据，创建快照文件。

（4）如果有新的写请求，那么 Master 会发现 Chunk 的引用计数大于 1，于是要求每个 ChunkServer 复制出新的 Chunk，并为新的 Chunk 赋予新的唯一标识符，返回给客户端。后续的操作落到新生成的 Chunk 上，Master 也会授予新的租约。

GFS 将快照生成的责任交给每个 ChunkServer，节省了网络带宽。

3. 数据完整性

通常一个 GFS 集群包含几百台机器及几千块硬盘，磁盘损坏是常见的事情，在数据的读写过程中经常出现数据损坏的情况。为了保持数据完整性，GFS 中每一个 ChunkServer 都用校验和（Checksum）来检查存储的数据。

每个 Chunk 以 64KB 的块（Block）进行划分，每一个块对应一个 32 位的校验和，存到 ChunkServer 的内存中，并通过记录用户数据来持久化存储校验和。

对于读操作，ChunkServer 会校验要读取块的校验和，如果校验出错，则会返回给客户端一个错误信息，客户端会去其他副本上读取数据。同时客户端会通知 Master 节点这个数据错误，让 Master 使用其他副本数据来修复该错误数据。

为什么选择 64KB 大小呢？笔者猜测应该是 64MB/64KB 便于计算。

小结

GFS 生涯的前 5～10 年在 Google 表现出色，取得了巨大成功。但 GFS 是 2000 年初就开始构建的分布式系统，时间久了便出现很多问题。最终，Google 公布了 Colossus 项目[1]，作为 Google 下一代分布式文件系统。

GFS 最大的局限性就在于它只有一个 Master 节点[2]，单个 Master 会带来以下问题：

- 随着 GFS 的应用越来越多，文件也越来越多，最后 Master 会耗尽内存来存储元数据；虽然也可以增加内存，但单台计算机的内存始终有上限。

- Master 节点要承载数千个客户端的请求，而 Master 节点的 CPU 每秒只能处理数百个请求，尤其是还要将部分数据写入磁盘——客户端请求负载会超过单个 Master 的能力。

- Master 的故障切换不是自动的，需要人工干预来处理已经发生永久故障的 Master 节点，并更换新的服务器，这需要几十分钟甚至更长的时间来处理。对于某些应用程序来说，这个时间太长了。

后来的一些分布式文件系统吸取了 GFS 的教训，例如 JuiceFS 就使用 Raft 协议来实现高可用性的元数据集群，避免单点问题。

1　Todfd Hoff, "Google's Colossus Makes Search Real-time by Dumping MapReduce", SEPTEMBER 11, 2010.

2　McKusick,Kirk,and Sean Quinlan."GFS: evolution on fast-forward."Communications of the ACM 53.3 (2010):42-49.

GFS 取得成功之后，各大公司都实现了自己的分布式文件系统，同时还有一些典型的开源分布式文件系统，包括 HDFS、MooseFS、GlusterFS、CephFS 和 JuiceFS 等，感兴趣的读者可以选择一个来深入研究具体的源码。

7.2　分布式协调服务

我们把提供统一命名服务、配置管理、成员管理、领导者选举、协调分布式事务和分布式锁等服务的系统叫作分布式协调服务。分布式协调服务作为一个独立的通用服务，通过 API 为业务或其他分布式系统服务。读者想必在日常开发中或多或少接触过分布式协调服务，特别是进行业务开发时，经常会碰到需要使用分布式锁的场景。

分布式协调服务的代表是 ZooKeeper[1]。普遍认为 ZooKeeper 来源于 Google 的分布式锁服务 Chubby[2]，但其功能又不仅限于分布式锁。本节基于 ZooKeeper 的论文讨论其架构、一致性模型和一些细节问题，但不展开讨论如何使用 ZooKeeper 的开源实现 Apache ZooKeeper 进行开发。

ZooKeeper 是一个独立的、通用的服务，用来帮助开发者轻松构建分布式应用。相比于第 4 章介绍的 Paxos 或 Raft 等共识算法，一般来说，共识算法并不是一个可以直接使用和交互的独立服务，需要额外进行开发才能构建出一个多副本系统。ZooKeeper 虽然并没有直接提供前面提到的分布式协调服务，但提供了丰富的 API 供开发者实现自己需要的服务。

ZooKeeper 运行在原子广播协议 Zab[3]之上，站在一个更高的系统设计维度上看，Zab 协议和 Paxos 协议是一样的，都是为了让多个服务器达成共识。由于 Zab 协议使用得较少，本书不打算对 Zab 协议展开讨论。

7.2.1　ZooKeeper 架构

ZooKeeper 的成员角色和 Raft 算法类似，也分为领导者和跟随者，整体架构如图 7-4 所示。ZooKeeper 的写请求只能发送给领导者，也和 Raft 算法相似。考虑一下 Raft 算法，当我们加入更多服务器时，领导者几乎可以确定是一个瓶颈，因为领导者需要处理每一个读写请求，需要将每个请求的副本发送给其他服务器，随着服务器数量的增加，可能 Raft 算法的性能反而会降

1　Hunt, Patrick, et al. "ZooKeeper: Wait-free Coordination for Internet-scale Systems." USENIX annual technical conference. Vol. 8. No. 9. 2010.

2　Burrows, Mike. "The Chubby lock service for loosely-coupled distributed systems." Proceedings of the 7th symposium on Operating systems design and implementation. 2006.

3　Reed, Benjamin, and Flavio P. Junqueira. "A simple totally ordered broadcast protocol." proceedings of the 2nd Workshop on Large-Scale Distributed Systems and Middleware. 2008.

低，因此在第 4 章我们介绍了一种 MultiRaft 的解决方案。ZooKeeper 解决该问题的办法是，允许所有节点处理读请求，分摊领导者的压力。这样做的缺点是读操作可能会返回过时的数据，但提高了读的性能。

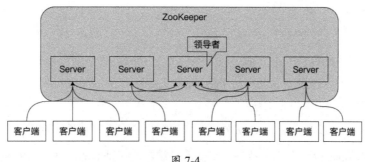

图 7-4

ZooKeeper 是专门为大量的读负载而设计的系统，所以允许所有节点处理读请求，除领导者外的任何一个副本的数据都可能不是最新的，即 ZooKeeper 不保证线性一致性。如果一个分布式协调服务都不提供线性一致性，那么为什么还要相信这个系统是可用的呢？

对此，ZooKeeper 提供了两个额外的一致性保证：线性写和先进先出（FIFO）的客户端请求。

线性写是指，ZooKeeper 保证写操作满足线性一致性。

ZooKeeper 的领导者能保证所有请求串行化（Serializable）执行，并且该执行顺序在所有跟随者上保持一致。注意这里用了串行化（Serializable）而不是线性一致性（Linearizability），两者具体区别参见第 3 章。

ZooKeeper 不保证线性读。例如，客户端 A 更新了关键字 X 的值，而客户端 B 在另一台服务器上读取关键字 X 的时候可能会读到更新之前的值。

按照官方文档的定义，ZooKeeper 的一致性模型介于线性一致性和顺序一致性之间，写操作是线性一致性的，但读操作并不是线性一致性的。

ZooKeeper 的另一个保证是先进先出的客户端请求，每个客户端可以为其操作（读和写）指定一个顺序，ZooKeeper 会按照客户端指定的顺序执行。这里分为写请求和读请求两种情况详细讨论。

对于写请求，所有的写请求会以客户端发送的相对顺序加入总的写请求中，保证满足线性写。例如，如果一个客户端要求先完成写操作 A，接着完成写操作 B，之后完成写操作 C，那么在最终整体的写请求中看到是先写 A 再写 B 再写 C，但 A、B、C 可能不是相邻的。

对于读请求，由于读请求不需要经过领导者，所以会复杂一些，多个读请求可能先请求某个副本，但这个副本宕机了，剩余读请求切换到了另外的副本上，需要知道读请求的进度。这种情况下 ZooKeeper 通过 zxid 来记录读请求的进度。

zxid 是副本完成的最后一个事务的标记。当客户端发出一个请求到一个相同或者不同的副本上时，会在请求中附加上 zxid 标记，副本通过对比请求的 zxid 和自己的 zxid，保证读到的是更新的 zxid 的数据。ZooKeeper 论文没有具体说怎么处理这个保证，笔者猜测应该是阻塞等待。

如果同一个客户端发送一个写请求<X, 17>，然后立即去某个副本服务器上读 X，这里会暂缓执行读请求，直到这个副本发现写请求的 zxid 已经执行了，即客户端会读到<X, 17>，不会读到过期的数据。

通过这种方式，ZooKeeper 保证从单个客户端的角度来满足线性一致性。

此外，ZooKeeper 有一个弥补线性一致性的方法。ZooKeeper 提供了一个 sync 操作，本质上是一个写请求，如果想读到最新写入的数据，则可以发送一个 sync 请求，告知 ZooKeeper 将最新的写操作同步到客户端连接的服务器上，最终客户端会读到最新的数据。这其实与先进先出的客户端请求类似，sync 就是一个写请求，后面跟着一个读请求，保证读请求能读到自己写请求的内容。

同时要认识到，sync 是一个代价很高的操作，因为我们将一个读操作转换成了一个写+读操作，如果不是必须的，那么还是不要这么做。

可能有读者会进一步追问，sync 后面跟着一个读请求是不是就能保证线性一致性读呢？也不是。ZooKeeper 为了保证性能，读操作和 sync 操作都不需要满足 Quorum 要求，因此有很小的概率集群中同时存在两个领导者，一个写操作发送给了一个新的领导者，写操作满足 Quorum 要求，回复成功。但 sync 操作发送给了旧的领导者，由于 sync 操作不需要满足 Quorum 要求，因此同步完后的读请求并不能读到最新的写入数据[1]。不过 ZooKeeper 也补充说明了，这种情况在实践中不太可能发生，但在讨论严格的理论保证时还是应该予以说明。

综上所述，虽然 ZooKeeper 没有保证全局线性一致性，但它提供的线性写和先进先出的客户端请求，减少了许多异常情况，已经能满足大部分需求。

虽然论文里 ZooKeeper 集群成员是静态的，但开源的 Apache ZooKeeper 从 3.5 版本开始支持自动的动态扩容。ZooKeeper 团队将其配置变更研究成果发表在 *Dynamic reconfiguration of primary/backup clusters*[2]论文中，该论文被 Raft 算法和分布式数据库 Spanner 所引用，对 Zab 或 ZooKeeper 如何实现配置变更感兴趣的读者可以深入阅读。

1　"Consistency Guarantees —— ZooKeeper Internals", 2021-03-27.

2　Shraer, Alexander, et al. "Dynamic Reconfiguration of Primary/Backup Clusters." In Proceedings of USENIX ATC. 425--438.

7.2.2　数据模型

ZooKeeper 用 znode 表示内存数据节点，znode 以层次命名空间的方式组织起来，被称为数据树（Data Tree）。数据树使用方式与 POSIX 文件系统的路径非常类似，例如，使用/A/B/C 给出 znode C 的路径，C 的父节点是 B，B 的父节点是 A。

笔者认为，znode 就是借用了文件系统 inode 来命名的。一个典型的数据树如图 7-5 所示。

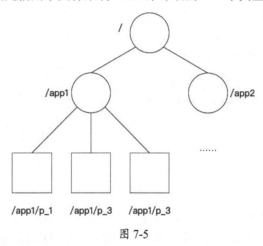

图 7-5

客户端可以创建以下两种类型的 znode：

- 普通（Regular）节点。Apache ZooKeeper 也叫持久（Persistent）节点，即 ZooKeeper 会持久化存储的普通节点。
- 临时（Ephemeral）节点。在会话结束（主动结束或者因为故障结束）时自动删除的节点，也可以显式删除。

所有 znode 都存储数据。除了临时 znode，所有 znode 都可以有子节点。

在创建新的 znode 节点时，还可以指定 sequential 标识创建顺序的 znode，当设置了这个标识后，znode 的名字末尾会添加上一个单调递增计数器，即 name+seqno，由父节点维护，如果 n 是新节点，p 是父节点，那么 n 的 seqno 将大于所有在 n 之前创建的 p 的子节点的 seqno。

这样组合后其实有四种类型的 znode，分别是 PERSISTENT、EPHEMERAL、PERSISTENT_SEQUENTIAL 和 EPHEMERAL_SEQUENTIAL。

7.2.3　ZooKeeper 实现

如图 7-6 所示，ZooKeeper 主要由以下组件构成：

- 请求处理器（Request Processor）。请求处理器将收到的请求转为幂等的事务，根据版本信息，生成包含新数据、版本号和更新的时间戳的 setDataTXN。

- 原子广播（Atomic Broadcast）组件。使用 Zab 协议达成共识和选举领导者，可以理解为一个共识模块。

- 多副本数据库（Replicated Database）。将内存状态存储为模糊快照（Fuzzy Snapshot），用来恢复状态。做快照时不锁定当前状态。

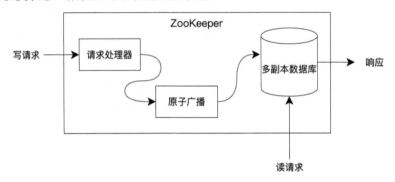

图 7-6

一个精确的快照对应日志中的一个特定点，该快照包含这个点之前所有的写操作，不包含之后所有的写，所以需要防止在创建和写入快照时发生任何写操作，否则意味着系统会阻塞，这将降低系统性能。为了保证性能和可用性，ZooKeeper 只生成模糊快照。模糊快照直接将内存状态导出并写入持久化存储，生成模糊快照的步骤为：

（1）后台线程生成快照文件。

（2）快照文件名的后缀是最后提交的事务的 zxid。

（3）在快照文件生成过程中，仍然有新的事务提交。

由于生成的不是精确到某一时刻的快照文件，可能与实际存在的任何数据树都不对应，因此叫作模糊快照。

这就要求事务操作是幂等的，否则数据会产生不一致。

举个例子，如下顺序的操作：

```
// 更新操作，znode，值，版本
 SetDataTXN, /foo, f2, 2
 SetDataTXN, /goo, g2, 2
 SetDataTXN, /foo, f3, 3
```

请求处理器收到这些操作后，最终多副本数据库中的/foo 等于 f3，/goo 等于 g2。但模糊快照可能记录了/foo 等于 f3 和/goo 等于 g1，版本分别为 3 和 1，这不是 ZooKeeper 数据的最终状态。如果服务器宕机并从快照恢复，则可能不会恢复到最新的状态，这时需要通过原子广播重新发送状态变更，和模糊快照一起重新恢复最新的内存状态，最终保证与宕机前的服务状态一致。

另外，ZooKeeper 的副本数据库需多大这取决于应用，论文中没有提及。但是鉴于 ZooKeeper 只是一个协调服务，不是一个常规的存储服务，因此选择一个内存数据库是合理的。

7.2.4 客户端 API

ZooKeeper 支持以下操作。

- create(path, data, flags)：使用参数 path 创建一个新的 znode 节点存储数据 data，仅第一次创建时会成功。flags 用于创建普通或者临时节点，也可以用来设置 sequential 标识。
- delete(path, version)：如果 znode.version=version，则删除 znode。
- exists(path, watch)：如果指定参数 path 的 znode 存在则返回真，如果不存在则返回假。watch 标识用于在 znode 上设置监视器。
- getData(path, watch)：返回数据和元数据（如版本信息）。watch 标识与 exists()的 watch 标识一样，如果 znode 不存在则不会设置监视器。
- setData(path, data, version)：如果 znode.version=version，则更新 znode 上的 data。
- getChildren(path, watch)：返回 znode 所有子节点的名称。
- sync(path)：等待所有更新操作发送到客户端连接的服务器。

ZooKeeper 客户端 API 有以下几个重要特性：

- 排他地创建 znode，有且仅有一个 create 返回成功。
- 当客户端连接到 ZooKeeper 时，建立一个会话（Session）。
- 所有的方法都有同步和异步的版本。
- 更新操作（delete 和 setData）会有预期的版本号，如果与 znode 的实际版本号不同，则操作将失败。
- ZooKeeper 提供 watch 来避免轮询；客户端库设置了 watch 后会注册一个回调函数，该函数将在 znode 节点或子节点发生变化时被调用。ZooKeeper 的 Go 客户端通过 GetW() 返回一个 channel 来实现该监听变化机制。

由于支持异步写，所以如果客户端发送异步写，然后立即执行读操作，那么读操作会看到写操作的结果吗？论文中没有明说，但是按照先进先出的客户端请求的含义，应该是可以看到写操作的结果的。这意味着，读操作可能会阻塞，直到服务器收到前面的写操作。

ZooKeeper 的其他应用场景如下：

- 分布式锁服务。

- GFS 中的 Master 可以使用 ZooKeeper 来扮演，解决了单点问题，甚至还可以提高性能，因为所有副本都能提供读服务。

- 在 MapReduce 中用来管理成员信息，谁是当前的 Master、Worker、Worker 列表，什么工作分配给哪些 Worker 等。

7.2.5　其他

1. 批处理和流水线

ZooKeeper 和 Raft 一样，可以通过批处理（Batch）和流水线进行性能优化（可见这是很常用的优化技巧）。

首先，ZooKeeper 的领导者会将多次请求合并成一次发送到磁盘和网络，这里利用 Batch 来解决请求很多的问题，避免请求一个个转发和写入，从而提升性能。其次，流水线可以让客户端不用等待请求返回，继续发送后续的请求，就像异步操作一样。

通过批处理和流水线的优化能显著提高 ZooKeeper 的吞吐量。

2. 什么是 wait-free

wait-free[1]的定义是，并发数据对象保证任何进程都能在有限的步骤中完成任何操作，无论其他进程的执行速度如何。

ZooKeeper 是"wait-free"的，因为它在处理一个客户端请求的时候，无须等待其他客户端的结果。

不过，如果客户端开启了 watch 机制，那么 ZooKeeper 客户端有时也会等待别的客户端的结果。

小结

ZooKeeper 是一个为特定用途（协调服务）而设计的经典架构，它放宽了一致性，以提高以读为主的工作负载，论文中的测试结果显示，ZooKeeper 的吞吐量可以线性拓展。

1　Herlihy,Maurice."Wait-free synchronization."ACM Transactions on Programming Languages and Systems (TOPLAS) 13.1 (1991):124-149.

许多著名的分布式系统或开发框架都使用了 ZooKeeper，包括 Apache Hadoop、Apache HBase、Apache Hive 等。ZooKeeper 是成熟的、设计良好的、经过考验的，但 ZooKeeper 并不能完全保证线性一致性读，如果你的系统对此有要求，那么要仔细测试和思考选择 ZooKeeper 是否真的合适。

7.3　分布式表格存储 Bigtable

本节主要研究一些典型的分布式存储系统。如今，随着互联网规模的不断扩大，数据增长带来的压力使得互联网企业对于可扩展、高可用的数据库的需求变得越来越广泛。同时，数据类型也变得多样化，早期互联网几乎只使用单一的关系型数据库，而今天，结构化数据、非结构化数据和半结构化数据都是重要的数据类型，各种面向不同场景的新品种数据库层出不穷，这些数据库统称为 NoSQL。NoSQL 和分布式数据库在企业中扮演着重要的角色。

由于篇幅所限，我们不可能介绍所有的分布式存储系统，这里只讨论那些影响深远、经久不衰的经典系统，主要研究 Bigtable、Dynamo、Cassandra 和 Spanner。本节通过它们的设计思路和架构取舍，研究分布式技术在分布式存储领域的应用。

Bigtable[1]是一个分布式结构化数据存储系统，为存储海量数据而设计，并且支持低延迟、高吞吐量的读写操作。

Bigtable 作为 Google "三驾马车" 中的一员，发展于 2004 年，是 Google 为满足其大规模数据存储、高可扩展性和高性能等需求而设计开发的，服务于 Google Maps 和 Google Earth 等产品。2015 年，Google 宣布 Bigtable 作为 Google 云服务的一部分[2]，称为 Cloud Bigtable。在开源方面，Bigtable 在一定程度启发了 Apache HBase[3]和 Cassandra 等开源分布式存储系统。

虽然 Bigtable 名称中有 table（表）这个单词，但它和传统关系型数据库中的表并不一样，Bigtable 不支持 SQL 语句。

7.3.1　数据模型

Bigtable 是一种稀疏的、分布式的、持久化的多维有序键值对映射（Map）。这里涉及很多个关键词：稀疏、分布式、持久化、多维、有序和键值对映射，我们会一一解释它们的意思。

1　Fay Chang, Jeffrey Dean, Sanjay Ghemawat, Wilson C. Hsieh, Deborah A. Wallach Mike Burrows, Tushar Chandra, Andrew Fikes, Robert E. Gruber. "Bigtable: A Distributed Storage System for Structured Data". ACM TOCS 26.2 (June 2008), 4:1–4:26.

2　Cory O'Connor, "Announcing Google Cloud Bigtable: The same database that powers Google Search, Gmail and Analytics is now available on Google Cloud Platform", 2015, May 6.

3　Lars George: "HBase vs. BigTable Comparison," November 2009.

键值对映射是常见的数据结构，不同的语言有不同的名称，在 C++和 Go 中也叫 Map，Python 称之为字典（Dict），Java 称之为 HashMap 或 HashTable，简单来说就是一种通过关键字（Key）能快速找到值（Value）的数据结构。Bigtable 中键值对映射的关键字由行键（Row Key）、列键（Column Key）和时间戳组成，而值是一个字符串。可以这样表示一个键值对映射：

```
(row:string, column:string, time:int64) -> string
```

Bigtable 以表的形式组织数据，表由行和列组成。我们可以看一下 Bigtable 是怎么把键值对组织成一个表的。假设图 7-7 是 Bigtable 中的一个表。

	Timestamp 1		Timestamp 2	
	列族 – Personal		列族 – Office	
Row Key	Name	Age	Level	Email
00001	Alice	24	7	alice@distsys.com
00002	Bob	26	8	bob@distsys.com
00003	David	35	11	david@distsys.com
00004	Sam	30	9	sam@distsys.com
00005	Paul	32	10	paul@distsys.com
00006	Rob	22	5	rob@distsys.com

（按行键排序）

图 7-7

图 7-7 中涉及一些新的名词，其中多个列组成一个列族（Column Family），列键（Column Key）的格式表示为列族:限定词（family:qualifier），例如图 7-7 中的列族 Personal 和限定词 Name 可以组成列键 Personal:Name。列族可以包含任意多的列。

另外，每个数据可以有多个版本，不同版本的数据通过时间戳来索引，图 7-7 将时间戳展示在表的上方。时间戳是 64 位整数，可以由 Bigtable 指定或者客户端应用指定。为了减轻多个版本数据的管理负担，Bigtable 可以通过设置参数来对废弃版本的数据自动进行垃圾回收。客户端可以指定保留最后的 N 个版本或保留最近某段时间内的版本（例如，只保留过去 7 天写入的版本）。

现在我们将图 7-7 中的第三行转为一个键值对映射，可以得到：

```
{
    "00001": {
    "Personal": {
```

```
      "Name": "Alice",
      "Age": "24"
    },
    "Office": {
      "Level": "7",
      "Email": "alice@distsys.com"
    }
  },
  ......
}
```

其他行可以用同样的方式转换为键值对映射，这就是 Bigtable 数据模型的逻辑视图。这种存储模型有时也被称为宽列（Wide Column）存储模型。

现在，我们就可以很好地理解定义中的几个关键词了。

- **持久化**：持久化就是指将数据存储到非易失性存储设备中。
- **分布式**：Bigtable 建立在 GFS 之上，同时，数据是根据行键进行组织和存储的，每张表使用基于行键的范围分区（见第 3 章）来进行分片存储。
- **有序**：不像很多键值对是无序的，Bigtable 中的数据是基于行键按字典序进行排序的。
- **多维**：通过表和键值对的转换可以清楚地看到，Bigtable 相当于用多维键值对给表增加了列族和列。
- **稀疏**：Bigtable 中的表是稀疏的，这意味着有些行对应的列族或列是空的，行与行之间可以存在空隙。

综上，数据模型很好地解释了 Bigtable 并不是关系型数据库，这种键值对映射结构都是为了可扩展性而设计的。前面说到，数据是根据行键的字典顺序进行组织和存储的，每张表基于行键进行范围分区来分片（Sharding），划分出来的每个分片称为一个 tablet，tablet 是 Bigtable 进行数据存储和负载均衡调度的最小单位。

下面我们来看一下 Bigtable 的架构设计。

7.3.2 架构

Bigtable 的整体架构如图 7-8 所示。

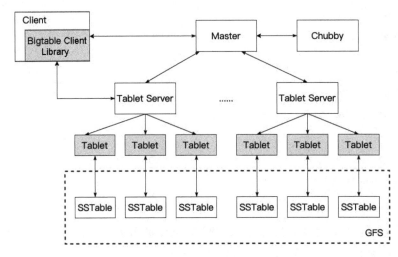

图 7-8

Bigtable 主要由三部分组件组成：一个链接到客户端的库、一个 Master 服务器，以及多个 Tablet 服务器（Tablet Server）。

另外，Bigtable 依赖于一些外部系统，包括分布式锁服务 Chubby、分布式文件系统 GFS 和 SSTable（Sorted String Table，有序字符串表）存储文件格式。

我们先看一下外部系统依赖，GFS 和 Chubby 在前面两节分别介绍过（见 7.1 和 7.2 节）。Bigtable 使用 GFS 来存储日志文件和数据文件，而文件的格式使用 SSTable 格式来存储，SSTable 具体原理会在下一节介绍，这里重点关注 Chubby 的作用。

Bigtable 使用 Chubby 来完成很多不同类型的工作，包括：

- 选主，保证系统只有一个 Master 节点。
- 存储 Tablet 的位置信息。
- 查找 Tablet 服务器，并清理失效的 Tablet 服务器。
- 存储 Bigtable 模式（Schema）信息（每张表的列族信息）。
- 存储访问控制列表。

可见 Chubby 发挥着至关重要的作用。如果 Chubby 出现故障不可用，则会导致 Bigtable 变得不可用。

接下来，我们看一下 Bigtable 内部组件各自发挥什么作用。Master 服务器主要负责：

- 将 Tablet 分配给 Tablet 服务器。
- 检查新加入的或者过期失效的 Tablet 服务器。
- 平衡 Tablet 服务器的负载。

- 对保存在 GFS 上的文件进行垃圾回收。

- 处理模式（Schema）变动，例如新建表和列族。

每个 Tablet 服务器负责管理一组 Tablet（通常每台服务器上有 10 到 1000 个 Tablet）。Tablet 服务器处理这些 Tablet 的读写请求，并在 Tablet 变得太大的时候进行拆分，默认情况下单个 Tablet 的大小大约是 100MB 到 200MB。

和很多单 Master 分布式存储系统一样（例如 GFS），为了降低 Master 负载，客户端请求不交给 Master 来处理，客户端直接将读写请求发送到 Tablet 服务器。这样保证了 Master 节点不受外部负载影响，能够更好地处理系统内部的工作负载。那么客户端怎么知道将请求发送给哪台 Tablet 服务器呢？

Bigtable 使用一个类似 B+树的三层结构来存储 Tablet 的位置信息，如图 7-9 所示。

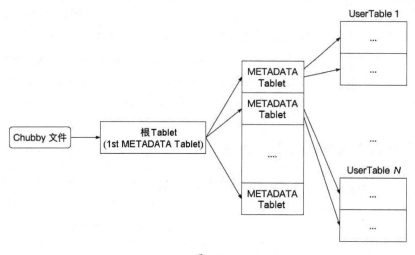

图 7-9

第一层是 Chubby 中的一个文件，其中存储了根（root）Tablet 的位置信息，根 Tablet 包含所有存储了元数据的 METADATA Tablet 的位置信息。第二层是 METADATA Tablet，是一个特殊的 Tablet，它存储了用户想要访问的 Tablet 的位置信息；第三层就是真正要访问的 Tablet 位置。

根 Tablet 实际上是第一个 METADATA Tablet，虽然单独画出来，但根 Tablet 和其他 METADATA 一样也属于第二层，只不过根 Tablet 比较特殊，它永远不会分裂，这样就可以保证 Tablet 的位置信息存储结构不会超过三层。

客户端使用的库会缓存和预取（Prefetch）Tablet 的位置信息，预取指客户端会多读连续相关的 Tablet 的位置信息，然后缓存在客户端中。如果客户端发现没有缓存某个 Tablet 的位置信息，或者发现位置信息不正确，那么才去树状结构中查询 Tablet 的位置信息。

一个 Tablet 只能分配给一个 Tablet 服务器。Chubby 会追踪 Tablet 服务器的情况,当一个 Tablet 服务器启动后,会在指定的 Chubby 目录下创建一个名字唯一的文件,并获取该文件的独占锁。Master 服务器监控这个 Chubby 目录,就可以发现集群加入了新的 Tablet 服务器(会新创建一个文件)。如果 Tablet 服务器丢失了独占锁(网络分区或者管理员将主机从集群中移除),那么就不再提供服务,Master 服务器会尽快把 Tablet 分配到其他的 Tablet 服务器上。

当 Master 服务器启动后,会先检查集群当前的分配状态,之后才能够修改分配状态。Master 服务器在启动后会执行以下操作:

(1)获取一个 Chubby 的唯一锁,防止创建其他 Master 服务器。

(2)扫描 Chubby 中的目录,查看有哪些可用的 Tablet 服务器。

(3)和每个可用的 Tablet 服务器通信,查看这些 Tablet 服务器上分配了哪些 Tablet。

(4)扫描 METADATA Tablet,查看全部的 Tablet;如果发现还未分配的 Tablet,则会将其添加到未分配的 Tablet 集合中,在后续合适的时机进行分配。

以上过程可能遇到一种特殊的情况:在扫描 METADATA Tablet 时却发现 METADATA Tablet 自己还未分配到服务器上。因此,如果在第 3 步发现还没有分配根 Tablet,那么 Master 服务器先把根 Tablet 加入未分配的 Tablet 集合,以确保根 Tablet 会被分配。

7.3.3　SSTable 和 LSM Tree

7.3.2 节提到,Bigtable 以 SSTable 格式将数据存储在 GFS 上。SSTable 是一个持久化的、有序的、不可变的键值对映射文件格式,它提供了按关键字查询或者对指定关键字的范围进行遍历操作的功能。而提到 SSTable 就不得不提 LSM Tree(Log-Structured Merge Tree)[1]这个存储引擎。因为单凭 SSTable 本身也无法获得很好的性能,还需要一系列完整的机制,而这一整套技术就是 LSM Tree。

LSM Tree 的核心思想是,磁盘顺序访问速度比随机访问速度要快得多(见第 1 章),即使在 SSD 上亦如此[2]。所以 LSM Tree 尽可能地进行顺序的读写访问,同时使用内存来加速读写。

现在我们来看一下 LSM Tree 的结构和读写流程。整个写流程如图 7-10 所示。

(1)先将数据写入内存表(Memtable),同时追加到磁盘上的 WAL 文件中。内存表的数据结构可以是一个平衡二叉树或是现在比较流行的跳表(Skiplist)。这里的写入只有内存操作和磁盘追加写操作,通过前面的分析,这样可以获得极高的写入性能。

1　O' Neil,Patrick,et al."The log-structured merge-tree (LSM-tree)."Acta Informatica 33.4(1996):351-385.

2　Yinan Li, Bingsheng He, Robin Jun Yang, et al.: "Tree Indexing on Solid State Drives," Proceedings of the VLDB Endowment, volume 3, number 1, pages 1195–1206, September 2010.

（2）当内存表大小超出指定容量阈值后，会生成新的 WAL 文件和内存表，写操作可以继续写入新的 WAL 文件和内存表。原先的内存表转为不可变内存表（Immutable Memtable），不可变内存表只可读不可写，后台程序会将不可变内存表写入磁盘，形成一个新的 SSTable 文件。

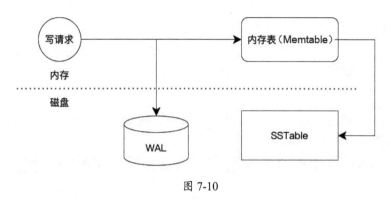

图 7-10

根据写入流程，读流程就可以在内存表中先查找是否存在要读取的关键字，如果在内存表中没有读到要读取的关键字就去不可变内存表中查找，再没有找到就去磁盘中的 SSTable 文件中去读。可以想到，如果查找一个 LSM Tree 中不存在的键值时，可能会非常慢，因为要遍历内存表和所有文件。为了改善读性能，存储引擎会引入布隆过滤器（BloomFilter）[1]，每个 SSTable 都有一个布隆过滤器来检查对应的关键字是否存在于 SSTable 中。布隆过滤器判断为存在的关键字可能实际上并不存在，但是判断为不存在的键值就一定不存在，因此，增加了布隆过滤器后读请求就不必再查询一遍 SSTable 文件了。

随着数据的不断写入，SSTable 文件的数量会不断增加，文件的数量直接影响了数据的查询效率，所以必须考虑如何组织这些文件。为了限制 SSTable 的数量，通常会在后台压缩和合并SSTable。典型的合并策略有按大小压缩（Size-Tired Compaction）和分层压缩（Leveled Compaction，LevelDB），现在还有一些混合压缩的方式，关于存储引擎如何设计的细节在此不展开讨论。

实际上，LSM Tree 的论文在 1996 年就发表了，但直到 Bigtable 的大获成功才将这个"古老"的数据结构带到人们眼前，尤其是 Jeff Dean 和 Sanjay Ghemawat 将 LevelDB 开源，Facebook（已更名为 Meta）又基于 LevelDB 开源了 RocksDB[2]之后，基于 LevelDB 或 RocksDB 的分布式存储系统如雨后春笋般涌现出来，如今有太多的分布式系统使用 LSM Tree 作为存储引擎，包括HBase、Cassandra、TiDB、Apache Flink 等。

1　Bloom,Burton H."Space/time trade-offs in hash coding with allowable errors."Communications of the ACM 13.7(1970):422-426.

2　Dhruba Borthakur: "The History of RocksDB," November 24, 2013.

7.3.4　其他优化

除了架构设计和存储引擎，Bigtable 还有一些值得学习的优化内容。

1. Locality Group

客户端可以指定将多个列族组织到一个 Locality Group 中，每个 Locality Group 单独生成一个 SSTable。通常，将不会一起访问的列族放到不同的 Locality Group 中可以提高读性能。这里实际上利用了局部性原理。

此外，还可以将某个 Locality Group 指定为驻留内存（In-Memory），Bigtable 会将指定的 Locality Group 对应的 SSTable 加载到内存中，对应的读请求就不会访问磁盘，可以提升读性能。这个特性对于频繁访问的小文件非常有用，例如存储元数据的 METADATA Tablet 就利用了这个特性。

2. 缓存

为了提升读性能，Bigtable 会在 Tablet 服务器上使用两级缓存：

- 扫描缓存（Scan Cache）是第一级缓存，主要缓存 Tablet 服务器从 SSTable 上获取的键值对，这对于经常要重复读取相同数据的应用程序来说非常有效，避免了频繁去 SSTable 上读数据。

- 块缓存（Block Cache）是第二级缓存，利用了空间上的局部性原理，缓存的是从 GFS 上读取的 SSTable 的块，适用于经常要读取与它们最近读取的数据相邻的数据的操作，例如顺序读取，或者随机读取属于同一个 Locality Group 中的不同列。

3. 利用 SSTable 的不变性

前面提到，SSTable 是不可变的，写请求只会改变内存表，为了减少读取内存表过程中的竞争，可以对内存表使用写时复制（Copy-On-Write）机制，这样就能允许读操作和写操作并行执行。

同时，永久删除数据的问题就转变成如何对废弃的 SSTable 文件进行垃圾回收。Bigtable 的做法是，每个 Tablet 的 SSTable 都会在 METADATA Tablet 中进行注册。Master 通过"标记–删除"的垃圾回收方式[1]删除废弃的 SSTable 文件。

SSTable 的不可变性允许 Bigtable 更快地分裂 Tablet，可以不用为新分裂出来的 Tablet 创建新的 SSTable 文件集合，而是直接共享原来的 Tablet 的 SSTable 文件集合。

1　McCarthy, John. "Recursive functions of symbolic expressions and their computation by machine, part I." Communications of the ACM 3.4 (1960): 184-195.

小结

Bigtable 不仅在 Google 内部有着广泛的应用，还启发了许多分布式存储开源项目，最重要的一点是，Bigtable 证明了 LSM Tree 这种存储引擎在分布式系统中的优势，可以说在分布式领域，LSM Tree 存储引擎的风头不亚于传统的 B 树类存储引擎。

Bigtable 也不是没有缺点，Google 工程师后来在 Spanner 论文中回顾了 Bigtable 的设计缺陷，由于 Bigtable 只支持行级别事务，不提供跨行事务支持，使得很多业务选择了性能较差的 MegaStore[1] 来存储数据，这也是推动 Google 开发 Spanner 的原因之一。不过在继任者 Spanner 中仍然保有了 Tablet 的概念（虽然它们不再是一个东西），足以证明 Bigtable 仍是非常成功的存储系统。

7.4　分布式键值存储 Dynamo

Dynamo 是由 Amazon 实现的一个分布式键值对存储系统。它主要是针对以下场景而设计的：

- 需要"永远可写"的应用。
- 键值对的数据模型，且存储的数据较小（小于 1MB），没有层级命名空间，也没有复杂的关系型数据模型。
- 不需要完整的事务 ACID 保证（Dynamo 不提供任何隔离性保证）。
- 运行在安全受信的网络环境，不考虑拜占庭容错。
- 对延迟的要求十分严格。

Dynamo 只保证最终一致性，即最终所有的更新会应用到所有的副本。可见，Dynamo 主要为了"快"和"高可用性"而设计，为此不惜放弃一些一致性，可以认为 Dynamo 选择了 CAP 中的 A 和 P，是一个典型的 AP 类分布式系统。

虽然我们没有直接介绍 Dynamo 这篇论文，但其实本书已经提及了 Dynamo 中的很多设计思想，主要包括：

- 使用一致性哈希算法进行数据分片（见第 3 章）。
- 基于 Quorum 的副本读写控制，以及基于 Merkle Tree 的反熵过程（见第 3 章）。
- 利用向量时钟检测数据冲突来实现最终一致性（见第 6 章）。

本节再统一学习 Dynamo 这篇经典的论文，同时补充一些尚未提及的细节。

1　Baker, Jason, et al. "Megastore: Providing scalable, highly available storage for interactive services." (2011).

7.4.1　架构

Dynamo 系统的架构非常简单，没有复杂的组件和外部系统依赖，如图 7-11 所示，是一个去中心化的架构，每个节点负责以下三个部分工作：

- 协调请求。

- 成员管理和故障检测。

- 一个本地的持久性存储引擎（Dynamo 大部分时候使用 Berkeley Database 存储引擎）。

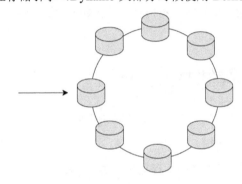

图 7-11

Dynamo 使用一致性哈希算法对数据进行分片（分区），如第 3 章提到的，对于最基本的一致性哈希算法，如果想要增加一个节点，则会导致大量数据全部转移到相邻节点，产生热点问题，因此引入虚拟节点来实现均衡负载——每个节点并不只映射大环上的一个点，而是多个点。

尽管如此，引入虚节点的一致性哈希算法在生产环境中还是存在问题的，主要有两个缺点：第一，当系统中加入一个新节点时，需要别的节点移交一部分数据给新节点，这需要别的相关节点扫描本地存储，找出要移交的数据，这会引起大量的磁盘 I/O，在生产环境中这是无法接受的；第二，无论是新增还是移除节点，由于数据移动，都需要重新计算 Merkle Tree（见第 3 章），这也会产生额外的负载。

Dynamo 提出了几种优化方案，经过测试后最终使用的也是最优的分片方案：先将哈希环分为 Q 等份的分区，每个节点会分配 Q/S 个分区，其中 S 是系统中的节点数量。例如，在将哈希环分为 1000 个分区并且集群有 100 台机器的情况下，每个节点会分配 10 个分区。这就解决了上述的两个问题：第一，当节点增加时，赋予新的分区，只需转移分配的分区数据，每个分区数据单独存放到一个文件（或者目录）中，可以直接以文件为单位复制到新节点上，无须扫描文件中的数据。第二，一个分区就是一个 Merkle Tree，因此也无须重新计算 Merkle Tree，可降低迁移时的负载。

但这个方案同时要维护全局的节点布局，Dynamo 是直接将节点布局写到单个文件中的。

值得一提的是，Redis 集群（Cluster）模式也使用了类似的分配方式。Redis Cluter 先是将哈希环空间划分为 16384 个槽（Slot），然后根据节点数量大致均等地将槽分配到不同的节点上。

7.4.2 请求协调

Dynamo 中的每个节点都是平等的，都可以处理读写请求，Dynamo 中的每个键值对有 N 个副本，分别存放在不同的 N 个节点上，这 N 个节点称为这个键值对的 Preference List。Amazon 使用 HTTP 发起 get() 和 put() 请求，客户端有以下两种选择：

- 将请求发送到负载均衡，由负载均衡根据负载情况选择一个节点处理请求。
- 使用一个感知分区信息的客户端库，将请求直接路由到 Preference List 中的一个节点上。

使用第一种方式的好处是，客户端不需要依赖一个感知分区信息的库就能够降低耦合。使用第二种方式的好处是，减少了一次请求转发，速度会更快。

无论使用何种方式，处理读写请求的节点都被称为协调者（Coordinator）。如果使用第一种方式，则负载均衡可能会将请求发送到任意一个节点，这个节点会将请求转发给协调者，由协调者来协调完成读写请求。

特别地，Dynamo 使用的 Quorum 方式和我们在第 3 章介绍的有所不同。典型的 Quorum 机制需要满足 $R+W>N$，被称为 Strict Quorum 机制，而 Dynamo 采用 Sloppy Quorum 机制，Sloppy Quorum 机制意味着这里的 N 可能小于 Preference List 中的副本数量，只是 Preference List 中前 N 个可达的节点，因此 Sloppy Quorum 机制不能保证 R 和 W 的节点会重合。这样做的目的是，Preference List 中有副本失效时依然保证可写——Dynamo 为了高可用性无所不用其极。

例如，存储某个键值对的 Preference List 为节点 n1、n2、n3 和 n4，Sloppy Quorum 机制可以要求 $N=3$、$R=2$、$W=2$，同样满足 $R+W>N$，但明显这里的 N 小于 Preference List。假如此时 n1 和 n2 宕机，客户端将键值对的值更新为 X，先存储到了 n3 和 n4 上，依然满足 $R=2$ 的要求；接着 n1 和 n2 恢复了，客户端又将键值对的值更新为 Y 并存储到了 n1 和 n2 上。如果此时客户端读取了 n1 和 n3 的数据，那么会发现冲突的值 X 和 Y。为了避免宕机节点造成大量冲突，Sloppy Quorum 机制使用 Hinted Handoff 技术来修复宕机节点的数据，即宕机的节点恢复后会将写操作发送到节点，更新最新的数据。

一次写请求的流程大致为：

（1）协调者生成新版本的向量时钟，将新版本数据写入本地。

（2）向 N 个可达的节点发送带有新版本向量时钟的写请求。

（3）如果收到至少 $W-1$ 个节点的响应，则返回成功；否则请求失败。

一次读请求的具体流程为：

（1）协调者请求 N 个 Preference List 中的节点读取数据。

（2）如果收到至少 R 个节点的响应，则返回成功；否则请求失败。

（3）如果协调者收到多个不同版本的数据，则会将它认为没有因果关系的版本返回给客户端，由客户端进行冲突处理，然后由客户端将冲突解决后的数据重新写回 Dynamo（见第 6 章）。

7.4.3 成员管理和故障检测

Dynamo 基于 Gossip 协议实现成员管理和故障检测，但并没有透露实现细节，我们以最常见的 Gossip 协议为例进行说明。

Gossip 协议是分布式系统中常用的点对点传播协议，除了 Dynamo，在 Cassandra 和 Consul 等开源分布式系统中都有应用。如图 7-12 所示，Gossip 协议的大致流程是，Gossip 进程每秒运行一次，与其他 3 个节点交换信息，收到信息的节点又与另外 3 个节点继续交换信息。通过这个过程信息可以很快传播到整个集群，这样所有节点很快地了解集群中的其他节点信息，节点之间可以互相检查是否工作正常，以避免将请求路由至不可达或者性能差的节点。

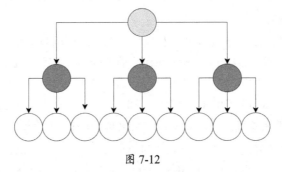

图 7-12

如果发现不可用的节点，则管理员可以使用工具强制将故障的节点从哈希环中移除。

小结

对 Dynamo 的架构设计评价褒贬不一，Apache Hive 的作者之一 Joydeep Sen Sarma 曾发表一篇博客"Dynamo：一个有缺陷的架构设计"[1]，批评 Dynamo 这篇论文。这篇博客认为 Dynamo 的缺点包括：

- 选择最终一致性，任由客户端读到过期数据。
- 为了一定程度的一致性，使用基于 Quorum 的副本读写控制，同时还要用 Merkle Tree 来检验数据是否同步。

1　Joydeep Sen Sarma, "DYNAMO: A FLAWED ARCHITECTURE – PART I," November 1, 2009.

- 论文中声明了 Dynamo 是一个 AP 系统，误导读者认为 C 和 A 只能选一个（笔者注：第 3 章 CAP 定理一节说过，在没有发生网络分区的时候，可以不放弃 CAP 中的任何一个）。

- 去中心化的架构。Dynamo 的去中心化不仅没有很好地解决中心化节点的可用性问题，反而造成了上述的一致性问题。

这篇文章在著名的计算机新闻网站 Hacker News 上引起了热烈讨论[1]，亚马逊 CTO（首席技术官）Werner Vogels 也回复了相关批评，他表示如今的 Dynamo 早已不是当初的样子，而发表这篇论文主要有两个目的：第一，展示如何利用各种技术构建一个生产系统；第二，鉴于 Dynamo 本身基于各种研究成果，这篇论文也是向学术界反馈从研究成果到实际生产系统遇到的困难，以及权衡在生产环境中什么是最重要的。Werner Vogels 同时提到，参照这篇论文并不能直接克隆出一个可投产的 Dynamo 系统，一篇学术论文无法讨论这么多问题，这篇论文真正的贡献是帮助人们在设计系统时权衡利弊。

有趣的是，Werner Vogels 还在社交网络上回应称："该死，有人发现 Dynamo 是一个有缺陷的架构，幸好它只用来存储了数以亿计的购物车数据。"

笔者认为，Dynamo 这篇论文像是一个分布式系统的大杂烩，涉及了一个分布式存储系统所包含的各个方面。Dynamo 展示了如何实现一个去中心的最终一致性键值对存储系统，是一个值得学习的思考过程。但每个人面临着不同的问题、成本和业务类型等，因此，特别是在存储引擎和一致性的选择上需要慎重决定，直接照搬当然是行不通的。

笔者认为 Dynamo 最主要的问题还是其去中心化架构，这导致需要各种手段来修补去中心化架构问题，包括读修复、向量时钟、Merkle Tree、固定分配的一致性哈希等技术，都是为了弥补架构导致的一致性缺陷，但这反而增加了系统的复杂性和开发的工作量。这种架构只适合存储轻量的、无事务的键值对数据。

7.5 分布式 NoSQL 数据库 Cassandra

Cassandra 是一个最初由 Facebook 开发的分布式存储系统，于 2008 年开源。Cassandra 结合了 Dynamo 的架构和 Bigtable 的数据模型。Cassandra 的作者 Avinash Lakshman 也是 Dynamo 的作者之一。

Cassandra 的设计目标是实现高可用性、高吞吐量、低延迟（重点是大量的写工作负载）和可扩展性。在一致性上，Cassandra 比较灵活，支持选择不同的一致性级别，称为可调的一致性。

1　werner, "Dynamo: A flawed architecture", Hacker News, November 1, 2009.

7.5.1 数据模型

Cassandra 借鉴了 Bigtable 的宽列数据模型，不同的是，Cassandra 增加了一个键空间（Keyspace）的概念，键空间（Keyspace）中包含多张表，是 Cassandra 最外层的容器。键空间与数据库的使用方式非常接近，一般推荐一个应用使用一个键空间。键空间还可以定义数据集的复制方式，比如数据存放在哪个数据中心，以及复制多少个副本。

Cassandra 中表的模型在 Bigtable 一节已经介绍过，即整张表被定义成一个类似 map<key1,
map<key2,value>>的类型。Cassandra 的表必须要定义一个**主键**（Primary Key），且主键必须是唯一的。主键由必选的分区键（Partition Key）和可选的聚簇列（Clustering Columns）两部分组成，对应 Bigtable 中数据模型的概念，分区键其实就是行键，用来进行数据分区。如果分区键由多个列组成，那么称这种分区键为复合分区键（Composite Partition Key）。

Cassandra 的数据操作方式随着时间的推移不断发展，最开始使用 Thrift 通信协议并通过 RPC 与客户端交互，目前新版本的 Cassandra 支持与 SQL 类似的 CQL（Cassandra Query Language）来作为定义数据模型和读写数据的语言。无论是在解耦还是性能方面[1]，CQL 都比旧的 Thrift 方式要优秀得多。

Cassandra 中的一个表可以用 CQL 这样来定义：

```
CREATE TABLE t (
    id int,
    k int,
    v text,
    PRIMARY KEY (id)
);
```

CQL 参考了 SQL 使用模式（Schema）的方式来定义表的数据格式，该语句定义了一个表 t，其主键为 id，同时 id 也是分区键。

值得注意的是，CQL 不能进行 join 查询或子查询，也不能定义外键，因为本质上讲 Cassandra 的定位并不是一个分布式关系型数据库，没有完整的关系型概念，Cassandra 的设计是为了高效查询，所以 CQL 还是以轻量级查询为主。

与 Bigtable 一样，Cassandra 也使用 LSM Tree 作为存储引擎。但与 Bigtable 不同的是，Cassandra 的数据直接存储在节点本地，而不是存储在分布式文件系统上。

---

1 Eric Evans, "compare string vs. binary prepared statement parameters", Cassandra jira, 2011-12-23.

7.5.2　架构

　　Cassandra 的架构与 Dynamo 非常相似[1]，使用带有虚拟节点的一致性哈希算法来对表进行分片存储，哈希函数使用分区键计算出哈希值，数据按照哈希值分片保存在对应的虚拟节点上。

　　Cassandra 的整体架构如图 7-13 所示。

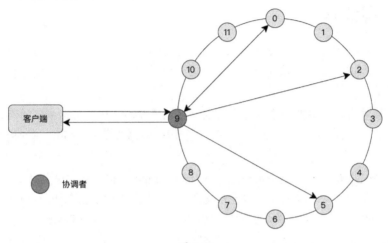

图 7-13

　　数据分区之后，为了保证数据的可用性，还要考虑如何复制数据。Cassandra 可以指定副本的复制策略，最简单的策略是将副本复制到哈希环中顺时针方向的节点上，更复杂的策略会考虑节点网络拓扑结构，它适合多数据中心架构。复制策略可以在声明键空间的时候使用 class 参数来指定，还可以用 replication_factor 来指定复制多少份数据，但副本越多，为一致性付出的性能代价就越高。

　　Cassandra 同样使用 Gossip 协议来让集群中的节点彼此交换位置信息和状态信息，Cassandra 中的 Gossip 协议需要配置种子（seeds）节点，先从种子节点开始启动，然后传播到集群中其他节点。

　　特别地，Cassandra 提供机架感应（Snitch），通过机架感应 Cassandra 能够感知集群中的节点属于哪个数据中心的哪个机架，这样有两个好处：

- Cassandra 根据网络拓扑结构，使得路由请求传输更有效率。

- 机架感应还可以用来打散数据，避免一个机架上有多个数据副本，这样提高了容错性。Cassandra 会尽力避免在同一个机架（可能不是实际的物理机架）上有一个以上的副本。

1　"Architecture - Apache CASSANDRA Documentation - Dynamo" The Apache Foundation. 2021-03-27. Retrieved 2021-03-27.

机架感应可以在配置文件中配置不同的策略[1]，典型的策略如下。

- SimpleSnitch：简单策略，不做任何机架感知，仅适用于单数据中心。
- GossipingPropertyFileSnitch：推荐在生产环境中使用的模式。可以定义节点所在的机架和数据中心，并通过 Gossip 协议将节点位置信息传播到其他节点。

7.5.3 协调请求

Cassandra 中也有协调者（Coordinator）节点，协调者与客户端交互来分配请求，是客户端和 Cassandra 集群的桥梁。客户端还可以指定协调者选择节点的策略，包括以随机方式选择节点，或者选择最近的节点等。

鉴于没有领导者，所有的节点都是平等的，它们可以同时执行写请求，随着时间的推移，副本可能会出现不一致，因此需要解决冲突，以便维护数据的最终一致性。Cassandra 的数据修复方案包括：

- Hinted Handoff。虽然 Cassandra 使用 Strict Quorum 机制，但也利用 Hinted Handoff 来修复数据。如果一个节点发生故障无法写入数据，那么协调者会在该节点重新恢复正常时，将写入的数据发送给节点，以便恢复后的节点能够写入最新的数据。
- 读修复（Read Repair）。在第 3 章提到过，Cassandra 使用了 Last-Write-Wins（LWW）方案，每一行数据都有一个时间戳，当读到冲突数据时，协调者会收集来自不同节点的响应，并返回具有最新时间戳的数据作为响应，然后向陈旧数据所在的节点发送写请求，用最新的数据进行更新修复。
- 反熵修复（Anti-Entropy Repair）。和 Dynamo 一样使用基于 Merkle Tree 的反熵修复。Cassandra 提供了一个节点修复工具，首先比较所有副本的数据，然后将陈旧副本的数据更新为最新版本。

一次写请求的大致流程如下：

（1）客户端连接协调者，将写请求发送给协调者。

（2）协调者将写请求转发到拥有对应数据的所有副本节点，只要节点可用就开始执行写请求。

（3）根据写一致性级别（Write Consistency Level）确定必须要有多少个节点返回成功信息，本质上也是基于 Quorum 的机制。

（4）如果没有收到最少数量的节点响应，则请求失败；否则，写请求成功。

我们注意到写请求流程提到了一个一致性级别，Cassandra 的一致性是可以灵活选择的，下面会详细分析。

---

1 "Configuring Cassandra - Apache CASSANDRA Documentation - cassandra.yaml file configuration." 2021-05-28.

7.5.4　一致性级别

Cassandra 支持客户端指定一致性级别，称为可调的一致性（Tunable Consistency），这个特性使得应用程序可以根据自身应用特点，选择倾向于可用性还是一致性。下面是一些常见的一致性级别。

- ONE：读写请求只要一个副本节点成功响应即可。这个选项提供了最高级别的可用性，但是会产生读到陈旧数据的风险，因为回复读请求的副本可能还没有同步到最近更新的写请求。

- TWO：和 ONE 类似，需要两个节点成功响应。类似的还有 THREE。

- ALL：写请求必须将数据写到所有副本节点上；读操作向所副本节点查询数据。只要一个副本读或写失败就会导致请求失败。相对于其他级别，这个级别提供了最高级别的一致性，但提供最低级别的可用性。

- QUORUM：读和写操作必须在超过半数节点上成功响应，即(n/2+1)个节点读写成功。这个选项在一致性和可用性之间提供了一个平衡的选择。

7.5.5　轻量级事务

Cassandra 还提供了一个严格的 SERIAL 一致性级别，该级别保证了线性一致性，在这个级别上执行的读写操作也被称为轻量级事务（Light Weight Transactions，LWT）。

Cassandra 的轻量级事务都是 CAS（Compare-And-Set）操作，即先判断某个条件是否满足，判断满足之后再用新的值去更新它，不满足就不执行操作，目的是确保更新后产生唯一的值。在 CQL 中通过 IF EXISTS 或 IF 语句来表示 CAS 操作。例如：

```
INSERT INTO USERS (login, email, name)
values ('alice', 'alice@distsys.com', 'Alice Root')
IF NOT EXISTS

UPDATE users SET reset_token = null, password = 'newpassword'
WHERE login = 'alice'
IF reset_token = 'some-generated-reset-token'
```

第一个 CQL 中的 USERS 表必须先满足不存在该条数据的条件才插入数据，第二个 CQL 必须先判断重置密码令牌 reset_token 是否正确，令牌正确才能重置用户密码。

Cassandra 轻量级事务基于 Paxos 算法实现[1]，并将原来 Paxos 算法的两个阶段拓展为四个阶段。由于 Cassandra 是无主架构，而 Paxos 需要一个节点来提出提案，因此可以想到继续用协调者来和其他节点进行交互以达成共识，即 Cassandra 让协调者同时扮演提议者的角色。

Paxos 算法在第 4 章中已经详细讨论过了，这里主要看一下 Cassandra 对 Paxos 算法的改动，Cassandra-Paxos 算法大致执行阶段如下：

（1）Prepare/Promise 阶段。这个阶段还是运行 Paxos 第一阶段的流程，选出一个新的提案，即一个最新的提案编号（见第 4 章）。

（2）Read/Results 阶段。因为所有 Cassandra-Paxos 的操作都是 CAS 操作，所以先读取数据并判断是否满足条件（即 IF NOT EXISTS、IF EXISTS 或 IF col=val 等语句中的条件），如果条件不满足，则会在此处中止；如果条件满足，则会将这条 CQL 作为提案值，进入下一阶段。

（3）Propose/Accept 阶段。该阶段是 Paxos 算法的第二阶段，等到多数派节点接受提案。

（4）Commit/Acknowledge 阶段。该阶段会提交并执行 INSERT、UPDATE 或 DELETE 操作，将结果写入 Cassandra 并存储，然后清理提案相关的数据，以"重置"Paxos 状态用于后续的提案。

可见，轻量级事务的缺点也很明显，4 轮请求的往返延迟代价非常高昂，这还是正常提交提案的情况，通常来说应用程序是能够感知到这段延迟时间的，所以不建议广泛使用轻量级事务。也许 Cassandra 认为提供一个较慢的事务要好过不支持事务。

7.5.6 二级索引

在 Cassandra 中，由于数据是按主键进行分片的，所以只需要到指定节点上去查询就可以了。但对于非主键字段进行查询是非常低效的，因为查询非主键字段需要全表扫描，这需要先遍历集群中的所有节点。

对于这种情况，Cassandra 支持创建二级索引[2]——即索引可以创建在除主键外的其他列上。Cassandra 二级索引的实现原理"简单粗暴"，直接将原来的表中的二级索引字段作为主键，创建一张新的索引表，值为原来表的主键。这样实际上建立了一个映射，通过二级索引来反查数据。

Cassandra 的二级索引依旧存在性能问题[3]。一个 Cassandra 节点根据节点上的数据转换得到二级索引表后，直接将二级索引表存储在本地。主键可以根据分片算法直接找到指定节点，但 Cassandra 并不知道二级索引字段分布在哪台机器上，这就导致二级索引的查询还是会询问系统

1　Jonathan Ellis, "Lightweight transactions in Cassandra 2.0." The DataStax Blog, 2013-07-23.

2　"Using CQL - datastax Documentation - Using a secondary index." DataStax, Inc. 2021-05-18.

3　Harrison Dahme, "Cassandra at Scale: The Problem with Secondary Indexes" PANTHEON, 2015-03-30.

中的所有节点，只是每个节点会更有效地进行查询。

举个例子，假设在一个有三个节点的 Cassandra 集群中，有一个主键为 ID 和二级索引为邮箱的表，如果通过 ID 来查询某个用户，那么 Cassandra 知道这个 ID 在哪个节点上，只需要一次磁盘读取开销。如果通过邮箱来查询用户，由于 Cassandra 不知道这个邮箱在哪个节点上，所以需要每个节点都读取本地的索引表，这需要三次磁盘读取开销，相当于一次读写操作扩散到了整个集群中。

所以 Cassandra 不推荐对值很多、频繁更新和删除的列创建二级索引。

另一种方案是使用物化视图（Materialized View）[1]，物化视图其实就是把原本的表根据新的分区键重新分到不同的节点上，物化视图是一个只读的表，原来的表的任何变化都要同步到物化视图。物化视图也叫作全局索引（Global Index）。与二级索引相比，物化视图的读操作性能会更高。

7.5.7　批处理

Cassandra 另一个有用的特性是批处理（Batch），由于 Cassandra 只保证最终一致性，而且每个节点都能处理请求，如果要执行多个更新操作，就会担心数据不一致怎么办？例如，如果上一次写入没成功，那么能接着删除吗？

批处理将多条更新语句（INSERT、UPDATE 或 DELETE）看作一组操作，一个执行批处理的 CQL 例子如下：

```
BEGIN BATCH
    INSERT INTO users (userid, password, name) VALUES ('user2', 'ch@ngem3b', 'second user');
    UPDATE users SET password = 'ps22dhds' WHERE userid = 'user3';
    INSERT INTO users (userid, password) VALUES ('user4', 'ch@ngem3c');
    DELETE name FROM users WHERE userid = 'user1';
APPLY BATCH;
```

批处理有以下两个好处：

- 减少了客户端和服务端之间的网络往返，有时还减少了协调器和副本之间的网络往返。
- 默认情况下以 logged 模式执行批处理，能够确保一组更新操作都完成。

logged 模式的批处理具体流程是，请求发送到协调者后，协调者会将批处理日志复制到其他两个节点上[2]，如果某个节点执行批处理失败了，那么该节点仍然可以根据批处理日志重做所

1　"CQL data modeling - datastax Documentation - Creating a materialized view." DataStax, Inc. 2021-05-18.

2　DataStax. "技术基础 | 消除对于 Cassandra 批处理的误解". 2021-03-02.

有的操作。这会产生额外的成本，但在必要的场景下是值得的。

logged 模式并不能保证百分之百成功，在某些情况下，如果节点发生故障下线，那么 logged 模式的批处理仍然可能出现部分操作未执行，但又无法重新恢复的情况。不过由于故障信息能够被检测到，此时可以通过重新提交批处理解决该问题。

如果批处理不想产生额外的性能损耗，则可以使用 unlogged 模式。unlogged 模式下不会生成批处理日志，此时仍会将所有更新操作视为整体发送到一个可用的节点，交给该节点来执行这些操作。可见在 unlogged 模式下可能只成功执行一部分操作。

对于一组批处理操作，如果没有为每个操作指定时间戳，那么所有操作会使用相同的时间戳，由于 Cassandra 会根据时间戳解决冲突，所以可能导致最后的执行顺序和批处理 CQL 中的操作顺序不同。如果要保证执行顺序，那么必须显式地为每个操作指定一个时间戳。

批处理并不是事务，当出现故障时并没有回滚机制。并且，Cassandra 只是实现了最终一致性，有可能读请求会读到批处理执行到中间时的结果，虽然批处理最终会完成，但对应用程序来说，会看到不一致的结果。

小结

如今 Cassandra 不再只是一个开源软件，其背后有着负责商业化的企业 Datastax，虽然 Cassandra 在国内不如 HBase 流行（可能有 Hadoop 生态的原因，国内开发者更倾向于选择 HBase），但是根据全球知名数据库流行度排名网站 DB-Engines 的数据，2021 年 Cassandra 仍然排在第十或第十一位，可见作为一个支持特性较多的 NoSQL 数据，Cassandra 依旧竞争力十足，在国外 Cassandra 仍是不少企业的选择。

Cassandra 的问题在于其一致性哈希虚拟节点需要管理员指定，一旦配置不当或数据量较大，数据就容易出现不均[1]，某些节点需要承受更高的负载，此时新增或减少节点会引起相邻节点迁移大量数据，同时重新计算 Merkle Tree，节点负载会增高。

另外，在一个分布式系统中，节点故障不是偶然的，Cassandra 论文[2]的 5.4 节的结尾却表示，移除节点需要系统管理员使用命令行工具来操作，倘若是一个成百上千节点的集群，那么人工管理的方式对于系统管理员来说非常难以维护。

最后，由于 Cassandra 使用 LSM Tree 作为存储引擎，而数据存储在一个不可变的 SSTable 文件中，无法直接删除数据，因此只能通过写入一个特殊标记来表示某个关键字已被删除，Cassandra 称之为墓碑（Tombstone），当数据被删除或者插入一个 null 值时，Cassandra 会写入

1　Rahul Singh, "Common Problems in Cassandra Data Models", Anant Corporation, February 22, 2018.

2　Lakshman,Avinash,and Prashant Malik."Cassandra:a decentralized structured storage system."ACM SIGOPS Operating Systems Review 44.2(2010):35-40.

一条墓碑记录。读到墓碑记录时，就认为墓碑时间戳之前的相关数据已被删除，不再考虑去读。

问题是，本来删除数据就指望释放一些磁盘空间，这样做反而导致了节点额外存储墓碑。另外，插入 null 值时也会创建墓碑，同样消耗磁盘空间。不仅如此，如果墓碑数量过多，那么每次读取数据时会扫描大量不必要的数据。通常需要在压实（Compaction）SSTable 的时候清理墓碑，但压实时机的选择是关键。Cassandra 提供工具来手动清理墓碑，这也增加了运维成本，系统管理员要监控集群的墓碑。

笔者对比了 Dynamo 和 Cassandra 使用的分布式存储技术的异同，如表 7-2 所示。

表 7-2

	Dynamo	Cassandra
冲突处理	向量时钟	最后写入胜利(LWW)
副本读写控制	Sloppy Quorum 和 Hinted Handoff	Strict Quorum 和 Hinted Handoff
分区	一致性哈希，使用虚拟节点并且固定分区	一致性哈希，使用虚拟节点
数据修复	基于 Merkle Tree 的反熵修复	基于 Merkle Tree 的反熵修复
故障检测	Gossip	Gossip

7.6 分布式数据库 Spanner

Spanner 是 Google 设计开发的可扩展、高可用的全球级分布式数据库[1]，号称是第一个能将数据分布到全球范围内且支持外部一致性（Externally-Consistent）的分布式事务系统。

Spanner 文档和论文中宣称提供外部一致性，实际上这里的外部一致性和严格可序列化（Strict Serializability，见第 3 章）是一个意思，也就是说，Spanner 保证了线性一致性和可序列化隔离级别。

Spanner 由 Bigtable 演变而来，在 Google 内部，对 Bigtable 抱怨最多的就是其不支持通用的事务，只能通过 Percolator 来部分解决事务问题，但开发者还是对通用的两阶段提交性能代价昂贵不满。Spanner 旨在满足那些需要关系模型、强一致性和事务的应用。虽然使用分布式事务不可避免地会造成性能下降，但 Spanner 的开发者认为这个后果应该由业务开发者承担。业务

1 Corbett, James C., et al. "Spanner: Google's globally distributed database." ACM Transactions on Computer Systems (TOCS) 31.3 (2013): 1-22.

开发者应该在使用分布式事务的时候，就考虑清楚分布式事务带来的性能影响，以避免过度使用事务。而作为一个数据库必须提供事务机制来满足各种应用场景，而不是因为担心性能问题直接不提供事务支持。

Spanner 中包含了我们之前介绍的一些经典的算法，将 Paxos 用于多副本状态机，使用两阶段锁实现事务可序列化级别的隔离性，使用两阶段提交实现事务的原子性。Spanner 也有一些特别的设计，例如 TrueTime API，以及基于 TrueTime API 实现了无锁只读事务。Spanner 把这些分布式算法结合起来实现了很好的工程效果，是非常了不起的分布式系统的实践。

作为一个分布式数据库，Spanner 的论文启发了 CockroachDB、TiDB 和 YugaByteDB 等开源分布式数据库的开发者，可谓影响深远，是一篇非常值得学习的论文。

7.6.1 数据模型

Spanner 的数据模型非常接近经典的关系型数据库的数据模型，即 Spanner 的数据库可以包含多个表，表中存储多行数据。每个表定义了一个模式（Schema），其中定义了每一列的数据类型，以及表的主键等。建表语句如下。

```
CREATE TABLE Users {
    uid INT64 NOT NULL,
    email STRING
} PRIMARY KEY (uid);
```

对客户端来说，Spanner 就像一个单体 MySQL 数据库一样。但 Google 称 Spanner 不是一个完全的关系型数据库，而是半关系型（Semirelational）的，主要区别是每个表必须有一个或多个列作为主键。这让 Spanner 仍然有点像键值存储：主键是一行的关键字，每个表都定义了从主键列到非主键列的映射。

Spanner 使用范围分区（见第 3 章）来对数据进行分割，行根据主键进行排序，对连续的行按主键进行分区存储。Spanner 还可以根据负载进行动态分片，对于一些热点的分片可以进一步分割，并存储到负载较低的服务器上。

7.6.2 架构

Spanner 的架构涉及较多的组件，如图 7-14 所示。

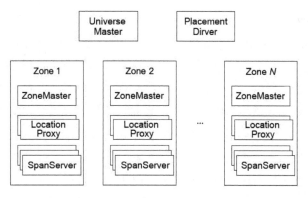

图 7-14

一个 Spanner 集群称为一个 Universe，每个 Universe 由多个 Zone 组成，Zone 是 Spanner 用来管理集群部署、复制和物理隔离的最小单元。每个 Zone 包含一个 ZoneMaster 和成百上千个 SpanServer。ZoneMaster 负责数据分配，而 SpanServer 用来处理客户端的读写请求并存储数据。每个 Zone 还有若干 Location Proxy，用来将客户端请求路由到特定的 SpanServer 上。

图 7-14 最上层的 UniverseMaster 只用于性能监控，显示所有 Zone 的状态信息，以便进行故障排查。Placement Driver 负责数据在各个 Zone 之间进行备份和迁移，例如，出于均衡负载的原因需要迁移一部分数据，这部分工作就由 Placement Driver 完成。

一个 SpanServer 可以管理多个分片，每个分片可以在多个 Zone 之间复制多个副本，以保证其可用性、持久性和性能。每个 SpanServer 一般负责 100 到 1000 个 Tablet 实例，Tablet 沿用了 Bigtable 中的结构，不同的是，Spanner 中的 Tablet 实现了如下的映射：

```
(key:string, timestamp:int64)->string
```

一个分片的所有副本形成一个 Paxos 组（Paxos Group），其中一个副本被选为领导者，负责接收传入的写请求，并通过 Paxos 算法将日志复制到组内的副本上。其余的副本是追随者，可以为某些类型的读请求提供服务。

Spanner 中实现了 Multi-Paxos 算法。为了避免 Multi-Paxos 算法产生多个领导者导致冲突而影响系统处理性能，Spanner 采用了领导者租约，在 10 秒的租约时间内保持一个领导者，不允许重新选举新的领导者。领导者会在数据写入成功或者租约快要到期的时候请求延长租期。每个 Paxos 组的领导者的租约和其他的领导者的租约不相交。

7.6.3 TrueTime

Spanner 采用 TrueTime 来为分布式系统授时，并基于 TrueTime 实现无锁事务等功能。TrueTime

是 Spanner 的一大创新。

TrueTime 的时间源包括 GPS 和原子钟（见第 6 章），通过多个时间源多点授时，一般需要在每个数据中心都放置几台 GPS 和原子钟。服务器在同步时间时，会轮询各个时钟源来减少任意一个时钟源误差带来的影响，并使用 Marzull 算法的变体[1]来选择准确的、可信的时间服务器；同时为了防止本地时钟发生故障，还会淘汰那些时钟偏移大于整个环境的界限的机器。

回忆第 6 章的内容，我们知道在一个分布式系统中，物理时钟无论如何都会出现时钟偏移问题，即便是精度为纳米级的 GPS 和原子钟，还是会因为网络延迟导致时钟同步出现时间提前或回拨的问题。那么 Google 为什么不选择使用逻辑时钟，还要基于物理时钟另外开发一个授时服务呢？

不选择逻辑时钟的原因是，逻辑时钟需要两个副本之间互相通信，这样才能确认事件的先后顺序。但是对于一个分布式数据库，经常会有这样的场景，用户有两个事务 T1 和 T2，用户先执行事务 T1，然后根据事务 T1 的结果再执行事务 T2，很可能事务 T1 和事务 T2 各自写入或读取不同副本中的不同数据，而这些副本之间并没有互相通信，这时无法使用逻辑时钟来计算两个事务的先后顺序，但我们很清楚地知道，按用户的要求，事务 T1 是先于事务 T2 发生的。

这个局限性让 Google 放弃了逻辑时钟，转而想办法去优化物理时钟，那么 Google 又是如何解决物理时钟的时钟偏移问题呢？我们通过 TrueTime 的精妙设计来学习一下。

TrueTime 的想法是，虽然没有完美的时钟同步方法，但如果考量整个系统的网络延迟、时钟源精准度等误差，那么还是可以得出一个事件发生的时间范围的。

因此，TrueTime API 并不直接返回一个单独的时间戳，而是一个时间区间，称之为 TTinterval。TTinterval 计算了闰秒，可以用区间[earliest,latest]来表示，这个时间范围相当于考虑了网络延迟、闰秒等所有潜在的误差，我们不知道事件发生的确切时间，但知道它就发生在这个时间范围内。

通过 latest-earliest 可以得到一个误差边界（Error Bound）时间。据此，Spanner 的想法是，当一个事务准备提交时，先通过 TrueTime 获取一个 TTinterval 时间，即[earliest,latest]，并将 latest 时间设置为事务的提交时间，然后事务持有锁但什么都不做，等待误差边界 latest-earliest 时间过去，事务才会被提交，其操作才能被其他事务看见，这一步在 Spanner 中叫作提交等待（Commit Wait）。这样就可以保证，即使发生时钟回拨也会在误差边界范围内，事务的提交时间戳肯定是在时间 latest 之后的。图 7-15 更清晰地展示了整个流程。

1 Keith Marzullo and Susan Owicki. "Maintaining the time in a distributed system". Proc. of PODC. 1983, pp. 295–305.

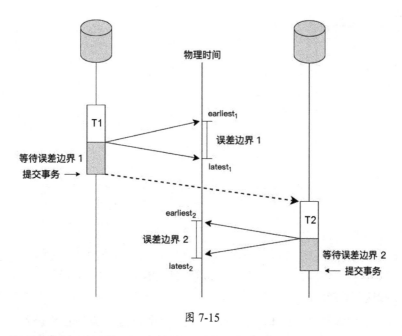

图 7-15

通过上面的分析很容易知道，这个等待时间肯定越短越好，这就是为什么 Spanner 要在每个数据中心都要放置几个 GPS 和原子钟，这样能够尽可能地减少网络延迟，提升时钟源的精准度，从而减少等待时间。

更具体的，TrueTime 中的方法 TT.now() 会返回一个 TTinterval，同时 TrueTime 还提供了两个基于 TT.now() 实现的方法 TT.after(t) 和 TT.before(t)，用来判断时间 t 是在过去还是在未来，返回值为布尔值，计算方法如下：

```
TT.after(t) = t < TT.now().earliest
```

```
TT.before(t) = t > TT.now().latest
```

根据 Google 公开资料显示[1]，如果假设时钟同步的周期为 30 秒，那么由于石英频率漂移造成的时钟误差为 6 毫秒（6ms），再加上网络往返延迟和时钟源的误差，结果是时钟误差范围在 1ms 到 7ms 之间不断涨落，如图 7-16 所示。

1　James C. Corbett, Jeffrey Dean, Michael Epstein, et al. "Spanner: Google's globally-distributed database." In 10th USENIX Symposium on Operating Systems Design and Implementation, OSDI 2012, October 2012.

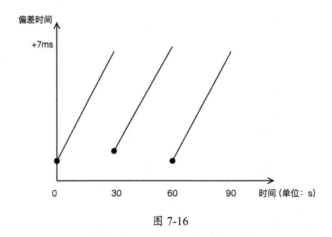

图 7-16

可见，使用了 GPS 和原子钟以后平均误差很小，平均误差大约是 4 毫秒，4 毫秒是非常短暂的时间，让事务等待 4 毫秒并不会有什么影响，仅数据中心之间传输数据就要上百毫秒，用户几乎无法感知这段等待时间。

根据 Google 的数据统计，CPU 故障的概率是时钟故障的 6 倍。也就是说，相对于更严重的硬件问题而言，时钟问题发生的频率更低。因此，Google 相信 TrueTime 的实现与 Spanner 所依赖的任何其他软件一样值得信赖。

7.6.4　读写事务

7.6.3 节描述了 TrueTime 的机制，本节讨论 Spanner 如何使用 TrueTime 实现各类事务。Spanner 支持以下几种类型的事务：

- 读写事务（Read-Write Transaction）。
- 只读事务（Read-Only Transaction）。
- 快照读（Snapshot Read）。

一个读写事务可以同时包含读和写两种操作，单独的写入操作也被认为是读写事务。Spanner 使用两阶段锁实现悲观并发控制，使用两阶段提交实现事务的原子性。读写事务满足严格可序列化，即论文中提到的外部一致性，但以性能为代价。

Spanner 中存在多组 Paxos，每组 Paxos 有一个领导者，根据第 5 章的内容知道，两阶段提交需要一个协调者和多个参与者，所以这里的方案是从每组 Paxos 的领导者中选出一个来作为协调领者（Coordinator Leader），而其他领导者作为参与者（Participant Leader）。

读写事务的工作流程如图 7-17 所示。

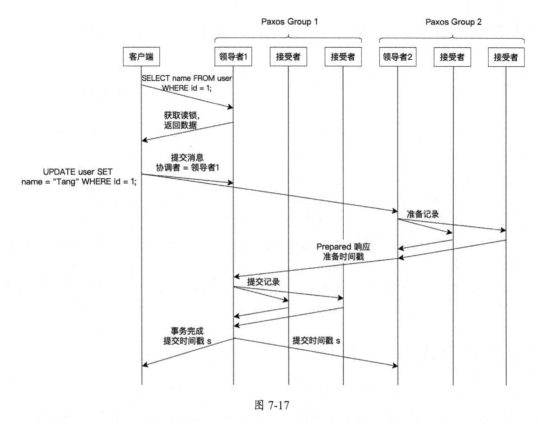

图 7-17

按照图 7-17 所示，整个读写事务的流程大致如下：

（1）事务开始后，客户端将事务中的所有写操作缓冲（buffer）起来，然后将所有读操作直接发送给数据所在的 Paxos 组的领导者，该领导者先尝试获取读锁，再读取最新的数据。由此可见，从事务中的读操作无法看到事务的写操作的结果。Google 认为读操作本来就只读取之前时间戳的数据，而未提交的写操作的结果还没有被分配时间戳，所以读不到是正常的。

（2）客户端完成所有的读操作并且缓冲了所有的写操作后，开始执行两阶段提交协议。客户端确定写操作所在的所有 Paxos 组，从中选择一个领导者作为协调者，其余作为参与者，并向所有参与事务的领导者发送提交消息（Commit Message），提交消息包含带有协调者身份标识的信息和所有写操作的信息。由客户端发起两阶段提交可以避免发送两轮数据。

（3）每个参与者获取数据相关的写锁，选择一个比以往任何事务的时间戳都要大的准备时间戳（Prepare Timestamp），并通过 Paxos 将这些准备记录（Prepare Record）写入日志。然后，每个参与者向协调者响应准备时间戳。

（4）协调者也会获取写锁，但跳过准备阶段。协调者收到所有参与者准备阶段的响应后，为事务选择一个提交时间戳（Commit Timestamp）。提交时间戳必须满足三个条件：大于或等于之前所有参与者返回的准备时间戳；大于从客户端收到的 `TT.now().latest` 时间；大于协调者之前所有事务的时间戳。这样才能满足事务的单调性。

（5）协调者通过 Paxos 将提交记录（Commit Record）写入日志。如果在等待参与者的时候出现超时，则中止事务；协调者要等待 TT.after(s)为真后，才允许其 Paxos 组的节点应用该提交记录。

（6）在提交等待过后，协调者会将提交时间戳发送给客户端和所有的参与者，每个参与者会在同一提交时间戳执行事务的提交，然后释放该事务的锁。

值得注意的是，在这个方案中，由于协调者和参与者都是一个个 Paxos 组，所以两阶段提交的可用性问题得到了缓解，即如果其中一个领导者节点发生故障，那么该 Paxos 组会检测到故障，并重新选举出一个领导者接管并推进两阶段提交协议。

此外，两阶段锁可能会导致死锁。Spanner 通过伤害–等待（Wound-wait）[1]算法来检测死锁，伤害–等待具体算法流程参见第 5 章。

因为两阶段事务可能要执行较长时间，为了避免参与者因为超时而中止事务，客户端会在事务进行过程中发送 keepalive 消息以避免超时。

7.6.5　只读事务

Spanner 基于 TrueTime 实现了无锁的只读事务，提升了只读事务的性能。

如果只读事务中的所有读操作都在一个 Paxos 组中，那么客户端会直接向该组中的领导者发起只读事务，领导者为只读事务分配一个时间戳s_{read}（s_{read}=LastTS()），LastTS()为一个 Paxos 组最后一次已提交的写入事务的时间戳。因为 TrueTime 保证了事务的单调性，所以分配最后一次已提交的写入事务的时间戳就能够保证读到最后一次写入的结果。

如果只读事务中的读操作需要读多个 Paxos 组，那么有不同的方案，最复杂的是与所有 Paxos 组的领导者先进行一轮通信，然后根据领导者返回的最新时间戳来选择s_{read}的值，但这样通信成本较高。Spanner 选择了一种更简单的方案，客户端让只读事务在s_{read}=TT.now().latest时刻执行，也就是需要等待误差边界时间才开始执行只读事务。

接下来，Spanner 需要一种方法来保证读到一个最新的副本。Spanner 中的每个副本会维护一个叫作安全时间t_{safe}的值，它是一个副本更新后最大的时间戳。因此，如果$s_{read} \leqslant t_{safe}$，则说明这个副本足够新，可以被读操作读取。

t_{safe}的计算公式为$t_{safe} = \min(t_{safe}^{Paxos}, t_{safe}^{TM})$

1　Daniel J. Rosenkrantz, Richard E. Stearns, and Philip M. Lewis II. "System level concurrency control for distributed database systems". ACM TODS 3.2 (June 1978), pp. 178–198.

其中，t_{safe}^{Paxos}是副本所在的 Paxos 组中状态机最新应用的写操作的时间戳。

t_{safe}^{TM}的计算则要复杂一些。如果副本上没有处于准备阶段的事务（即还没有提交的事务），那么t_{safe}^{TM}的值为无穷大，此时$t_{safe}=t_{safe}^{Paxos}$。

如果副本在某个 Paxos 组的领导者正在参与还没有提交的事务，那么此时的参与者不知道事务是否会提交，不确定该事务对数据的影响。但通过上一节我们知道，参与者会向日志中写入准备记录（Prepare Record），准备记录中包含一个准备时间戳，同时，协调者通过对比所有参与者返回的准备时间戳，确保事务提交时间戳大于或等于准备时间戳。那么，我们将 Paxos 组 g 处理准备提交阶段的事务T_i的准备时间戳记为$s_{i,g}^{prepare}$，协调者能够保证事务提交时间戳 $s_i \geq s_{i,g}^{prepare}$，因此可以得出，对于 Paxos 组 g 中的每个副本来说，$t_{safe}^{TM} = \min_i(s_{i,g}^{prepare})-1$。换句话说，$t_{safe}^{TM}$时间表示最早开始准备阶段但还未提交的事务的准备时间戳-1。

7.6.6　快照读和模式变更事务

理解读写事务和只读事务后，快照读就相对简单得多。所谓快照读就是读取历史的数据，7.5.6 节提到，Spanner 中每个读写事务 T_w 都有一个提交时间戳 t_w，伴随该事务写入的数据也附加了时间戳 t_w，Spanner 不会简单地覆盖原来的数据，而是会保留原来的数据作为旧版本，可以理解为数据的新版本是 t_w。现快照读 T_r 带有时间戳 t_r，此时 T_r 会忽略所有大于 t_r 的时间戳版本的数据，它会选择小于 t_r 但 t_w 最大的版本的数据。

Spanner 就是通过这样的方式实现了无锁的多版本并发控制，获得更好的读性能。

Spanner 还有一种事务，专门用来执行原子模式变更。例如，表中要增加字段等操作。因为直接使用标准的事务来执行模式变更会阻塞所有的操作，所以对模式变更事务做了一点优化。模式变更事务同样依赖于 TrueTime，流程大致如下：

（1）Spanner 分配一个未来的时间戳 t。

（2）将模式变更事务发送到所有的节点，对于之后的读写操作，如果它们的时间在时间戳 t 之前，那么继续执行；如果它们的时间戳在 t 之后，则必须阻塞到模式变更事务执行完毕之后才能执行。

小结

第 6 章介绍了分布式系统中的时间难题，顺序和因果关系是难以准确判断的，虽然可以完全依赖于 Paxos 或 Raft 共识算法来判断顺序，但这样会导致读操作的性能低下。Google 设计了一套基于 GPS 和原子钟的 TrueTime API 时间方案,通过精妙的设计来为分布式事务赋予时间戳，实现多版本并发控制，提高分布式事务的性能。

由于 TrueTime 的设计包含硬件解决方案和未完全公开的技巧,不方便在其他地方大规模推广,但分布式数据库想要实现多版本并发控制还是要依赖于时间戳(见第 5 章),所以很多开源分布式数据库选择了另外的实现方式。比较典型的是 CockroachDB[1]和 YugabyteDB 选择混合逻辑时钟(Hybrid Logical Clocks,HLC)[2],TiDB 选择了单点全局授时服务(Timestamp Oracle,TSO)。

7.7 分布式批处理

本节和 7.8 节主要讨论分布式计算,尤其是用于处理大规模数据的分布式系统。这里我们不深究大规模数据的具体定义,泛指其数据规模用一台机器无法处理或者用一台机器处理效率很低的数据。

大数据有很多种应用类型,主要的处理模式分为批处理(Batch Processing)和流处理(Stream Processing),两者的具体定义如下:

- 批处理系统:用户将数据分组或分批进行处理,一次处理一批。大部分情况下,一批数据的规模会非常大,所以这类系统的主要目标是提供高吞吐量,但处理时间会比较长,适用于时间不敏感的大量信息。

- 流处理系统:系统连续不断地接收和处理数据,因此,这类系统处理速度很快,提供低延迟,适用于实时处理的场景。

批处理系统和流处理系统大致的工作流程和区别如图 7-18 所示。还有一些图 7-18 中没反映出来的差别,例如,通常来说批处理系统是先存储后处理,而流处理则是直接处理。

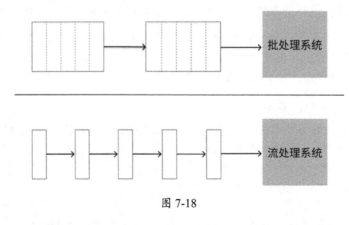

图 7-18

1 Taft, Rebecca, et al. "Cockroachdb: The resilient geo-distributed sql database." Proceedings of the 2020 ACM SIGMOD International Conference on Management of Data. 2020.

2 Kulkarni, Sandeep S., et al. "Logical physical clocks." International Conference on Principles of Distributed Systems. Springer, Cham, 2014.

在实际的处理过程中，并不是简单使用其中的某一种处理模式，而是将两者结合起来。很多互联网公司根据处理时间的要求将业务划分为在线（Online）和离线（Offline）[1]两种，其中在线业务的处理时间一般在秒级甚至毫秒级，因此通常采用流处理。离线业务的处理时间基本以天为单位，采用批处理。

本节主要分析两种批处理系统 MapReduce 和 Spark，以及一种流处理系统 Flink。虽然 Spark 和 Flink 都宣称自己是"流批一体"的，但我们只关注其重点方向。

7.7.1　MapReduce

MapReduce[2]分布式计算框架由 Google 在 2004 年的一篇论文中提出，这是一个在分布式集群上并行计算大规模数据的编程模型和软件架构。MapReduce 的问世使分布式计算流行起来，拉开了大数据时代的帷幕。

MapReduce 是典型的主从架构，包含一个负责任务分配的 Master 节点和一些负责执行任务的 Worker 节点。整体架构和工作流如图 7-19 所示。

图 7-19 展示了一次 MapReduce 计算任务的流程，大致分为以下几个步骤：

（1）用户程序调用 MapReduce 库将输入文件分成 M 个小文件，每个文件的大小大概为 16～64MB（可以通过参数来控制每个文件的大小）。然后在集群中启动要运行的 MapReduce 程序实例。

（2）由 Master 节点分配任务，将 M 个 Map 任务和 R 个 Reduce 任务分配给空闲的 Worker 节点。

（3）负责 Map 任务的 Worker 节点读取输入文件，解析出键值对，传给用户自定义的 map 函数，执行用户自定义的 map 函数后输出键值对，先将输出结果缓存在内存中。

（4）周期性地将内存中的键值对写入本地磁盘，通过用户自定义的分区（Partition）函数（例如 hash(key) mod R）将本地磁盘的数据分为 R 个部分。该操作完成之后，把这些文件的地址回传给 Master 节点，由 Master 节点把这些位置传给负责执行 Reduce 任务的 Worker 节点。

（5）负责执行 Reduce 任务的 Worker 节点收到数据存储位置信息后，通过 RPC 读取对应分区的数据。数据读取完后，先根据键值对中的关键字进行排序，这样同一关键字的数据就聚合在了一起。如果中间数据太大无法在内存中完成排序，那么就要在外部进行排序。

1　Auradkar, Aditya, et al. "Data infrastructure at LinkedIn." 2012 IEEE 28th International Conference on Data Engineering. IEEE, 2012.

2　Dean, Jeffrey, and Sanjay Ghemawat. "MapReduce: simplified data processing on large clusters." Communications of the ACM 51.1 (2008): 107-113.

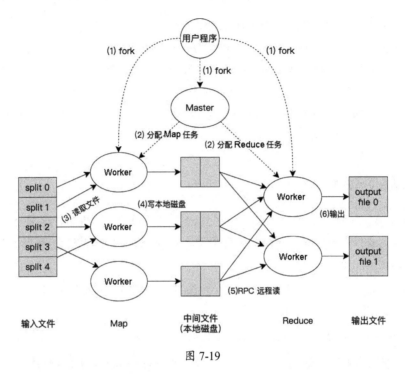

图 7-19

（6）排完序后，负责执行 Reduce 任务的 Worker 节点将数据传给用户自定义的 reduce 函数，函数的输出追加到所属分区的输出文件中。

（7）当所有的 Map 任务和 Reduce 任务都完成后，Master 节点向用户程序返回结果。

> 上述流程中的第（4）步和第（5）步合称为 Shuffle 阶段，Shuffle 阶段从 map 函数输出到 reduce 函数输入。

任务完成后，MapReduce 将结果输出到 R 个文件中。一般来说，用户不需要合并这 R 个文件，而是把这些文件作为下一个 MapReduce 任务的输入，或者在另一个分布式应用中使用。MapReduce 的输入和输出文件都存放在 GFS 中。

我们可以看一些具体的例子，下面是数据处理中常见的场景，只不过改为用 MapReduce 的方式来处理。

- 词频统计。Map 函数可以将每个单词统计输出为<word, count>键值对，然后 Reduce 函数将同一单词的所有计数相加，得到<word, total count>。
- 分布式 Grep。Map 函数输出匹配某个模式的一行，Reduce 函数直接输出所有中间数据。
- 分布式排序。Map 函数从每个记录 record 中提取出关键字 Key，输出<key, record>对。Reduce 函数不改变任何的值，直接输出。这个例子依赖 Shuffle 阶段的顺序保证。

1. 容错

MapReduce 的容错主要考虑 Worker 节点故障和 Master 节点故障。

Worker 节点故障的处理比较简单，一般来说，Master 节点会周期性地向每个 Worker 节点发送心跳包，如果指定时间内没有回应，则认为该节点发生故障。Master 节点直接将故障的Worker节点标记为失效，分配给这个失效 Worker 的任务将重新分配给其他健康的 Worker 节点。特别地，如果 Worker 节点在完成 Map 任务后发生故障，则需要重新分配 Map 任务，因为 Map任务的输出结果存储在故障机器的本地磁盘中而无法访问；如果 Worker 节点在 Reduce 任务完成后发生故障，则不需要重新执行 Reduce 任务，因为 Reduce 任务的输出结果存储在 GFS 中。

由于 Master 节点失败的概率比较低，一种解决方案是 Master 节点周期性地将自身状态写入磁盘并当作检查点（Checkpoint），如果 Master 节点发生故障了，则可以通过检查点再次启动一个 Master 节点。对于因为 Master 节点故障而未处理完的任务，MapReduce 采用比较简单直接的"再次执行（re-Execution）"方案，即中止现在的 MapReduce 任务，用户会检查到任务中止，然后选择是否重新执行计算。

如果 Master 节点故障不可忍受，则可以选择增加一个备 Master 节点。正常运行时主 Master节点用来响应请求，备 Master 节点实时同步主 Master 节点的状态。倘若此时主 Master 节点发生故障，那么备 Master 节点转为主 Master 节点来接替工作。

2. 网络带宽问题

在撰写该论文的 2004 年，那时候网络带宽是一个相当匮乏的资源，所以 Master 节点在调度 Map 任务时会考虑输入文件的位置信息，尽量将一个 Map 任务调度在其所需的相关输入数据的机器上执行；如果找不到，则 Master 节点将尝试在保存输入数据的附近机器上执行 Map任务。

其实，工作流中也体现了 MapReduce 对于网络带宽使用的优化，主要表现在：中间文件只经过一次网络传输，Map 任务完成后会写到本地磁盘中，这样 Reduce 任务直接拉取，而不再通过 GFS 读取文件。

但随着基础设施的扩展和升级，系统对这种存储位置优化的依赖程度降低了。

3. "落伍者"问题

影响 MapReduce 执行时间的另一个因素是"落伍者（Stragglers）"问题：一台机器花了很长的时间才完成最后几个 Map 任务或 Reduce 任务（例如：有一台机器硬盘出了问题），这个短板导致总的 MapReduce 执行时间超过预期。

这个问题 MapReduce 通过备用任务（Backup Task）来解决，当 MapReduce 操作快完成的时候，Master 调度备用任务进程来执行剩下的、仍处于处理中的任务。无论是最初的进程还是备用任务进程完成了任务，都将该任务标记为已完成。

4. Combiner 函数

在某些情况下，Map 函数产生的中间关键字 Key 的重复数据会占很大的比重（例如，词频统计中的高频词，一篇文章可能产生成千上万的<the, 1>记录）。用户可以自定义一个可选的 Combiner 函数，Combiner 函数首先在本地将这些记录进行一次合并，然后将合并的结果通过网络发送出去。

Combiner 函数的代码通常和 Reduce 函数的代码相同，启动这个功能的好处是可以减少通过网络发送到 Reduce 函数的数据量。

5. 跳过损坏的记录

用户程序中的 Bug 可能会导致 map 函数或者 reduce 函数在处理到某些记录的时候宕机，通常需要用户修复 Bug 后再执行 MapReduce，但是找出 Bug 并修复它往往不是一件容易的事情，可能需要耗费用户较长时间，因为有时候 Bug 不止在代码中，还有可能在第三方库中。

与其因为少数坏记录而导致整个计算任务失败，不如有一个机制可以让用户跳过损坏的记录。这在某些情况下是可以接受的，例如，在对一个大型数据集进行统计分析时，跳过一两条记录有时并不会影响结果。

MapReduce 可以给每个输入数据附加一个唯一编号，在处理数据时，Worker 节点将处理失败的记录的编号发送给 Master 节点，当 Master 节点看到某条记录失败了不止一次时，会标记这条记录需要跳过，下次执行到该记录时通知 Worker 节点跳过这条记录。

小结

MapReduce 从根本上改变了大规模数据处理架构，也许 MapReduce 不是最高效的，提供的接口也不够灵活，但它有着非常好的扩展性，也非常易于编程，它通过一个简单的 API，抽象了处理并行、容错和负载均衡的复杂性，让没有分布式经验的程序员也能够在计算机集群上处理大规模数据集。

时至今日，当初的 MapReduce 在 Google 内部已不推荐使用[1]，Google 也另外设计了 Flume 等分布式计算框架，并通过 FlumeJava 来提供更高层的 API[2]。但作为分布式系统学习的经典案例，MapReduce 很好地展示了分布式系统的概貌。

MapReduce 启发了 Hadoop 和 Spark 等框架的设计者，其中 Hadoop 是 MapReduce 的开源实现，其文件保存在自身的分布式文件系统 HDFS 中。

---

1   Henry Robinson. "The Elephant Was a Trojan Horse: On the Death of Map-Reduce at Google," the-paper-trail.org, June 25, 2014.

2   Chambers, Craig, et al. "FlumeJava: easy, efficient data-parallel pipelines." ACM Sigplan Notices 45.6 (2010): 363-375.

7.7.2　Spark

不可否认 MapReduce 的创新，但它也有一些局限。像数据挖掘与机器学习这类作业需要多次迭代，通常会执行一次又一次的 MapReduce 任务，这些任务会反复从磁盘上读取和写入数据，频繁地读写磁盘带来很高的 I/O 开销，并且有很高的延迟。MapReduce 对那些需要多次迭代计算并重复使用中间结果的应用来说是低效的。

同时，MapReduce 的 API 也有一些局限，开发者必须将每个计算任务表示成 map 和 reduce 操作，这样的编程模型不够灵活。

Apache Spark[1] 是另一个为大数据处理而设计的计算引擎，2009 年由加州伯克利大学 AMPLab 开发，后来于 2013 年捐赠给 Apache 软件基金会。Spark 旨在解决类 MapReduce 框架中上述的限制和问题。Spark 的解决思路很直接，既然磁盘 I/O 开销高，那么就将数据存储在内存中；同时提供一个更灵活的模型，支持更多的操作而不仅仅是 map 和 reduce。

部署 Spark 需要搭配分布式集群管理系统和分布式存储系统，Spark 支持的分布式集群管理系统有 Hadoop YARN、Apache Mesos 和 Kubernetes[2]（Kubernetes 也是非常经典的分布式集群管理系统）。Spark 也可以和分布式存储系统 HDFS、Cassandra、OpenStack Swift 和 Amazon S3 等对接。

接下来我们看一下 Spark 是如何做到在内存中进行分布式计算的。

为了让开发者能够在大规模集群的内存上进行计算，Spark 提出了分布式内存的抽象——RDD（Resilient Distributed Dataset，弹性分布式数据集）[3]，RDD 是一种具备容错性且能够并行计算的数据结构，允许用户显式地将中间结果保存在内存中、控制数据集的分区以优化数据的分布，并且支持一套丰富的操作来处理数据集。

RDD 只有两种创建方式：通过磁盘上的数据创建，或者由其他 RDDs 转换产生。RDD 不在内存中保存全部的数据，而是跟踪 RDD 达到当前状态的所有转换操作，即追溯 RDD 是如何由其他数据集转换来的——这些转换记录被称为 Linega，这样不仅能节省内存空间，还可以在发生故障时根据 Linega 重新执行必要的操作来重建数据。

论文中给出的代码例子如下所示。

```
lines = spark.textFile("hdfs://...")
```

1　Zaharia, Matei, et al. "Spark: Cluster computing with working sets." HotCloud 10.10-10 (2010): 95.

2　"Cluster Mode Overview - Spark Documentation - Cluster Manager Types". The Apache Foundation. 2021-03-02. Retrieved 2021-03-02.

3　Zaharia, Matei, et al. "Resilient distributed datasets: A fault-tolerant abstraction for in-memory cluster computing." In USENIX Conference on Networked Systems Design and Implementation, pages 2–2, 2012.

```
errors = lines.filter(_.startsWith("ERROR"))
errors.cache()

errors.filter(_.contains("HDFS"))
    .map(_.split('\t')(3))
    .collect()
```

代码第 1 行通过 HDFS 中的某个文件创建了一个 RDD，名为 lines。第 2 行对 lines 进行过滤计算，过滤出以 ERROR 开头的行，得到的变量 errors 也是一个 RDD。第 3 行显式地将过滤后的 RDD 存储在内存中，以便在后续计算中使用。值得注意的是，第一个名为 lines 的 RDD 使用完之后不会被存储到内存中，因为经过过滤后的数据可能只是原数据的一小部分，所以这有助于节省内存空间。

代码的最后一行对 RDD 执行了两个转换操作，即 filter() 和 map() 函数，产生最终的 RDD，整个过程如图 7-20 所示。如果我们在其中一个环节丢失了数据，那么根据 Lineage，Spark 可以通过重新执行相应的操作来重建数据。

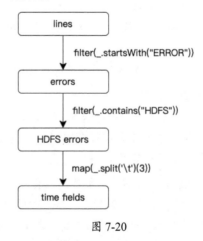

图 7-20

Spark 直接将数据从一个 RDD 转换为另一个 RDD，并且可以重复使用中间数据而不涉及磁盘的读写操作。Spark 对 RDD 的操作一般分为以下两种：

- 转换（Transformation）。比如 map()、filter() 和 join() 等操作都是转换操作，转换操作返回的依然是 RDD。
- 动作（Action）。对 RDD 执行相应的操作并把结果返回给客户端，或者将 RDD 中的数据写到外部存储中，如 count()、collect()、reduce() 和 save() 等操作。

Spark 对 RDD 进行转换操作时并不会触发计算，而是等到 RDD 执行动作操作时才会真正地触发计算。

Spark 也支持用户控制 RDD 如何存储，用户可以选择将 RDD 存储到内存中或者持久化到磁盘中，还可以指定 RDD 按照每条记录中的关键字分区存储在不同的机器上。

RDD 之间通过转换操作，会形成一个有向无环图（DAG），这也代表一种父 RDD 和子 RDD 之间的依赖关系。根据开发者使用的转换操作不同，RDD 之间的依赖关系可以分为以下两种：

- 窄依赖（Narrow Dependency）：父 RDD 的每个分片至多被子 RDD 中的一个分片所依赖。
- 宽依赖（Wide Dependency）：父 RDD 中的分片可能被子 RDD 中的多个分片所依赖。

图 7-21 很直观地表示了 RDD 间的依赖关系。

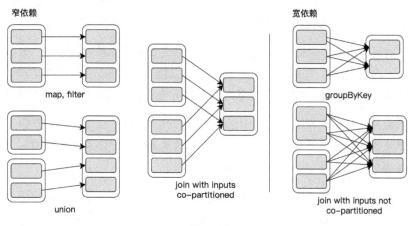

图 7-21

Spark 这样区分 RDD 依赖关系的原因是，RDD 通常分区存储到集群中不同的机器上，窄依赖关系的 RDD 可以在同一个节点上执行流水线式的计算。相比之下，宽依赖关系要求所有的父 RDD 数据都是可用的，才能在各个节点上执行计算。

另外，窄依赖关系的故障恢复更有效，因为只需要重新计算父 RDD 即可重建 RDD。而对于宽依赖关系，一个失败节点可能导致某些分片的丢弃，必须完全重新计算。

通过划分宽依赖关系和窄依赖关系，Spark 便可有针对性地进行调度，例如，将窄依赖关系的任务安排到一个节点上执行。

综上所述，Spark 通过 RDD 实现以下优势：内存计算、面向 RDD 的丰富的接口、RDD 只有在必要的时候才进行计算、基于 Lineage 的故障恢复来实现容错性，以及基于 RDD 依赖关系进行调度。

最新版本的 Spark 转向了另一种名为 DataFrame[1] 的数据结构。DataFrame 是一种面向列的结

---

1 Armbrust, Michael, et al. "Spark sql: Relational data processing in spark." Proceedings of the 2015 ACM SIGMOD international conference on management of data. 2015.

构，但本质上，DataFrame 依旧保持了 RDDs 的良好设计理念。

Spark 更像对 Hadoop（MapReduce）的补充，更好地支持迭代作业，并且一样可以在 Hadoop 的文件系统 HDFS 中运行。

7.8　分布式流处理框架 Flink

本节我们讨论分布式流处理系统。流处理也是一种大数据处理技术，流处理背后的基本理念是，数据的价值随着时间的流逝而不断减少，因此要尽可能快地对最新的数据做出分析并给出结果。随着移动互联网和物联网应用的高速发展，流处理技术越来越流行。

流处理系统处理的是"流数据"，我们要理解什么是流处理系统和流数据。分析流处理系统避不开一篇经典的文章——"Streaming 101"[1]，该文章影响了 Flink 的设计与实现。文章是这样定义流处理系统的：一种处理无界数据集的数据处理引擎。流数据可以认为就是无界数据集。

所谓无界数据集是指不断增长的、无限的、乱序的大规模数据集，通常也叫"流式数据"。我们可以将"流"这个词直接理解为水流，而流处理就是要处理像水流一样的、源源不断的数据流记录，这些数据流记录可能是永无止境的。

举个例子，电商平台会通过用户行为习惯来推荐一些商品，如果一个用户在电商平台的应用程序上不停地浏览和挑选商品，那么这些行为信息会源源不断地传输到后台，而流处理系统可以快速地计算这些信息，从而一直给用户推荐符合其最新需求的商品。通过流处理系统，电商平台能够实现实时的用户行为分析。

流处理非常适合时间序列（Time Series）数据，比如无人驾驶、健康传感器和生产线监控等，都需要收集、计算和处理一系列源源不断的时序事件流。流数据和事件密切相关，很多情况下可以认为，流数据中的每一条记录都对应用户的一个事件。

可想而知，由于数据流具有持续到达、速度快、无序且无限增长等特点，因此数据流的实时处理是一个很有挑战性的工作。实际上数据流的理论及技术研究并不新颖，但在很长时间内流处理系统一直停留在要么"高吞吐"，要么"低延迟"，难以实现同时提供高吞吐和低延迟的处理框架。直到 Google 提出 Dataflow 模型[2]建立了一套关于流式数据计算和处理的解决方案，并影响了 Flink 等后续流处理系统或框架的发展。

1　Tyler Akidau:"Streaming 101: The world beyond batch," oreilly.com, August 5, 2015.

2　Akidau, Tyler, et al. "The dataflow model: a practical approach to balancing correctness, latency, and cost in massive-scale, unbounded, out-of-order data processing." Proceedings of the VLDB Endowment 8 (2015), 1792--1803.

Apache Flink[1]（简称 Flink）是 Apache 软件基金会旗下的开源流处理框架，是一个高吞吐、低延迟的分布式流数据引擎[2]。Flink 通过并行和管道来执行任意流数据程序，同时支持执行批处理和流处理程序。

和 Spark 一样，Flink 自己并不存储数据，但对接了 Apache Kafka、HDFS、Apache Cassandra 和 Elasticsearch 等分布式存储系统。

那么，Dataflow 模型或者 Flink 是如何高吞吐、低延迟地处理流式数据的呢？如何保证"精确一次"语义输出数据呢？我们通过 Flink 的设计思想、系统架构和一些优化技巧一起来学习一下。

7.8.1　计算模型

Flink 中的数据以记录（Record）为处理单元，一条数据记录由一个事件（Event）产生。流处理引擎上的操作也叫算子（Operator）。如图 7-22 所示，算子分为三类：数据输入（Source）算子、转换（Transformation）算子和数据输出（Sink）算子。数据输入算子和数据输出算子被称为特殊算子。

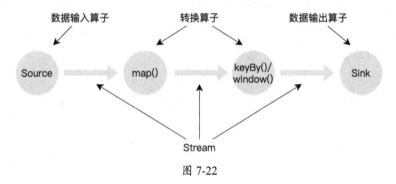

图 7-22

无论用户编写的 Flink 程序是批处理程序还是流处理程序，最终都会被编译成同一种结构：数据流图（Dataflow Graph）[3]。Flink 运行时真正执行的是数据流图，不关心上层应用程序做何种计算。

数据流图的数据结构是一个有向无环图（Directed Acyclic Graph，DAG），其中节点代表有状态算子（Stateful Operator），边代表数据流，节点之间通过边来传递数据。这一点和 Spark 中

1　Zaharia, Matei, et al. "Discretized streams: an efficient and fault-tolerant model for stream processing on large clusters." 2012.

2　Chintapalli, Sanket, et al. "Benchmarking Streaming Computation Engines at Yahoo!". Yahoo Engineering. Retrieved 2017-02-23.

3　Carbone, Paris, et al. "Apache flink: Stream and batch processing in a single engine." Bulletin of the IEEE Computer Society Technical Committee on Data Engineering 36.4 (2015).

的 RDD 依赖关系图有些类似，两者都是有向无环图。

> 什么叫有状态算子呢？有状态的反义词是无状态（Stateless），无状态算子即处理事件时不依赖已处理过的事件，事件处理不会互相影响；相反就好理解什么是有状态算子了，有状态算子就是要维护之前处理的事件信息，并用于新输入的事件中的计算，比如计算某个蓄水池过去 10 分钟的水位。可见，有状态比无状态更具挑战性，而流处理应用大多都是有状态事件。

现在，我们来看一下 Flink 是如何处理一个流数据计算任务的，整个流程如图 7-23 所示，分为以下几个步骤：

（1）Flink 先将用户编写的应用程序转换为逻辑图（Logical Graph），逻辑图的节点代表算子，边代表算子要计算的输入/输出数据流。

（2）Flink 会对生成的逻辑图进行一些优化[1]，比如将两个或多个连续相同的算子组合成算子链（Operator Chain），算子链内的算子可以直接传递数据，这样可以减少数据在节点之间传输产生的开销，这一步的作用类似数据库系统中优化器的作用。

（3）Flink 会将逻辑图转换为真正可执行的物理图（Physical Graph），物理图的节点是任务（Task），边依然表示输入/输出的数据流。任务是指封装了一个或多个算子的并行执行的实例。

（4）Flink 将具体的任务调度到集群中的执行节点上，并行执行任务。Flink 支持对任务配置并行度（Parallelism），即一个任务的并行实例数。

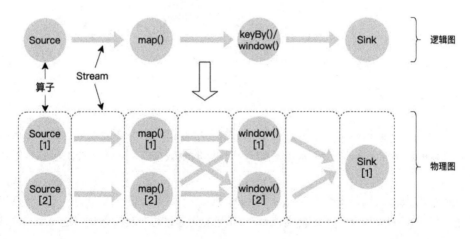

图 7-23

---

1 Hueske,Fabian,et al."Opening the black boxes in data flow optimization."arXiv preprint arXiv:1208.0087(2012).

从流程中可见，Flink 又将数据流图分为了逻辑图和物理图，具体执行的其实是物理图，那么 Flink 为什么要这么做呢？笔者认为，第一个原因是解耦，前面说过 Flink 上层同时支持批处理程序和流处理程序，而两者生成和优化数据流图的方法肯定是不一样的，这样拆分可以让各层解耦，批处理 API 和流处理 API 用各自的方法生成逻辑图，逻辑图再统一转换为实际执行的物理图；第二个原因是性能，Flink 官方文档表示[1]，将算子和算子链转换成任务，每个任务由一个线程执行，这是一个有用的优化，可以减少线程间切换和缓冲的开销，并且在减少延迟的同时增加整体吞吐量。

7.8.2 系统架构

Flink 的软件架构如图 7-24 所示，对应 7.8.1 节的内容，开发者通过上层的批处理 API 和流处理 API 给开发者编写不同的应用程序，除此之外，Flink 还提供各个领域的 API 和库，比如用于机器学习的 Flink ML，用于图处理的 Gelly，用于支持 SQL 的 Table API 等。

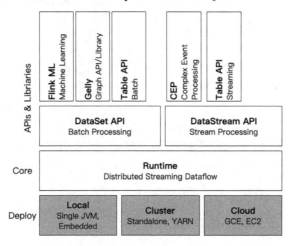

图 7-24

中间层是核心（Core）层，包括 Flink 运行时（Runtime），主要用于执行数据流图相关操作。

底层是 Flink 的部署层，支持本地化（Local）部署、集群（Cluster）部署和云端（Cloud）部署。Flink 为了更好地管理计算资源，集成了常见的分布式部署模式，包括 Hadoop YARN、Apache Mesos 和 Kubernetes。

我们关注的重点是核心层，Flink 运行时架构如图 7-25 所示，由一个 JobManager 和一个或多个 TaskManager 组成。

1 "Concepts - Flink Documentation - Flink Architecture" The Apache Foundation. 2021-05-12. Retrieved 2021-05-12.

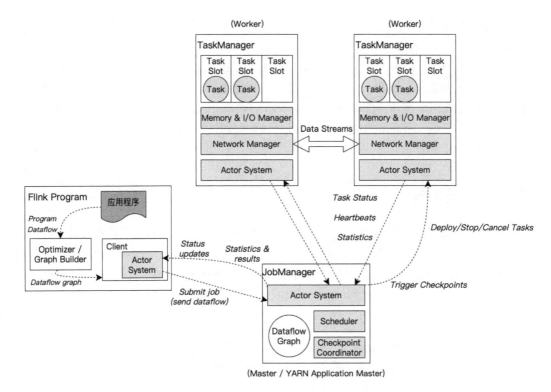

图 7-25

图 7-25 中客户端并不属于 Flink 运行时，客户端的作用是将应用程序代码转换成数据流图，然后和数据流一起发送给 JobManager，所以 7.8.1 节中整体流程的前两步都是在客户端完成的。

JobManager 负责统筹管理分布式系统中的任务执行，包括安排 TaskManager 的任务、跟踪任务的进度、协调 Checkpoint，以及任务失败时的故障恢复。其中协调 Checkpoint 和故障恢复会在 7.8.4 节中详细介绍。

TaskManager 的作用是执行任务，同时缓存和交换数据流。TaskManager 中资源调度的最小单位是任务槽（Task Slot），任务槽的数量表示了并发处理任务的数量。一个任务槽可以执行多个算子。

这样的架构很明显存在单点问题，Flink 提供两种高可用（HA）部署方案：使用 ZooKeeper 或基于 Kubernetes 部署。在 ZooKeeper 方案中，会运行多个 JobManager，并通过 ZooKeeper 选出一个领导者。当领导者发生故障时，其余的 JobManager 会选出新的领导者来接管任务。

基于 Kubernetes 的高可用方案只能当集群部署在 Kubernetes 中的时候使用，只需要进行必要的配置即可，这里不再赘述。

7.8.3　时间处理

　　流处理系统中的时间处理非常重要，前面在解释流式数据时提到，数据流有很明显的时序特点，但又很可能是乱序的，网络的不可靠会导致数据到达的顺序和实际事件发生的顺序不一致。本节讨论 Flink 对于乱序数据的时间处理。

　　Flink 中有三种不同类型的时间：事件时间（Event-Time）、摄入时间（Ingestion-Time）和处理时间（Processing-Time）。如图 7-26 所示，三者发生的先后顺序是事件时间最先，然后是摄入时间，最后是处理时间。

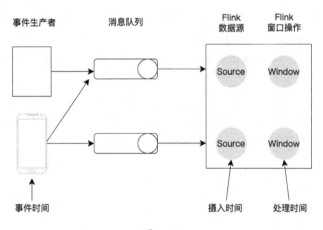

图 7-26

- **事件时间**是指事件在生产者的设备上发生的时间，例如某个用户点击了应用程序上的某个商品，这里的事件时间就是用户点击时手机上的时间。通常事件时间在事件进入 Flink 之前就已经写入记录了，Flink 可以从每条记录中提取出事件时间。
- **摄入时间**是数据进入 Flink 的时间。本节不讨论该时间，了解即可。
- **处理时间**是指事件被处理时当前节点的系统时间，也就是 Flink 算子真正计算该记录的时间。

　　事件时间是应用程序开发者最为关心的，因为事件时间通常来说关乎事件发生的顺序，事件发生的顺序又决定了计算的结果。然而，由于一再提到的网络等各种原因，事件不会一直按发生时间顺序到达，很可能会收到乱序的事件，这种情况下应该怎么处理？

　　水位线（Watermark）是 Flink 为了处理乱序事件或延迟数据而实现的机制，Flink 用水位线来衡量事件的进展。水位线本质上是一个时间戳，表示为 Watermark(t) 或 W(t)，意味着数据流中时间戳小于或等于 t 的事件数据都到达了。对于初次接触水位线的人，其概念和作用晦涩难懂，所以我们还是通过具体的例子来演示水位线的作用。

图 7-27 是一个用逻辑时间来代替事件时间的时间流，在这个例子中，事件是按顺序排列的。

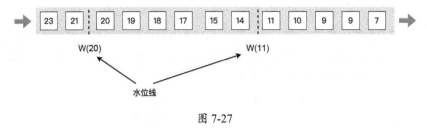

图 7-27

图 7-27 中数据流是从左往右流入/流出的，图 7-27 中有两个水位线 W(20)和 W(11)，按照前面的定义，数据流中时间戳小于或等于 t 的事件数据都到达了，那么对于水位线 W(20)来说，其右侧的数据的时间戳都小于 20，即都是已经接收和处理过的数据，满足水位线要求。W(11)同理。

如果是乱序事件呢？图 7-28 中的事件流是不按时间顺序排列的，这种情况下我们再来看一下水位线的作用。

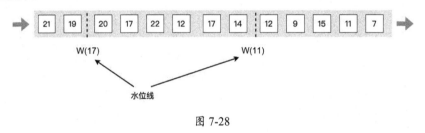

图 7-28

图 7-28 中还是有两个水位线 W(17)和 W(11)，此时水位线 W(17)右侧的记录不止有小于 17 的，还有大于 17 的，比如 20 和 22。但重要的是，虽然 W(17)右边是乱序的，但图 7-28 中时间戳小于等于 17 的事件都到达了。

假如此时左边再进来一个时间戳小于 17 的事件，则可以认为该事件"迟到"了。迟到的数据可以直接丢弃或者另外处理。

所以，水位线就像是一个声明，表示这个时间点，我该处理的数据都处理了，至于后续迟到的数据，再另行处理。由此可见，水位线是单调递增的。

水位线最重要的作用是，因为数据流是无限的和乱序的，有一些算子例如 window()要计算某个时间段的数据，但又不可能一直等待"迟到"的数据，水位线就是 Flink 判断迟到数据的标准，同时表明必须触发算子进行计算了。水位线解决了实时计算中的数据乱序问题。

从这里可以看出 Watermark 这个单词为什么应该翻译成水位线而不是水印，水位线反映了这个功能的本质，Flink 中的水位线用来表示事件的"水位"，即水位线时间戳之前的事件都到达了。而水印则让人不明所以，没有正确表达出这里的作用。故笔者认为 Watermark 翻译成水位线更合理。

上面的水位线都是串行的，Flink 是一个并行计算的系统，为了让读者更好地理解水位线，我们还要讨论一下并行流数据处理中的水位线。图 7-29 中有多个水位线，这里涉及水位线的传播。

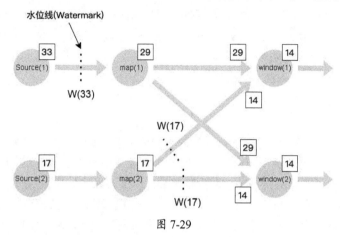

图 7-29

首先，因为输入数据源的不同，每个数据输入（Source）算子独立地生成水位线，这些水位线定义了该特定输入数据源的事件时间，比如图 7-29 中的 Source(1) 和 Source(2) 有两个不同的水位线，分别是 33 和 17。

之后，水位线会以广播的形式在算子之间进行传播，比如图 7-29 中的 map(2) 算子连接了两个下游算子，所以 map(2) 算子会将自己的水位线 W(17) 广播到下游的两个算子。

每当算子收到发送来的水位线时，会有一个计算的策略，有一些算子会接收多个输入数据进行计算，比如并集（union）、keyBy(…)或 window(…)等，因为水位线遵循单调递增的原则，所以此时应该取所有输入水位线中的最小值，即水位线受制于最慢的那条输入流。如果只需要单输入的算子，则取所有输入水位线中的最大值[1]，即多输入算子取最小值，单输入算子取最大值。

以图 7-29 中的情况为例，此时 window(2) 接收了 14 和 29 两个水位线，由于 window() 是一个多输入算子，所以此处水位线取了两者中的最小值 14。

实际上，在很多现实世界的系统中，很难生成一个完美的水位线，有时必须放弃一部分迟到的数据。水位线其实就是在延迟和准确性之间进行权衡。

Flink 支持对迟到的数据进行处理[2]。默认情况下 Flink 会丢弃迟到的数据。Flink 允许为 window() 算子设置允许迟到时间，如果数据违反水位线的约定但是在允许迟到时间范围内，那么仍然会被添加到 window() 算子中，此时可能会导致 window() 算子再次计算。

1　崔星灿，"Apache Flink 进阶教程（二）：Time 深度解析" flink-learning.org.cn, 2019-09-17.

2　"DataStream API - Flink Documentation - Allowed Lateness" The Apache Foundation. 2021-05-12. Retrieved 2021-05-12.

Flink 还支持将迟到的数据输出到一个单独的数据流中，称之为侧边输出（Side-Output），通过 `sideOutputLateData(lateOutputTag)` 来指定要侧边输出的迟到数据，然后其他算子通过 `getSideOutput(lateOutputTag)` 来获取侧边输出的数据流。详细的使用方法可以查看官方文档。

如果一个算子收到值为 `Long.MAX_VALUE` 的水位线，则代表对应那条输入源不会再有数据发送过来了，相当于一个结束标志。

7.8.4　分布式快照

Flink 提供了可靠的流处理，即使在发生故障的情况下，流应用程序也会恢复到之前正常的状态，继续处理事件，并且保证只会输出一次，这就是常见的"精确一次（Exactly-Once）"语义。这里的"精确一次"指的是从输入端到输出端，不仅要保证处理数据时"精确一次"，还要保证输出时"精确一次"，Flink 通过分布式快照和两阶段来实现"精确一次"。本节介绍 Flink 的分布式快照，7.8.5 节介绍如何通过分布式快照和两阶段提交实现端到端的"精确一次"语义。

Flink 通过不断地生成分布式快照来提供容错性，为了不影响整个系统的性能，Flink 受到 Chandy-Lamport 分布式快照算法（见第 6 章）的启发，设计了异步生成轻量级分布式快照的 Asynchronous Barrier Snapshot（ABS，下同）[1]算法。Flink 完整地实现了 ABS 算法，在生成分布式快照时不会暂停整个系统，只会有很小的性能开销。

在第 6 章分布式快照一节中我们介绍过，分布式快照主要记录数据流图中的节点和边的状态集合，整个过程需要保证终止性和可行性。终止性是指，快照要在一定时间内结束，系统不可能一直等待生成快照；可行性是指，生成的快照要有意义，也就是说，生成的快照没有丢失任何信息，如果生成的快照不能用来恢复或者恢复到了错误的状态，那么这样的算法是没有意义的，这一点在讲 Chandy-Lamport 算法的时候强调过。

ABS 算法支持有向无环图和有向有环图两种数据结构，由于 Flink 主要处理的是有向无环图，所以我们重点关注有向无环图的 ABS 算法。

Flink 流处理中的数据从数据输入算子开始流入，直到数据输出算子结束。Flink 中 ABS 算法的主要步骤如图 7-30 所示，主要分为以下几个步骤：

（1）JobManager 周期性地向数据流图中注入一个特殊标记 barrier，barrier 会随着整个数据流图中的数据传播，最终被传输到输出算子。

（2）如图 7-30（a）所示，当数据输入算子收到 barrier 标记时，会对自身当前状态做一次快照，然后将 barrier 标记并广播到它所有的下游算子。

1　P. Carbone, G. Fora, S. Ewen, S. Haridi, and K. Tzoumas. Lightweight asynchronous snapshots for distributed dataflows. arXiv:1506.08603, 2015.

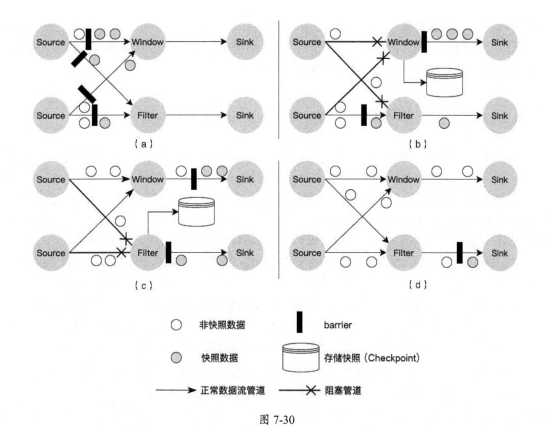

图 7-30

（3）如图 7-30（b）所示，当一个非数据输入节点收到 barrier 标记时，会阻塞该算子的输入管道，直到它从所有的输入管道中都收到了 barrier 标记，如 Window 算子。当 Window 算子从所有的输入管道中都收到了 barrier 标记后，该算子会对自身当前状态做一次快照，称为 Checkpoint，然后将 barrier 标记并广播到它的所有下游算子。

（4）如图 7-30（c）所示，这个 Window 算子会取消阻塞的输入管道，继续执行计算任务。

（5）每个任务节点完成快照后，会将 Checkpoint 返回给 JobManager。当 JobManager 收到所有任务节点的确认信息后，就认为 Checkpoint 是完整的。JobManager 会通知所有任务节点 Checkpoint 生成完成，任务节点可以执行所需的清理或其他逻辑。倘若以后发生了故障，那么这个 Checkpoint 就可以用于恢复数据了。

通过上面的描述可以发现，ABS 算法与 Chandy-Lamport 算法最大的不同是，ABS 算法计算的全局快照只包含了节点的状态，不去计算边的状态。为什么 ABS 算法可以这样做呢？

实际上，Flink 中通过 JobManager 统一向数据输入算子发送 barrier 标记，相当于把系统划分成了不同的阶段，表示之前的输入数据及输出数据已经完全处理了，相当于上一阶段已经结束，开启了一个新的阶段。而 Checkpoint 就是记录了每个阶段的快照；再加上任务节点会阻塞后续的数据输入，所以记录的就是数据输入算子收到 barrier 标记时系统的全局快照，后续流入的数据不考虑在内，从而不需要考虑边的状态。

7.8.5 端到端的精确一次语义

前面我们提到过，Flink 不仅要保证处理数据时"精确一次"，还要保证输出时"精确一次"——这被称为端到端的精确一次语义（End-To-End Exactly-Once Semantics）[1]。

仅仅凭借 Checkpoint 还不能实现端到端的精确一次语义。想象一下，在系统恢复过程中一般会将系统状态重置到上一个 Checkpoint，并从这个 Checkpoint 之后的第一条记录重新开始处理数据。但问题是，如果最后一个 Checkpoint 之后的记录已经处理了一部分，并且输出的数据也已经写到了外部系统，这时再回滚，则又会再输出一次数据，这并不是我们想要的"精确一次"。

Flink 通过分布式快照（Checkpoint）保证了内部处理数据的精确一次语义，但是要实现"精确一次"的输出逻辑，既要保证 Checkpoint 能够恢复，又要允许外部输出提交或回滚，即如果中途处理时发生故障，就回滚输出的数据，这又要用到我们的"老朋友"——两阶段提交。

由于 Flink 会输出到不同的外部系统，所以 Flink 提供了一个抽象类，抽象类定义了 4 个抽象方法，交给子类来实现具体的两阶段提交逻辑。这 4 个抽象方法是：

- beginTransaction()，开始一个事务。
- preCommit()，预提交逻辑，也就是两阶段提交的第一阶段。
- commit()，正式提交逻辑，也就是两阶段提交的第二阶段。
- abort()，中止事务。

我们以 Kafka 为例，开始一个两阶段提交事务后，数据会正常写入 Kafka，但标记为未提交，这是两阶段提交的第一阶段（preCommit 阶段）。此时，一旦出现故障，就会中止第一阶段，并且 Flink 会回滚到最近的 Checkpoint 重新执行第一阶段的提交工作，如图 7-31 所示。

第一阶段完成后，JobManager 向数据输入算子写入 barrier 标记，开始生成新的 Checkpoint。

---

[1] Piotr Nowojski, Mike Winters, "An Overview of End-to-End Exactly-Once Processing in Apache Flink (with Apache Kafka, too!)", Apache Flink, 01 Mar 2018.

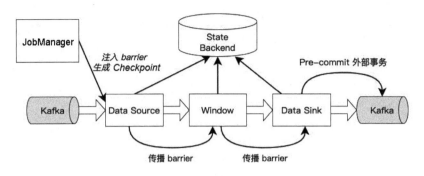

图 7-31

当 Flink 生成了一个新的 Checkpoint 后将 Checkpoint 写入一个持久化存储系统，然后通知各个任务节点快照生成完毕。数据输出算子收到通知后，执行两阶段提交的第二阶段，告知外部系统正式提交事务，如图 7-32 所示，此时整个输出才算完成。

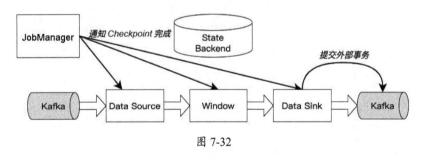

图 7-32

Flink 就是这样通过分布式快照和两阶段提交实现了整个输入端到输出端的精确一次语义。

7.9 本章小结

通过案例分析，笔者想让读者能够看到我们前面提到的各种分布式算法如何应用到具体的架构设计中。算法仍然是那些算法，有的系统直接使用，有的系统做了一些改动。由此可见，分布式系统的设计与开发仍然离不开底层基础，解决问题的工具已经摆在那里，剩下的全靠架构师和开发者活学活用，搭配或改进经典算法为我所用。当然，帮助读者了解这些算法背后的原理和用途，也是本书的目的。